职业教育云计算应用系列教材

云系统运维实战

主　编　邓一星　叶建锋

副主编　李　康　王　芳

参　编　黎　雪　郑凯燕

机械工业出版社

本书系统介绍了如何采用亚马逊云科技提供的服务来进行云上运维。全书共 11 个单元，内容包括了解系统运维、服务器运维、网络运维、数据库运维、监控与审计、存储与存档、创建自动化的部署、自动化管理工具、系统的弹性与高可用、内容分发网络以及成本管理。

本书以任务驱动的方式对知识点进行细致的讲解，采用以 AWS 命令行界面（AWS CLI）为主、以管理控制台为辅的方式，给出具体的操作演示。

本书可作为高等职业教育专科、本科云计算技术应用等相关专业云计算运维等课程的教材，也可以作为 AWS Certified SysOps Administrator-Associate 认证考试的辅导教材，还可以作为软件运维人员的自学读物和参考用书。

图书在版编目（CIP）数据

云系统运维实战 / 邓一星，叶建锋主编. -- 北京 : 机械工业出版社，2024. 9. --（职业教育云计算应用系列教材）. -- ISBN 978-7-111-76619-3

Ⅰ. TP393.027

中国国家版本馆CIP数据核字第2024LQ1692号

机械工业出版社（北京市百万庄大街22号　邮政编码100037）

策划编辑：赵志鹏　　责任编辑：赵志鹏　张翠翠

责任校对：龚思文　张　薇　　封面设计：马精明

责任印制：郜　敏

北京富资园科技发展有限公司印刷

2024年11月第1版第1次印刷

184mm×260mm · 18.75印张 · 474千字

标准书号：ISBN 978-7-111-76619-3

定价：59.00元

电话服务

客服电话：010-88361066

010-88379833

010-68326294

网络服务

机　工　官　网：www. cmpbook. com

机　工　官　博：weibo. com/cmp1952

金　　书　　网：www. golden-book. com

机工教育服务网：www. cmpedu. com

前　言

近年来，云计算行业在全球飞速发展。作为全球云计算市场领导者的亚马逊云科技（Amazon Web Services），以全球覆盖、服务丰富、应用广泛而著称，向世界各国的客户提供功能强大的服务，涵盖计算、存储、数据库、分析、机器学习与人工智能、物联网、安全、混合云、虚拟现实与增强现实、媒体，以及应用服务、部署与管理等方面。已经有数百万家企业用户使用亚马逊云科技提供的服务来部署应用，服务客户。随着行业的快速发展，带来了行业人才紧缺的问题，全球云计算人才缺口达百万之多。世界技能组织（WSI）也看到了全球云计算行业的兴起，和亚马逊云科技合作，在2019年俄罗斯喀山第45届世界技能大赛中新设了云计算赛项，鼓励更多年轻人投入云计算行业中来。

在我国，云计算市场的发展更为迅猛，增速领先全球，云计算以及相关高科技产业已经成为未来我国经济增长的强大驱动力之一。伴随着“互联网+”进程的推进，传统行业纷纷开始着手转型升级。未来，以云计算为代表的高科技产业会不断加深与传统行业的融合，推动大数据、物联网和人工智能技术的落地，以及推动各个行业数字化转型升级的发展。我国政府相关部门也不断推出了鼓励云计算行业发展的相关政策，促进国内云计算市场的快速发展。在国家及地方政策的持续鼓励下，可以预见未来我国的云计算行业发展前景十分乐观，而行业的快速发展必将对云计算工程技术人员等新职业产生更多的需求。在行业迅速发展的同时，市场上合格的云计算工程技术人员却存在大量的缺口，根据工信部的统计，未来五年我国云计算进入高速发展期，每年的人才缺口达数十万。

自从2013年亚马逊云科技进入我国以来，非常重视在我国的投入以及长期发展，通过与合作伙伴合作或者自营的方式开设了三个区域，并在2016年与教育部签署了合作协议，积极推进其全球教育项目落地我国，到目前为止，已经为200多所高等院校、数十万学生提供了免费的云计算课程和资源，帮助学生掌握前沿技术，提高就业竞争力。随着行业的发展和世赛在国内的推广，越来越多的国内高职院校也展示出对云计算学科的浓厚兴趣。职业教育作为我国建设人才强国事业的重要组成部分，是与社会经济发展联系最紧密、最直接的教育类型，但是在信息技术领域，尤其是云计算领域，如何体现职业教育技能型人才培养的优势是亟待解决的问题，编纂一套行之有效的云计算技能型人才培养方案迫在眉睫。亚马逊云科技联合机械工业出版社和以深圳信息职业技术学院为代表的一批国内重点双高职业院校，从2019年开始合作，积累了很多实际教学成果。基于这些合作成果，我们编写了这本全新的云计算系列教材，希望能让更多的职业院校学生更好地了解和学习云计算。

本书由邓一星、叶建锋担任主编，李康、王芳任副主编，黎雪、郑凯燕参与了编写。具体分工如下：邓一星编写单元一、三、七，叶建锋编写单元五、六，李康编写单元二、八，王芳编写单元四、九，黎雪编写单元十，郑凯燕编写单元十一。

本书在编写过程中得到了亚马逊云科技的王晓薇、孙展鹏、田锴、王向炜、王宇博、费良宏、钱凯、谢永良、薛东、周君、刘龑、徐晓等的大力支持，在此表示衷心的感谢。

限于编者的经验和水平，书中难免存在疏漏和不足，恳请各位读者批评、指正。

编　者

目 录

单元四 数据库运维

单元五 监控与审计

单元六 存储与归档

单元一

了解系统运维

单元情景

小张成功应聘了一家IT公司运维工程师的职位，入职时，运维部陈经理对他说："小张，我们公司是一家all in cloud的公司，所有的系统都部署在亚马逊云上，虽然你之前也从事过运维的工作，但是云上运维和本地运维还是有些差别的，所以你得先赶紧了解一下在云上怎么做系统运维，比如如何管理公司各部门员工对云资源的访问权限，如何高效且快速地操作云上的资源和服务。"

单元概要

在亚马逊云科技中，通过Amazon Identity and Access Management（IAM）来安全地控制对亚马逊云科技资源的访问，本单元将介绍如何通过IAM来控制对用户的身份验证和对资源的使用权限。此外，运维工程师更习惯采用命令行的方式来操作系统，本单元还将介绍如何使用Command Line Interface（CLI）来与亚马逊云科技服务进行交互。

学习目标

- 理解IAM中用户、组和角色的含义。
- 掌握通过策略授予权限的方法。
- 学会安装和配置CLI。
- 学会使用CLI命令操作亚马逊云科技服务。

项目一 如何配置访问权限

小张所在的这家公司是由若干部门组成的，有研发部、运维部和测试部等，部门内部的员工也担任各种不同的角色。不同部门的不同角色的员工，可拥有的操作及访问权限也是不尽相同的。根据需求来给公司各部门员工授予或取消访问权限将会是小张的日常工作之一。这其实是一项相当烦琐的工作，幸运的是，亚马逊云科技提供了一个功能强大的工具——IAM（Identity and Access Management），可以帮助运维人员安全、精细地控制对部署在云上资源的访问。

在介绍 IAM 之前，首先了解一下账户（Account）的概念。在云计算中，客户使用的所有资源都是租赁制的，账户可以理解为客户拥有的云资源的一个篮子，使用这些资源所产生的费用自然也由该账户支付。一家公司，可以只有一个账户，也可以有多个账户，由公司的规模和组织架构复杂程度而定。但无论一家公司拥有几个账户，账户的登录信息显然是不适宜用来共享的，必须找到一种可以在不必共享账户密码或访问密钥的情况下，向其他人员授予管理和使用账户中资源的权限的方法。IAM 提供了一种很完善的机制来满足多样性的权限管理需求。

任务一 创建用户和组

用户（User）可以理解为账户中的一个实体或委托人，每个用户都可以有自己的密码或访问密钥，用来访问亚马逊云科技管理控制台或该账户中的资源。同时，通过给用户授予权限的方式，让用户拥有操作资源的权利。

在亚马逊云科技中有两种类型的用户，一种叫作根用户（Rootuser），另一种叫作 IAM 用户（IAMuser）。根用户是在创建亚马逊云科技账户的时候自动创建的。这是一个对账户中所有亚马逊云科技服务和资源有完全访问权限的用户身份。由于根用户权力过大且不能受限，因此在亚马逊云科技的最佳实践中，强烈不建议使用根用户执行日常任务（即便是管理任务），且要求妥善保管根用户凭证（所谓用户凭证，即用户访问 AWS 资源所需要的安全凭证，包括访问管理控制台时需要的用户名和密码，以及通过编程调用或 CLI 命令与 AWS 服务交互时需要的访问密钥），仅用它们执行少数账户和服务管理任务。在实际工作中，让小张这样的运维工程师拥有根用户的权限显然也是不合适的，所以公司在申请好 AWS 账户后，就预先用根用户创建一个具有完整管理权限的 IAM 用户（根用户的凭证此后便妥善保管起来，一般情况下不再使用），再通过这个具有管理权限的 IAM 用户来创建其他 IAM 用户，或授予其他 IAM 用户相应的权限。一个账户中，根用户只有一个。本书在没有特殊说明的情况下，提到的用户指的都是 IAM 用户。

那么用户是如何创建出来的？ AWS 提供的创建用户的方式有三种，分别是通过 AWS 控制台创建、通过 CLI 创建以及通过 API 来创建，其中最简单直观的方式还是使用 AWS 控制台。下面演示创建用户的过程：

1）打开 AWS 控制台，在“安全 & 身份”板块中选择“IAM”，进入 IAM 服务的界面，再单击导航栏中的“用户”，进入“用户”界面，如图 1-1 所示。

图 1–1　IAM 服务中的“用户”界面

2）单击面板中的“添加用户”按钮，打开“指定用户详细信息”界面，此时可以按照界面的导引，按步骤完成用户的创建过程。

①设置用户名（可通过单击“添加其他用户”的方式一次性添加若干个用户）及访问类型（可选择允许 AWS 管理控制台访问或允许编程访问，若选择了允许 AWS 管理控制台访问，则可以选择密码的重置方式），如图 1–2 所示。

图 1–2　“指定用户详细信息”界面

②设置用户权限，系统提供了三种设置权限的方法。第一种方法是“添加用户到组”，此时将用户分配到已具有权限策略的一个或多个组，使其获得组所拥有的权限，对应地，组所拥有的权限也会显示在界面中，组的概念随后将详细叙述；第二种方法是“复制权限”，此时可以将现有用户的权限复制给新创建的用户；第三种方法是“直接附加策略”，此时界面中会列出该账户下的 AWS 托管策略和客户托管策略的列表。所谓策略，即权限的定义，将策略附加到用户上，即为用户授予了策略中所定义的权限。在图 1–3 所示的界面中，可选择将一个或多个策略附加到该用户上，也可以单击“创建策略”按钮，直接在弹出的新页面中从头开始编写策略。策略在接下去的任务中还会详细介绍，此处就不赘述了。

③在接下来的“查看和创建”界面中可以审核一下之前的配置是否正确，如图 1–4 所示。也可以在此给新创建的用户添加标签（可选），标签是为资源分配的标记，每个标签都包含用户定义的一个键（Key）和一个可选值（Value）。标签可让用户按各种标准（如用途、所有者或环境）对资源进行分类。用户可以使用 IAM 标签向 IAM 实体（用户或角色）添加自定义属性。例如，要向用户添加位置信息，可以添加标签键 Location 和标签值 CN_Guangdong。在创建 IAM 策略时，可以使用 IAM 标签和关联的标签条件键控制谁可以访问自己的 IAM 用户和角色，以及自己的用户和角色可以访问哪些资源。标签的详细使用方法将在单元十一介绍。

图 1–3 “直接附加策略到用户”界面

图 1–4 “查看和创建”界面

④如图 1–5 所示，此时已经收到用户创建成功的信息，在“检索密码”界面，可以看到用户的名称和密码，也可以把包含这些信息的 csv 文件进行下载。当然，未来以这个新用户身份登录控制台后，也还是可以重新设置这些凭证的。

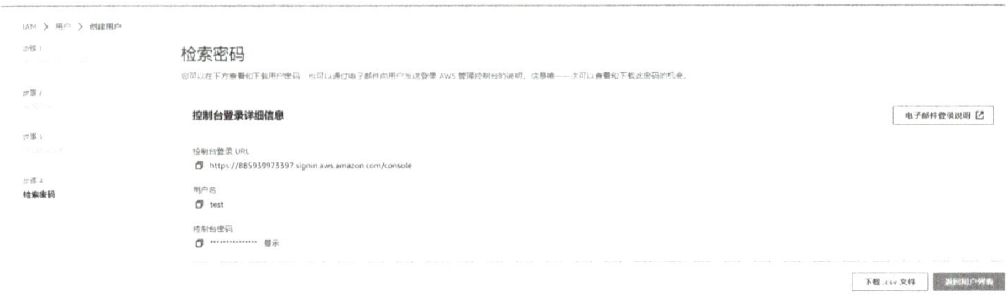

图 1–5 “检索密码”界面

以上就是通过 AWS 控制台创建用户的全过程。本单元的下一个项目还会介绍如何通过 CLI 命令行的方式来创建用户。

创建用户好像不是一件很难的事情，但很快小张就遇到问题了。公司的每个部门内都有不少员工，而每个员工拥有的权限基本上是一样的，如果一个一个地去设置每个用户的权限，会是一件很麻烦的事情，那么有没有更简单一些的方法？

接下来介绍组的概念。所谓组，就是用户的集合。利用组，可同时为多个用户指定权限，以便更轻松地管理这些用户的权限。对于小张刚才遇到的这个问题，可以先创建一个组，然后把该部门所有的用户加到这个组中，最后统一给这个组配置所需的权限，这样组中的所有用户自然也就拥有这些权限了。

下面演示创建组并将用户加入组的流程。

1）在 IAM 服务的界面，单击导航栏中的“用户组”，进入“用户组”界面，如图 1-6 所示。

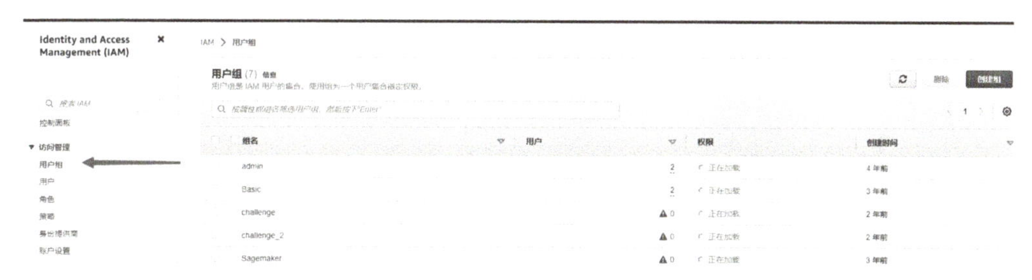

图 1-6　IAM 服务中的用户组模块界面

2）单击“创建组”按钮后，进入“创建用户组”界面，可以在该界面中为新创建的组命名，然后将现有用户（User）添加进这个组，如图 1-7 所示。

图 1-7　“创建用户组”界面

在该界面的下方，可以为该组附加权限策略，界面如图 1-8 所示。可以从策略列表中选择附加一个或多个策略（此时也可以先不附加策略，待组创建成功后再给该组附加策略），每个组最多可以附加 10 个策略。

3）附加完策略后，单击“创建组”按钮，就完成组的创建了。

图 1-8 “附加权限策略”界面

4）将来如果需要对组中用户进行调整，只需要在控制台通过单击打开该组，即可删除或添加用户，组信息界面如图 1-9 所示。

图 1-9 组信息界面

5）将需要加入该组的用户选中，单击“添加用户”按钮，如图 1-10 所示。

图 1–10　“将用户添加到 test”界面

组和用户搭配，可以实现灵活多变的权限管理。例如，小陈原本是开发部门的，后来因为工作调动，调到测试部门了，权限会发生很大变化。通过将小陈这个用户从开发部门组移出，再添加到测试部门组里这样的方式，就能很方便地实现权限的调整，显然比在用户策略中一项一项地修改要方便得多，如图 1–11 所示。

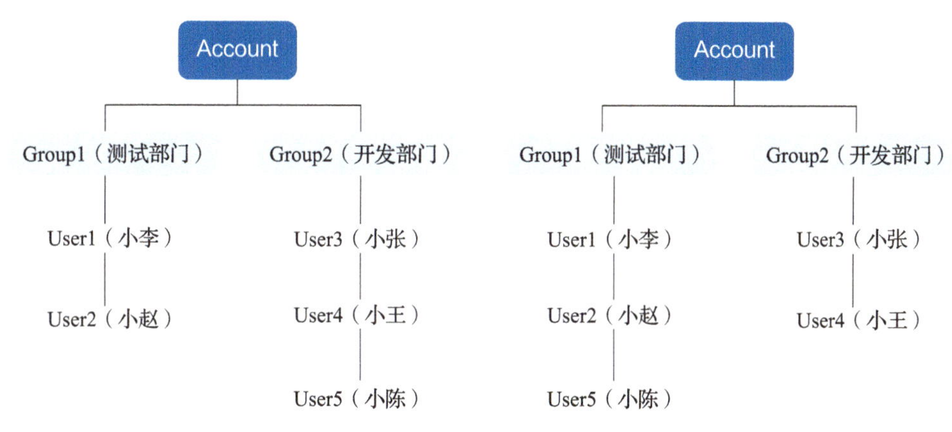

图 1–11　用户加入不同的组获得不同权限示意图

除此之外，不但组里可以添加多个用户，一个用户也可以同时加入多个组，这也是很有现实意义的，因为单个用户可附加的策略最多十项。如果真的需要一个用户拥有更多的权限，就可以设置若干个组，每个组各自附加若干项策略，然后把这个用户分别添加到这些组中，这样用户所获得的权限就是其加入的所有组权限之和了。

任务二　创建及切换角色

有了用户和组，公司部门、人员日常的权限管理基本上能完成了。但很快新的问题又来了，小张所在公司为客户开发的一个部署在云端的系统在运行中出了点问题。公司派小张去做一下技术支持，出于多方面的考虑，客户并不愿意在自己的账户中给小张创建新的用户，但允许在必要的时候给小张授予一定的权限，让小张以原本的用户身份去操作客户的云资源。此时，光靠用户和组就没有办法完成这样的任务了，而需要用到一个称为角色的东西。

角色是一种具有特定权限的 IAM 身份，它类似于用户，可以在它身上附加权限。但是，角色并不长期地与某个实体关联，而采用让需要的实体代入角色的方式，让其获得角色所拥有的权限。换句话说，角色更多的是提供一种临时的权限，用户切换到某个角色，便可以拥有角色所附加的权限，切换回用户身份后，权限立刻消失。通常可以使用角色向通常无权访问某些 AWS 资源的用户、应用程序或服务提供访问权限。角色的使用场景很多，常见的主要有以下几种：

1）提供跨账户的访问权限。比如说某项具体的工作需要 A 账户下的某个用户去操作 B 账户下的某些资源，显然，在 B 账户下再去配置一个用户并不实际（不想授予永久的权限），此时，可以在 B 账户下设置相应的角色，提供该账户下某些云资源的操作权限，A 账户中的用户通过切换到该角色来获得操作这些资源的权限，操作完毕后再切换回用户原本的身份（当用户切换到某个角色后，它自身的用户权限即时失去，需要切换回来后才会恢复，这会确保用户不会长时间处于一个角色当中）。

2）提供本账户内资源的临时访问权限。假如账户内有一些比较重要的资源，不允许授予用户一直操作它的权限，此时可以创建具有这些权限的角色，允许用户在必要的时候才切换为该角色，相当于临时获得这样的权限，操作完毕后同样再切换为用户原本的身份，取消相应的权限。

3）向 AWS 服务提供访问权限，很多 AWS 服务也需要利用角色，允许该服务访问其他服务中的资源。

下面是创建跨账户访问角色及切换角色的过程：

①在 IAM 服务的界面中单击导航栏中的“角色”选项，进入“角色”界面，如图 1-12 所示。

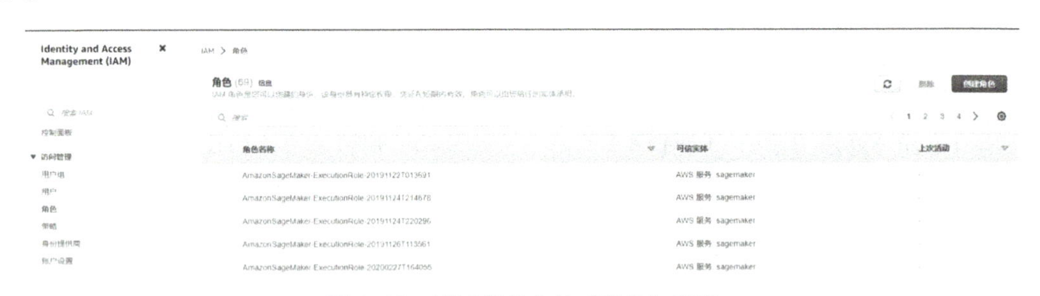

图 1-12　IAM 服务中的“角色”界面

②单击“创建角色”按钮，如图 1-13 所示，此时在“选择可信实体”区域中可见五个选项，选中“AWS 账户”单选按钮，输入另一个账户的 ID，单击“下一步”按钮。

图 1-13　“创建角色”界面

③选中需要附加在该角色的策略，如图 1-14 所示，单击“下一步”按钮。

图 1–14　“添加权限”界面

单击“下一步”按钮，进入“命名、查看和创建”界面，如图 1–15 所示，输入角色名称，检查设置信息无误后，单击“创建角色”按钮，即可完成该角色的创建。

④当另一个账户下的用户需要切换到该角色的时候，在其控制台界面中单击右上角的导航栏上的用户名，如图 1–16 所示，然后在弹出的菜单中单击“Switch role”按钮。

图 1–15　“命名、查看和创建”界面　　　　图 1–16　控制台切换角色操作界面

此时，在弹出的界面中单击“切换角色”按钮，打开的“切换角色”界面如图 1–17 所示。此时可以进入图 1–18 所示的界面，输入角色所在账户的 ID 及角色的名称，选择一个角色的颜色（可以用不同颜色指代不同的角色），再单击“切换角色”按钮。

图 1–17　“切换角色”界面（1）

图 1-18 “切换角色”界面(2)

此时,如图 1-19 所示,在控制台右上角,角色的名称和账户信息会在导航栏上替换之前的用户名和账户信息,现在就可以开始使用角色授予的权限了。

任务三 通过策略授予权限

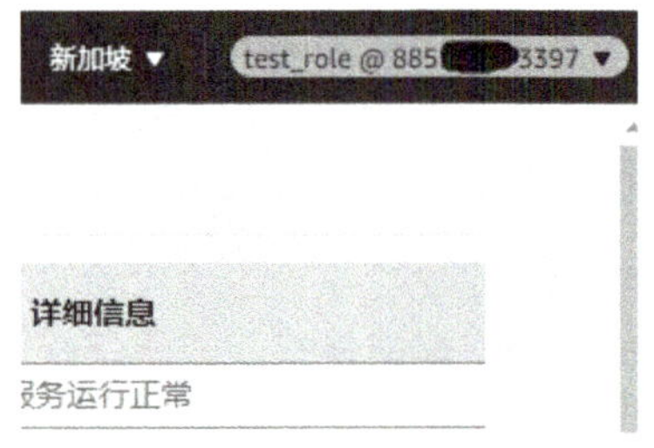

图 1-19 角色切换后的管理控制台界面

在前面的任务中,无论是用户、组还是角色,都会为其附加策略,做完这一步,好像权限就有了。可小张觉得有些疑惑,这策略和权限到底是什么关系?如何知道每个策略里包含了什么权限?如果有特别要求的权限,能修改策略或自定义策略吗?下面就来详细介绍策略。在 AWS 中,通过策略来定义操作的权限,大多数情况下,策略以 JSON 文档的形式存储在 AWS 中,并与身份或资源相关联。在某个 IAM 委托人(用户或角色)发出请求时,AWS 将评估这些策略,策略中的权限确定是允许还是拒绝请求。

AWS 支持六种类型的策略:基于身份的策略、基于资源的策略、权限边界、组织 SCP、ACL 和会话策略。比较常用的是基于身份的策略和基于资源的策略。

基于身份的策略控制用户、组和角色可以对哪些资源执行什么样的操作,以及在什么条件下执行操作。基于身份的策略可以进一步分为内联策略和托管策略两种,内联策略是直接添加到单个用户、组或角色的策略,其在策略和身份之间保持严格的一对一关系。当身份被删除时,内联策略将被删除。AWS 的最佳实践并不推荐使用内联策略,而是推荐使用托管策略。托管策略是独立于身份的策略,可附加到 AWS 账户中的多个用户、组和角色。托管策略也包括两种:一种是 AWS 预定义托管策略,这些策略在创建和管理用户、组和角色时就可以直接附加上去;另一种是客户自定义托管策略,是为了实现更精细的控制而自行创建和管理的托管策略,客户可以选择从零开始配置策略,也可以先导入 AWS 托管策略,再在其基础上进行修改,形成新的客户托管策略。

基于资源的策略是附加到资源上的策略。这些策略授予指定的委托人在什么条件下对该资源执行特定操作的权限。

创建客户托管策略的过程并不复杂,在 IAM 服务的界面中单击导航栏中的“策略”,进入策略模块并单击“创建策略”按钮,可看到“创建策略”界面,如图 1-20 所示。此界面里提供了一个可视化编辑器,可以在其中选择服务,并配置其允许或拒绝的操作以及操作所指定的资源后,单击“查看策略”。在下一个界面输入策略名称后,即可完成策略的创建工作。

图 1–20 “创建策略”界面

正如之前所述，对于大多数的场景来说，策略都没有必要从零开始编写，可以先导入一个与客户需求相近的托管策略（单击“导入托管策略”选项），然后在其基础上修改即可。例如，导入一个 AmazonEC2ReadOnlyAccess 托管策略后，如图 1–21 所示，会列出该策略涉及的所有服务及其权限设置，此时便可以在其上进行修改并保存为新的策略。

创建策略
1 2 3
策略定义可向用户、组或角色分配的 AWS 权限。您可以在可视化编辑器中使用 JSON 创建和编辑策略。了解更多
可视化编辑器 JSON 导入托管策略
全部展开 | 全部折叠
EC2 克隆 | 删除
服务 EC2
操作 选择操作
资源 在应用资源之前选择操作
请求条件 在指定条件之前选择操作
EC2 (143 个操作) 克隆 | 删除
ELB (6 个操作) 克隆 | 删除
ELB v2 (11 个操作) 克隆 | 删除
CloudWatch (7 个操作) 克隆 | 删除
EC2 Auto Scaling (20 个操作) 克隆 | 删除

图 1–21 导入 AmazonEC2ReadOnlyAccess 托管策略后的“创建策略”界面

说到底，策略就是一个 JSON 格式的文档，因此，可以通过单击“JSON”标签直接查看其 JSON 代码，如图 1–22 所示。对于熟悉 IAM 策略语法的人来说，直接在这里进行编辑，效率会更高。

创建策略

1 2

策略定义可向用户、组或角色分配的 AWS 权限。您可以在可视化编辑器中使用 JSON 创建和编辑策略。了解更多

可视化编辑器 JSON 导入托管策略

```
1 {
2     "Version": "2012-10-17",
3     "Statement": [
4         {
5             "Effect": "Allow",
6             "Action": "ec2:Describe*",
7             "Resource": "*"
8         },
9         {
10            "Effect": "Allow",
11            "Action": "elasticloadbalancing:Describe*",
12            "Resource": "*"
13        },
14        {
15            "Effect": "Allow",
16            "Action": [
17                "cloudwatch:ListMetrics",
18                "cloudwatch:GetMetricStatistics",
19                "cloudwatch:Describe*"
20            ],
21            "Resource": "*"
22        },
23        {
24            "Effect": "Allow",
25            "Action": "autoscaling:Describe*",
```

取消 查看策略

图 1–22 JSON 格式策略文档编辑界面

策略大体上遵循图 1-23 所示的格式书写。

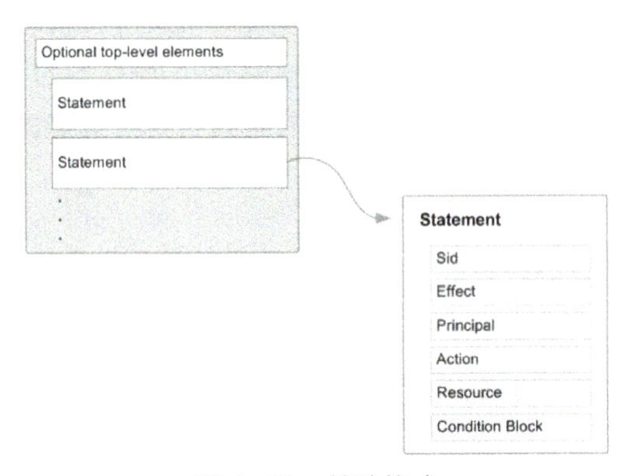

图 1–23 策略格式

策略文档包含两部分内容，文档顶部的可选策略范围信息以及一个或多个单独语句（Statement），权限信息主要包含在语句中。如果一个策略包含多个语句，则 AWS 在评估权限时会跨这些语句应用逻辑 OR。如果有多个策略应用于同一个请求，则 AWS 在评估权限时会跨所有这些策略应用逻辑 OR。

文档顶部的可选策略范围信息经常需要描述的就是 Version 项目，该项目指定要使用的策略语言版本。作为最佳实践，建议使用最新的版本。

语句通常可以包含以下项目：

Sid（可选）：包括可选的语句 ID 以区分不同的语句。

Effect：使用 Allow 或 Deny 指示策略是允许还是拒绝访问。

Principal（仅在某些情况下需要）：如果创建基于资源的策略，那么必须指示要允许或拒绝访问的账户、用户、角色或联合身份用户。如果要创建 IAM 权限策略以附加到用户或角色，则不能包含该元素。

Action：包括策略允许或拒绝的操作列表。

Resource（仅在某些情况下需要）：如果创建 IAM 权限策略，那么必须指定操作适用的资源列表。如果创建基于资源的策略，则该元素是可选的。如果不包含该元素，则该操作适用的资源是策略附加到的资源。

Condition（可选）：指定策略在哪些情况下授予权限。

以下为一个简单的基于身份的策略，该策略允许该用户或角色列出名为 example_bucket 的单个 Amazon S3 存储桶。

```
{
"Version": "2012-10-17",
"Statement": {
"Effect": "Allow",
"Action": "s3:ListBucket",
"Resource": "arn:aws-cn:s3:::example_bucket"
  }
}
```

以下为一个基于资源的策略，该策略允许特定 AWS 账户的成员对名为 mybucket 的存储桶及其中的对象执行任何 S3 操作。

```
{
"Version": "2012-10-17",
"Id": "S3-Account-Permissions",
"Statement": [{
"Sid": "1",
"Effect": "Allow",
"Principal": {"AWS": ["arn:aws-cn:iam::ACCOUNT-ID-WITHOUT-HYPHENS:root"]},
"Action": "s3:*",
"Resource": [
"arn:aws-cn:s3:::mybucket",
"arn:aws-cn:s3:::mybucket/*"
    ]
  }]
}
```

如何快速高效地操作云上资源

在进入这家公司之前，小张也做过几年的运维工程师，早就习惯了使用笔记本计算机通过远程登录的方式进入要维护的计算机系统，然后在上面运行一些命令和脚本。刚接触 AWS 云计算的时候，都是使用基于浏览器的管理控制台，虽然上手比较快，用起来也比较简单、方便，但终究效率不高。未来如果需要在短时间之内执行多个任务，或者让系统执行一些自动化运维的脚本，那么应该怎么办？实际上，AWS 针对不同的应用场景提供了三种访问 AWS 资源的方式。

1）控制台访问（Console Access）。控制台提供最简单直观的Web操作界面，根用户可以通过创建AWS账户时指定的电子邮件地址和密码来登录，IAM用户则可以通过提供创建该用户的账户别名或12位AWS账户ID、IAM用户名和IAM用户的密码来登录。为了提供额外的安全级别，也可以采用多重验证MFA来登录控制台。启用MFA后，当用户登录控制台时，系统会提示输入用户名和密码以及来自MFA设备的身份验证代码。

2）以编程方式访问（Programmatic Access）。对于需要高效访问AWS资源的场景，AWS提供了一个很有用的开源工具——AWS CLI（AWS Command Line Interface），让用户能够在命令行Shell中使用命令输入的方式与AWS服务进行高效的交互。当根用户或IAM用户创建自己的访问密钥后，未来可通过提供访问密钥来访问AWS资源。

3）临时访问凭证（Temporary Access Keys）。如果需要提供临时访问权限，可以采用这样的方式。

对于小张来说，第二种方式显然更适合他的需求，下面就来介绍如何配置和使用AWS CLI。

任务一　安装和配置AWS CLI

AWS CLI的安装和配置不是一个很复杂的过程。为了让运维工程师能在更多的系统环境中去操作云资源，AWS CLI版本2可以分别安装在Windows、Linux、Mac OS及Docker中。

在Windows中安装AWS CLI版本2的步骤如下：

1）从https://awscli.amazonaws.com/AWSCLIV2.msi下载适用于Windows（64位）的AWS CLI MSI安装程序。

2）运行下载的MSI安装程序并按照屏幕上的说明操作。默认情况下，AWS CLI将安装到C:\Program Files\Amazon\AWSCLIV2。安装程序运行结束后，可以运行cmd以打开命令提示符窗口，此时输入aws--version，若看到如下信息便表示安装完成了。

```
aws-cli/2.0.23 Python/3.7.4 Windows/10 botocore/2.0.0
```

在Linux中安装AWS CLI版本2的步骤如下：

1）下载安装包。

```
curl "https://awscli.amazonaws.com/awscli-exe-linux-x86_64.zip" -o "awscli.zip"
```

2）解压缩安装包，可使用unzip或其他等效的解压缩命令。

```
unzip awscli.zip
```

3）运行安装程序。

```
sudo ./aws/install
```

安装结束后，输入aws--version，可看到如下信息：

```
aws-cli/2.0.39 Python/3.7.3 Linux/4.14.186-146.268.amzn2.x86_64 exe/x86_64.amzn.2
```

安装好AWS CLI后，接下去就需要对其进行配置以便可以与AWS资源交互。

对于一般用途，使用aws configure命令是设置AWS CLI安装的最快方法。

在命令行界面输入aws configure并按〈Enter〉键后，AWS CLI会提示输入四组信息，分别是AWS Access Key ID、AWS Secret Access Key、Default region name和Default output format。其中，AWS Access Key ID和AWS Secret Access Key分别代表访问密钥ID及私有访

问密钥。在管理控制台的 IAM 服务中查看用户信息，如图 1–24 所示。单击“安全凭证”标签后，在该界面的下方可以看到访问密钥的配置项，如图 1–25 所示。若未曾设置过访问密钥，则可以单击“创建访问密钥”按钮，进入图 1–26 所示的界面。

图 1–24　查看用户信息

图 1–25　访问密钥配置项

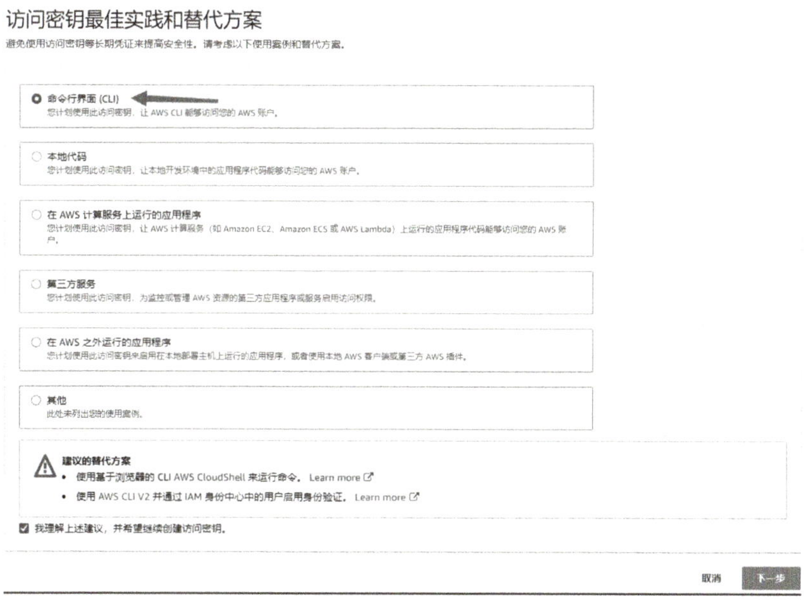

访问密钥最佳实践和替代方案

避免使用访问密钥等长期凭证来提高安全性。请考虑以下使用案例和替代方案。

命令行界面 (CLI)
您计划使用此访问密钥，让 AWS CLI 能够访问您的 AWS 账户。

本地代码
您计划使用此访问密钥，让本地开发环境中的应用程序代码能够访问您的 AWS 账户。

在 AWS 计算服务上运行的应用程序
您计划使用此访问密钥，让 AWS 计算服务（如 Amazon EC2、Amazon ECS 或 AWS Lambda）上运行的应用程序代码能够访问您的 AWS 账户。

第三方服务
您计划使用此访问密钥，为监控或管理 AWS 资源的第三方应用程序或服务启用访问权限。

在 AWS 之外运行的应用程序
您计划使用此访问密钥来启用在本地部署主机上运行的应用程序，或者使用本地 AWS 客户端或第三方 AWS 插件。

其他
此处未列出您的使用案例。

建议的替代方案
- 使用基于浏览器的 CLI AWS CloudShell 来运行命令。Learn more
- 使用 AWS CLI V2 并通过 IAM 身份中心中的用户启用身份验证。Learn more

我理解上述建议，并希望继续创建访问密钥。

取消　下一步

图 1–26 “访问密钥最佳实践和替代方案”界面

单击“下一步”按钮后，可进入图 1–27 所示的“检索访问密钥”界面，这里便可查看填入 aws configure 的头两组信息（访问密钥 ID 及私有访问密钥）。密钥也可以下载为 csv 格式的文件以供后续查看。但应注意，对于每个访问密钥，在创建时仅有一次查看或下载 csv 格式文件的机会，以后将无法再次查看和下载。所以比较好的做法就是下载并保存好存放访问密钥信息的 csv 文件。如果真的出现某个访问密钥信息丢失的情况，那么也不必担心，回到访问密钥项，停用并删除该访问密钥，再重新创建一个即可（然后用新的访问密钥信息重新配置一次 aws configure）。可以看得出来，访问密钥 ID 及私有访问密钥是与用户身份对应的，相当于用户的访问凭证，按照这样的配置去执行 CLI 命令，相当于以该用户身份来执行操作，对应地，AWS 也会按照该用户所拥有的操作权限来决定命令是否能执行下去。

图 1–27　密钥显示与下载界面

aws configure 中的第三组信息是配置默认的区域，此处应输入区域的英文代码。比如，在该项中填入 us–west–1，代表默认区域是美国西部 1 区（加利福尼亚北部，从 https://docs.aws.amazon.com/zhcn/AWSEC2/latest/UserGuide/using–regions–availability–Zones.html 查到每个区域的代码）。默认区域表示默认情况下要将请求发送到哪个 AWS 区域，意味着在再次更改该项设置之前所执行的操作都是在该区域上的操作，如创建实例或 VPC 等。绝大多数的 AWS 服务都是落在某个区域内的，跨区域的服务很少。在实际工作中，有较多机会执行对该项的修改来实现区域的切换。

aws configure 中的第四组信息是配置默认的输出格式，可以根据需求填入 YAML、TEXT、TABLE、JSON 这四种格式之一。如果该项不填，则默认是 JSON 格式。图 1–28 所示为一个完整的配置过程。

注： 运行 aws configure 命令的时候，每组信息后面方括号内所显示的内容为当前的配置值（首次运行 aws configure 命令时均为 none，表示尚未配置）。

```
xing@xing:~$ aws configure
AWS Access Key ID [****************XGEW]: AK
AWS Secret Access Key [****************n5K9]: SibzDexvwymfY6pT5oFt3vlE

Default region name [us-east-1]: us-west-1
Default output format [json]: text
```

图 1–28　aws configure 完整的配置过程

AWS CLI 将这些信息存储在 credentials 文件的名为 default 的配置文件（一个设置集合）中。默认情况下，当运行的 AWS CLI 命令未明确指定要使用的配置文件时，将使用此配置文件中的信息。当然，用户也可以通过指定 ––profile 选项及名称来创建和使用具有不同的凭证和设置的其他命名配置文件。如 aws configure ––profile producer，此时会创建一个名为 producer 的配置文件来存储这四组配置信息。

任务二 通过 CLI 操作云资源

把 CLI 工具安装并配置好，云上运维的大门就算真正打开了，小张非常兴奋，决定要掌握 CLI 的用法。

CLI 采用如下的命令结构：

```
aws <command><subcommand> [options and parameters]
```

所有的 CLI 命令均以 aws 作为开头以和其他命令区分。

<command> 代表顶级命令，这通常对应于 AWS CLI 支持的 AWS 服务。

<subcommand> 代表要对 <command> 所指定的 AWS 服务执行的操作。

[options and parameters] 表示这条 CLI 命令所需的选项和参数，选项和参数均为可选项且没有顺序性，如果同时定义了多个排他性的参数，那么仅应用最后一个定义的值。

下面通过解读几个常见的 CLI 命令来加深对 CLI 命令的理解：

```
aws s3 ls s3://<bucket-name>
```

这里表示要操作的是 S3 这种服务并执行列表命令，列出名为“bucket-name”的存储桶中的所有对象。

```
aws ec2 run-instances --image-id <AMI_ID> --instance-type t2.micro --subnet-id
<SUBNET_ID>
```

这里表示要操作的是 ec2 这种服务并执行启动一个 ec2 实例的命令，后面跟着若干参数，比如说启动时使用哪个 AMI，启动的实例类型是什么，启动好的实例放在哪个子网里。

默认情况下，CLI 会依照 credentials 文件 default 配置中的用户凭证来检查是否有权限来执行该命令。用户也可以通过在命令后加 --profile 选项的方式，用其他的用户凭证来执行该命令。在上一个任务中创建了名为 producer 的配置文件来存储一组用户凭证，此时若执行一条 CLI 命令，例如：aws s3 ls s3://<bucket-name>--profile producer，则会去验证 producer 配置文件中的用户权限是否能执行 S3 的 ls 操作。

通常来说，当需要访问涉及多个账户的 AWS 资源时，可以将不同账号下需要使用的用户凭证添加到 profile 配置中，这样在具体执行操作的时候，就可以通过添加 profile 选项来切换需要使用的用户凭证以获得正确的权限了。

AWS CLI 可以和所有的 AWS 服务进行交互，因此，它所拥有的命令库也是非常丰富的，一般人想把命令记全，几乎是不可能完成的事情。可以通过以下两种方法来查看所需命令的格式和参数类型：

1）查阅 AWS 官方在线文档，可通过访问 https://docs.aws.amazon.com/zh_cn/cli/latest/reference/index.html#cli-aws 实现。

2）在 CLI 命令输入界面中，输入 aws help 并按 <Enter> 键，此时会显示常规 AWS CLI 选项和可用顶层命令的帮助。如果想了解某个服务下的命令有哪些，可以输入 aws 服务名 help，如 aws ec2 help，则显示可用的特定于 EC2 这种服务的命令。如果要更进一步了解某个服务下的某个命令怎么用，可以输入 aws 服务名子命令 help，如 aws ec2 run-instances help，则会显示 run-instances 这条命令的用法。

案 例

使用 CLI 操作 IAM

案例内容：公司新成立一个售前咨询部门，部门里有两名员工，从测试部门调来的小吴及新入职的小郑。该部门需要的权限不多，只需要对 EC2 和 S3 有完全访问的权限即可，其中小郑还在试用期，暂不允许他有删除 S3 桶的权限，待试用期结束时再赋予其和普通员工一样的权限。

案例实施步骤：

1）创建用户，由于小吴已有用户身份（wu），因此只需为小郑创建用户，并设置初始密码。

```
aws iam create-user --user-name zheng
aws iam create-login-profile --user-name zheng --password temp_123 --password-reset-required
```

此命令的最后一个参数要求小郑第一次用该密码登录的时候，要重置一次密码，运行结果如图 1-29 所示。

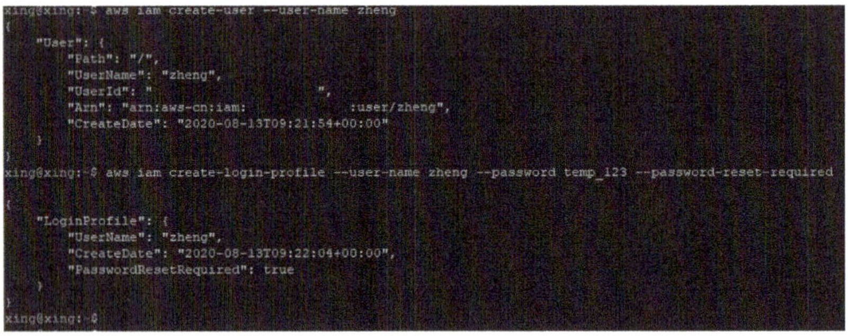

```
xing@xing:~$ aws iam create-user --user-name zheng
{
    "User": {
        "Path": "/",
        "UserName": "zheng",
        "UserId": "                    ",
        "Arn": "arn:aws-cn:iam:              :user/zheng",
        "CreateDate": "2020-08-13T09:21:54+00:00"
    }
}
xing@xing:~$ aws iam create-login-profile --user-name zheng --password temp_123 --password-reset-required

{
    "LoginProfile": {
        "UserName": "zheng",
        "CreateDate": "2020-08-13T09:22:04+00:00",
        "PasswordResetRequired": true
    }
}
xing@xing:~$
```

图 1-29　创建用户运行结果

2）创建售前部门的组。

```
aws iam create-group --group-name Presales
```

运行结果如图 1-30 所示。

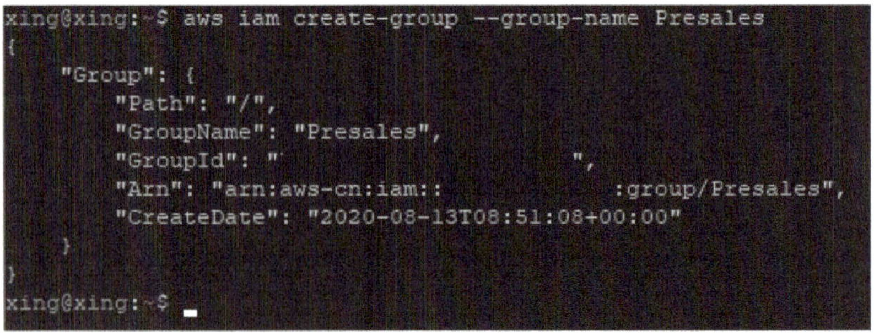

```
xing@xing:~$ aws iam create-group --group-name Presales
{
    "Group": {
        "Path": "/",
        "GroupName": "Presales",
        "GroupId": "                    ",
        "Arn": "arn:aws-cn:iam::              :group/Presales",
        "CreateDate": "2020-08-13T08:51:08+00:00"
    }
}
xing@xing:~$
```

图 1-30　创建组运行结果

3）将小吴移出测试部门的组，然后把小郑、小吴都移到售前部门组，执行以下几条命令，可看到图 1-31 所示的结果。

```
aws iam remove-user-from-group --user-name wu --group-name testgroup
aws iam add-user-to-group --user-name wu --group-name Presales
aws iam add-user-to-group --user-name zheng --group-name Presales
```

图 1–31　组成员列表

4）把 EC2 和 S3 的完全访问策略附加到售前部门组，附加策略的命令格式如下：

```
aws iam attach-group-policy --policy-arn <> --group-name<>
```

这条命令需要填入附加策略的 ARN（Amazon 资源名称），在管理控制台中的 IAM 服务中，单击“策略”，搜索“AmazonEC2FullAccess”（支持模糊查询的方式，输入策略的部分关键字符串亦可），找到该策略并单击，可以看到图 1-32 所示的界面，界面正上方即显示出了该策略的 ARN，复制下来输入附加策略的命令。

```
aws iam attach-group-policy  --policy-arn arn:aws-cn:iam::aws:policy/
AmazonEC2FullAccess --group-name Presales
```

同理，再执行命令：

```
aws iam attach-group-policy  --policy-arn arn:aws-cn:iam::aws:policy/
AmazonS3FullAccess  --group-name Presales
```

策略 > AmazonEC2FullAccess

摘要

策略 ARN　arn:aws:iam::aws:policy/AmazonEC2FullAccess

描述　Provides full access to Amazon EC2 via the AWS Management Console.

权限　策略用法　策略版本　访问顾问

策略摘要　{ } JSON

查询

服务	访问级别	资源
允许 (6 个服务，共 365 个) 显示其余 359		
CloudWatch	完全访问权限	所有资源
EC2	完全访问权限	所有资源
EC2 Auto Scaling	完全访问权限	所有资源
ELB	完全访问权限	所有资源
ELB v2	完全访问权限	所有资源
IAM	限制：写入	所有资源

图 1–32　策略内容显示界面

如图 1-33 所示，此时可以看到两个托管策略已经附加到 Presales 组。

图 1-33　组策略列表

5）为小郑创建一个不允许其删除桶的策略，并附加到他的用户上。

①首先创建出如下 JSON 格式的策略文档，并将文档命名为 policy。

```
{
"Version": "2012-10-17",
"Statement": [
        {
"Effect": "Deny",
"Action": [
"s3:DeleteBucket"
            ],
"Resource": [
"*"
            ]
        }
    ]
}
```

②执行创建策略的命令。

```
aws iam create-policy --policy-name zheng-policy --policy-document file://policy。
```

结果如图 1-34 所示，应特别注意输出文档中的 Arn 字段，接下来执行附加策略命令的时候会用到。

```
xing@xing:~$ aws iam create-policy --policy-name zheng-policy --policy-document file://policy
{
    "Policy": {
        "PolicyName": "zheng-policy",
        "PolicyId": "ANPATPTJNKFSZQSKI2JBM",
        "Arn": "arn:aws-cn:iam::            :policy/zheng-policy",
        "Path": "/",
        "DefaultVersionId": "v1",
        "AttachmentCount": 0,
        "PermissionsBoundaryUsageCount": 0,
        "IsAttachable": true,
        "CreateDate": "2020-08-13T09:38:01+00:00",
        "UpdateDate": "2020-08-13T09:38:01+00:00"
    }
}
```

图 1-34　创建策略运行结果

③执行附加策略到用户的命令。

```
aws iam attach-user-policy --user-name zheng --policy-arn arn:aws-cn:iam::<Account_
ID>:policy/zheng-policy
```

此处，<Account_ID> 为 12 位的账户 ID。

最后，为了让小郑登录后能修改密码，再给他附上一条 IAMUserChangePassword 托管策略。

```
aws iam attach-user-policy --user-name zheng --policy-arn arn:aws-
cn:iam::aws:policy/IAMUserChangePassword
```

如图 1-35 所示，此时可以看到，小郑的用户权限里已经附加了刚才创建的托管策略。这个策略会阻止小郑进行 S3 桶的删除操作，等小郑转正后，可以通过删除该策略的方式让小郑重新拥有 S3 的完全访问权限。

图 1-35　用户 zheng 的权限列表

习题

一、单选题

1. 关于用户（User），下列说法错误的是（　　）。

A）一个用户可以同时加入多个组（Group）

B）每个用户均属于一个账户（Account）

C）可以为一个用户附加 20 项策略

D）可以为一个人配置多个用户

2. 用户可以通过（　　）方式创建。

A）通过控制台创建　　B）通过 API 创建

C）通过 CLI 创建　　D）以上都可以

3. 关于组（Group），下列说法错误的是（　　）。

A）组上附加的策略对于组里的每个用户均有效

B）可以把某个组加入另一个组当中

C）把用户从组里移出，用户会立刻失去组上附加策略的权限

D）账户中可以不配置组

4. 下列（　　）不是 aws configure 需要配置的。

A）访问密钥 ID　　B）账户 ID　　C）私有访问密钥　　D）默认区域

5. 关于访问密钥，下列说法（　　）是正确的。

A）访问密钥仅提供一次下载的机会

B）可将访问密钥存放在计算机桌面上，方便随时使用

C）访问密钥丢失后，无法再获得新的访问密钥

D）没有访问密钥，用户便不可以登录 AWS 控制台

二、判断题

1. 云中的账单是由用户来支付的。（　　）
2. 角色是一种临时的权限。（　　）
3. 为了使用方便，建议使用根用户来操作云资源。（　　）
4. AWS CLI 工具安装好以后，无须配置即可操作云资源。（　　）
5. aws configure 默认的输出格式是 JSON 格式。（　　）

单元二

服务器运维（EC2）

单元情景

小张所在的公司所有服务器系统都部署在亚马逊云科技的 Amazon Elastic Compute Cloud（Amazon EC2）服务上。Amazon EC2 在云中提供可扩展的计算容量。小张需要对云中的 EC2 实例进行日常的运维。日常维护和管理任务在很多情况下都是一些重复性的操作，为了能高效地完成这些可重复任务，小张除了要学会使用亚马逊云科技管理控制台进行管理操作外，还需要学会使用 CLI 对 EC2 进行管理。

单元概要

本单元将要介绍如何使用控制台及 CLI 对 Amazon EC2 进行日常的管理和运维，包括了查询 EC2 实例的状态信息、创建 EC2 实例、管理 EC2 实例及维护 EC2 实例。EC2 实例在很多场景下需要访问亚马逊云科技的其他服务，比如访问 Amazon S3 存储桶。本单元还将介绍如何给 EC2 实例授权，让其可以访问亚马逊云科技云上的其他资源。

学习目标

- 了解 Amazon EC2 服务。
- 掌握使用 CLI 获取 EC2 实例信息的方法。
- 掌握使用 CLI 创建 EC2 实例的方法。
- 掌握使用 CLI 管理 EC2 实例的方法。
- 掌握使用 CLI 实现 EC2 实例授权的方法。

通过亚马逊云科技管理控制台创建 EC2 实例

Amazon EC2 提供了虚拟计算环境，也称为实例。每个实例都可以看作一台服务器。EC2 实例支持大多数服务器操作系统，可以把 EC2 实例配置成各种常用的服务器系统，如应用程序服务器、Web 服务器、数据库服务器、邮件服务器、文件服务器及代理服务器等。用户可以根据需求启动任意数量的实例，每台实例的性能也可以根据用户的需求进行选择。EC2 实例提供了多种计费的方式，用户根据自己的需求选择最经济实惠的计费方式来使用 EC2 实例。这样可避免前期的硬件投入，因此能够快速部署新的应用平台。

掌握使用和管理 EC2 实例是使用亚马逊云最基本的能力。部门主管要求小张尽快学会 EC2 服务的使用和管理方法。小张决定先从最基本的创建实例开始。

任务一　完成创建 EC2 实例的先决条件

根据亚马逊云科技创建 EC2 的最佳实践方案，在创建 EC2 实例之前需要完成一些先决条件。先决条件包含以下四个：

1）创建 IAM 用户。登录亚马逊云科技管理控制台时需要提供 IAM 用户及其凭证，以便确定该用户是否具有访问资源的权限。创建 IAM 用户，并把用户添加到具有访问管理权限的组中，或者单独赋予 IAM 用户相应的访问管理权限。在上一单元中小张已经掌握了创建用户及授权的方法。

2）创建密钥对。亚马逊云科技使用非对称加密体制来保证 EC2 实例的登录安全。在用户登录时通过公钥对实例的登录信息进行加密，因此使用 SSH 工具连接实例时需要用指定的私钥来解密。

创建密钥对的步骤如下：

①登录亚马逊云科技管理控制台，然后页面左上角的“服务”菜单中选择“计算”，选择其中的“EC2”服务。

②在左边的导航窗格中的“网络与安全”下选择“密钥对”，可以看到系统中现有密钥对的信息。

③选择页面中的“创建密钥对”，在“创建密钥对”对话框中输入密钥对的名称，如 MyTestKeyPair。在密钥对类型选项中选择使用较为通用的 RSA 算法密钥对。EC2 实例使用较新的操作系统（如 Amazon Linux 2023），则需要选择 ED25519 算法密钥对。私钥文件格式有两个选项：.pem 及 .ppk。用户根据连接实例时使用的客户端软件来选择私钥文件的格式。如果使用 OpenSSH 客户端软件与实例进行远程连接，则需要用到 .pem 格式的私钥文件。使用 PuTTY 客户端软件与实例进行远程连接，则需要用到 .ppk 格式的私钥文件。“创建密钥对”对话框如图 2-1 所示。

④选择创建密钥对，此时浏览器会自动地下载私钥文件，默认文件名就是密钥对的名称。下载私钥文件的机会仅此一次，过后将无法再次获得私钥文件。一定要妥善保管该私钥文件，这一点非常重要。

小张按照以上步骤创建了名为 MyTestKeyPair 的密钥对。

EC2 > 密钥对 > 创建密钥对

创建密钥对 信息

密钥对

密钥对由私钥和公钥构成，是一组安全凭据，供您在连接到实例时证明自己的身份。

名称

MyTestKeyPair

名称最多可使用 255 个 ASCII 字符。它不能以空格开头或结尾。

密钥对类型 信息

RSA　　ED25519

私钥文件格式

.pem
与 OpenSSH 共用

.ppk
与 PuTTY 共用

标签 - 可选

此资源没有关联任何标签。

添加新标签

您最多还可以添加 50 个标签。

取消　　创建密钥对

图 2–1 “创建密钥对”对话框

3）创建 Virtual Private Cloud（VPC）。VPC 是在亚马逊云科技云中的虚拟网络，它在逻辑上与亚马逊云科技云中的其他虚拟网络隔绝。在 VPC 中可以建立子网，定义 IP 地址范围，还可以配置路由表和安全组。VPC 可以理解为用户资源的底层逻辑网络设施。在亚马逊云科技账户建立时，系统会自动生成一个默认 VPC 和若干个默认子网。EC2 实例可以建立在默认的 VPC 上，也可以建立在用户自定义的 VPC 上。如何建立并管理 VPC 会在后续的项目详细介绍。现在小张决定把 EC2 实例建立在默认的 VPC 上，在创建的过程中选择默认的 VPC 及默认的子网即可。

4）创建安全组。安全组可以看作与实例相关联的防火墙，用户可以根据自己的需求设置入站及出站的规则。例如连接 Linux 实例，需要在安全组入站规则中添加 22 号端口的访问许可。连接 Windows 实例，则需要在安全组入站规则中添加 3389 号端口的访问许可。小张准备创建一台 Linux 实例，然后想用 ping 命令（使用 ICMP）测试实例在公网上是否可达。他按照如下的步骤创建安全组：

①登录亚马逊云科技管理控制台，然后选择 EC2 服务。

②在左边的导航窗格中的“网络与安全”下选择“安全组”。

③在页面中单击“创建安全组”按钮。在“创建安全组”对话框中需要对四个部分的内容进行设置，分别是基本详细信息、入站规则、出站规则及标签。小张在基本详细信息中输入安全组的名称“MyTestSG”及描述信息“Allow SSH and ICMP”，设置安全组所在的 VPC 为默认的 VPC。然后单击入站规则下面的“添加规则”按钮，即可添加一条入站规则。按照前面的需求，小张添加了两条规则：第一条规则，小张在“类型”下拉列表中选择了“SSH”，在“源”下拉列表中选择了“任何位置 –IPv4”；第二条规则，小张在“类型”下拉列表中选择了“所有 ICMP–IPv4”，在“源”下拉列表中选择了“任何位置 –IPv4”。小张添加的入站规则如图 2–2 所示。

图 2-2 添加的入站规则

在亚马逊云科技云中，安全组是有状态的。“有状态的”意思是，当一种数据流被允许入站通过安全组，那么相应的出站数据流就能自动地被允许出站。因此不需要在出站规则中再次设置相应的允许规则。设置好规则后单击右下角的“创建安全组”，系统会提示创建成功并显示安全组的详细信息。

至此，小张完成了创建 EC2 的四个先决条件。

任务二 创建 EC2 实例

完成了先决条件后，小张紧接着开始学习如何在亚马逊云科技管理控制台上创建 EC2 实例。在实际的工程环境中，大多数服务器安装的系统为 Linux，因此小张决定先学习如何创建与连接 Linux 实例。

使用亚马逊云科技管理控制台来快速启动 EC2 实例的步骤如下：

1）登录亚马逊云科技管理控制台，然后选择 EC2 服务。

2）从控制台控制面板中单击“启动实例”按钮，跳转到启动实例页面。

3）在名称和标签设置项中输入实例的名称，小张将此服务器命名为“MyTestInstance”。

4）在“应用程序和操作系统映像（Amazon Machine Image）”设置项中显示了在亚马逊云科技上可以选择的实例系统模板。Amazon 系统映像（AMI）提供启动实例所需的信息。其中包含操作系统、应用程序环境及数据块设备映射，指定在实例启动时要附加到实例的卷。亚马逊云科技提供了许多公用的系统映像。亚马逊云科技开发人员社区的会员也发布了他们的自定义 AMI，这些自定义的 AMI 通常都有一些特殊的安装条件或者适用场景。用户也可以把一台配置好的服务器实例创建成自定义的 AMI。通过这个自定义的 AMI 来实现快速轻松地启动能满足用户个性化需求的新实例。

在选择 AMI 时需要考虑以下四个因素：

①实例所使用的操作系统及应用程序环境，亚马逊云科技的公用 AMI 中有多种不同应用环境的 Windows Server、Linux 操作系统及 Mac OS 可供选择。

②操作系统的架构（64 位 x86 或 64 位 ARM）。

③ AMI 的启动许可。AMI 拥有者向所有亚马逊云科技账户授予启动许可为公有许可。AMI 拥有者向特定亚马逊云科技账户授予启动许可为显式许可。

④根设备存储类型。AMI 根设备存储类型分为两种：一种是 Amazon EBS 支持，AMI 启动的实例的根设备是从 Amazon EBS 快照创建的 Amazon EBS 卷；另一种是实例存储支持，AMI 启动的实例的根设备是从存储在 Amazon S3 中的模板创建的实例存储卷。

小张选择使用 Amazon Linux 2 AMI（HVM）版本，该系统镜像与相应的实例类型搭配即可符合免费套餐的条件，在页面中可以看到免费套餐的内容，很适合初学做实验使用，如图 2-3 所示。

图 2-3 选择 Amazon 系统映像设置项

5）在选择实例类型设置项中选择实例的硬件配置。该页面上显示了不同实例类型的硬件配置，包括 vCPU 数量、内存大小及网络性能等参数。Amazon 提供通用型、计算优化型、内存优化型、存储优化型及 Linux 加速计算型的实例供用户选择。通用型实例提供平衡的计算、内存和网络资源，可用于各种不同的工作负载。计算优化型实例是需要高性能计算的应用程序的理想选择。内存优化型实例的优势在于快速处理内存中大型数据集的工作负载。存储优化型实例适用于需要对本地存储中的超大型数据集进行高性能顺序读写访问的工作负载，可以向应用程序提供每秒上万次低延迟性随机 I/O 操作。加速计算型的实例能在计算密集型工作负载上提供更高的并行度，以实现更高的吞吐量。在每一种实例类型中又细分了许多不同性能等级的实例性能模板，详细的实例类型描述可以访问 https://www.amazonaws.cn/ec2/instance-types/。

小张本次创建实例只是为了学习，因此他选择了 t2.micro 类型的实例，如图 2-4 所示。选好实例类型后，单击页面右下角的“配置实例详细信息”进入下一步。

图 2-4 选择实例类型设置项

6）在密钥对（登录）设置项中选择 EC2 实例登录时所使用的密钥对。小张选择前面创建的“MyTestKeyPair”密钥对，如图 2-5 所示。

7）在网络设置项中可以对 EC2 实例的网络环境进行设置。单击“编辑”按钮即可对默认的选项进行修改。小张在配置时保持默认的 VPC 与子网设置不变。启用“自动分配公有 IP”选项让 EC2 实例可以自动获取公网的 IP 地址。在“防火墙（安全组）”配置中选择前面创建的“MyTestSG”安全组。高级网络配置保持默认设置，如图 2-6 所示。

图 2-5 密钥对（登录）设置项

图 2-6 网络设置项

8）在“配置存储”设置项中可以选择实例的存储设备 Amazon Elastic Block Store（EBS）的类型、个数、存储空间大小及是否加密，如图 2-7 所示。小张选择的 t2.micro 实例，EBS 卷的类型有四种，分别是通用型 SSD、预配置 IOPS SSD、硬盘驱动器（HDD）及磁介质（标准）。通用型 SSD 是平衡了价格和性能的 SSD 卷，可用于多种工作负载。预配置 IOPS SSD 是最高性能 SSD 卷，可用于任务关键型低延迟或高吞吐量工作负载。硬盘驱动器（HDD）支持的卷针对大型流式处理工作负载进行了优化，其中主要的性能属性是吞吐量。磁介质卷可以用于数据集较小且数据访问不频繁的工作负载。

对于某些类型的实例，除了 EBS 卷之外，还有一种名为实例存储卷 instance store 的存储类型可供选择。实例存储卷位于数据中心内用于虚拟化实例的物理服务器上，实例存储卷适用于临时存储的应用场景，因为在实例停止、终止或硬件出现故障时，实例存储卷中存储的数据将会丢失。

图 2-7 “配置存储”设置项

9）在“高级详细信息配置”项中包含了许多 EC2 实例的高级选项，其中比较常用的选项如下。小张研究了所有选项的功能，根据现在的需求，高级选项都不需要设置。

①购买选项。该项用于选择是否请求 Spot 实例。Spot 实例的价格根据供需情况定期变化，使用类似购买按需实例的方式启动 Spot 实例，价格将根据供需关系确定（不超过按需实例价格）。用户也可以设置一个最高价，当设置的最高价高于当前 Spot 实例的实时价格时，可以运行此类实例。

② IAM 实例配置文件。该项用于给创建的实例赋予相应的资源访问权限。

③主机名类型。确定 EC2 实例的操作系统主机名是资源名称还是 IP 名称。

④ DNS 主机名。基于资源的 IPv4 DNS 确定对资源名称的请求是否会解析为此 EC2 实例的 IPv4 地址。

⑤实例自动恢复。如果系统状态检查失败，则实例自动恢复。

⑥关闭操作。该项用于设置在实例的系统中关机时，实例是停止还是终止。

⑦启用终止保护。该项用于设置是否启用终止保护。

⑧详细的 CloudWatch 监控。可通过 Amazon CloudWatch 监控、收集和分析有关实例的指标。

⑨用户数据。该选项用于设置实例的用户数据。用户数据是实例在第一次启动时执行的用户脚本。

10）在“摘要”设置中可以看到 EC2 实例的配置摘要。在实例的数量文本框中输入要启动的实例个数。小张在本次操作中只需要启动一个实例，单击“启动实例”按钮，如图 2-8 所示。

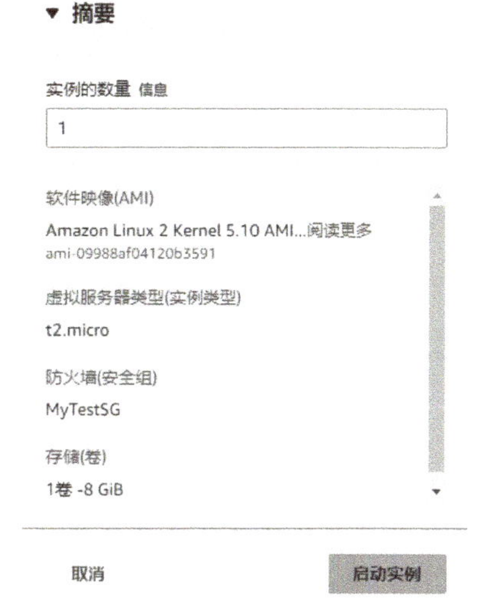

图 2-8　配置信息摘要

任务三　查看实例的信息并连接实例

小张完成实例创建后，迫不及待地想了解新建实例的信息，并且想测试是否可以通过 Internet 访问到实例。在实例创建步骤完成后，系统会返回实例启动状态页面，选择该页面右下方的“查看所有实例”，就可以查看到新创建实例的基本信息。也可以以后选择 EC2 服务，在左边的导航窗格中的“实例”下选择“实例”来查看云上实例的信息。实例信息如图 2-9 所示。

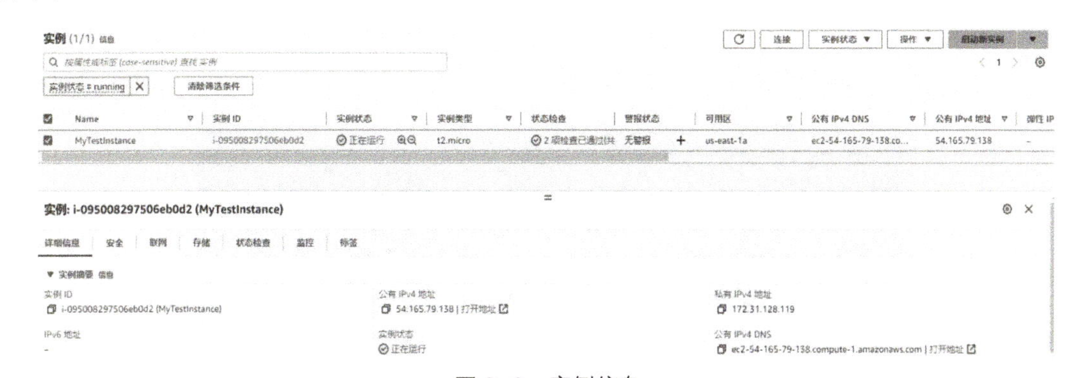

图 2-9　实例信息

通过页面右侧的导航条可以非常方便地查看实例的所有状态信息。实例信息包含了许多内容，比较常用的是实例 ID、实例状态、公有 DNS（IPv4）、IPv4 公有 IP、弹性 IP、私有 DNS、可用区、私有 IP、安全组、VPC ID、AMI ID、子网 ID 及密钥对名称等。通过这些内容，用户可以全面地了解实例的相关状态信息。小张查询到实例的公有 IP 地址，通过 ping 命令测试本地与实例之间的联通性。测试结果如图 2-10 所示，结果显示可以正常访问实例。

```
Microsoft Windows [版本 10.0.19041.208]
(c) 2020 Microsoft Corporation。保留所有权利。

C:\Users\Administrator>ping 54.165.79.138

正在 Ping 54.165.79.138 具有 32 字节的数据:
来自 54.165.79.138 的回复: 字节=32 时间=219ms TTL=226
来自 54.165.79.138 的回复: 字节=32 时间=219ms TTL=226
来自 54.165.79.138 的回复: 字节=32 时间=219ms TTL=226
来自 54.165.79.138 的回复: 字节=32 时间=219ms TTL=226

54.165.79.138 的 Ping 统计信息:
    数据包: 已发送 = 4，已接收 = 4，丢失 = 0 (0% 丢失)，
往返行程的估计时间(以毫秒为单位):
    最短 = 219ms，最长 = 219ms，平均 = 219ms
```

图 2-10　ping 命令测试结果

小张迫不及待地想要连接该 EC2 实例，单击“实例查看”页面中的“连接”按钮，跳转到“连接到实例”页面。页面中有四种连接方式可以选择，分别是 EC2 Instance Connect、会话管理器、SSH 客户端及 EC2 串行控制台。会话管理器及 EC2 串行控制台需要授权访问其他服务，小张决定稍后再尝试这两种连接方式。选择 EC2 Instance Connect 连接方式，如图 2-11 所示。

连接到实例 信息

使用以下一种选项连接到您的实例 i-0ed0aa666f3c0e9bd (MyTestInstance)

EC2 Instance Connect | 会话管理器 | SSH 客户端 | EC2 串行控制台

实例 ID

i-0ed0aa666f3c0e9bd (MyTestInstance)

连接类型

使用 EC2 Instance Connect 进行连接
使用基于浏览器的 EC2 Instance Connect 客户端通过公有 IPv4 地址进行连接。

使用 EC2 Instance Connect 端点进行连接
使用基于浏览器的 EC2 Instance Connect 客户端通过私有 IPv4 地址和 VPC 端点进行连接。

公有 IP 地址

3.81.208.7

用户名

输入在用于启动实例的 AMI 中定义的用户名。如果您未定义自定义用户名，请使用默认用户名 ec2-user。

ec2-user

注意：在大多数情况下，默认用户名 ec2-user 是正确的。不过，请阅读您的 AMI 使用说明以检查 AMI 拥有者是否已更改默认 AMI 用户名。

取消　连接

图 2-11　选择 EC2 Instance Connect 连接方式

在页面中的“连接类型”选项中选择“使用 EC2 Instance Connect 进行连接”单选按钮并使用默认的用户名“ec2-user”，最后单击页面中的“连接”按钮。控制台会在浏览器中打开一个新的 EC2 Instance Connect 页面（如图 2-12 所示），在该页面中就可以使用 EC2 实例。

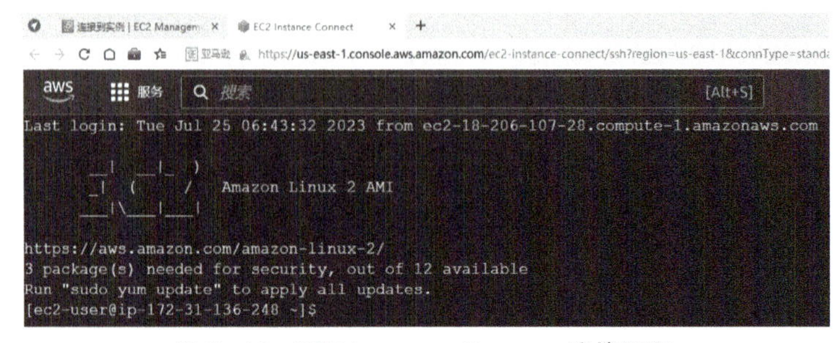

图 2-12　EC2 Instance Connect 连接页面

在不方便登录亚马逊云科技管理控制台的时候，可以使用 SSH 客户端的方式连接 EC2 实例。小张使用 PuTTY 工具作为 SSH 的客户端。PuTTY 客户端连接实例的过程如下：

1）启动 PuTTY 客户端。

2）在 Category 窗格中选择 Session。在 Host Name（or IP address）文本框中输入实例的公网 DNS 或者公网 IP。确保 Port 端口号为 22，设置 Connection type 连接类型为 SSH，如图 2-13 所示。

3）在 Category 窗格中展开 Connection，再展开 SSH，然后选择其中的 Auth，单击 Browse 按钮，选择在创建密钥对时保存下来的私钥文件 MyTestKeyPair.ppk。然后单击窗口下方的“Open”按钮，如图 2-14 所示。

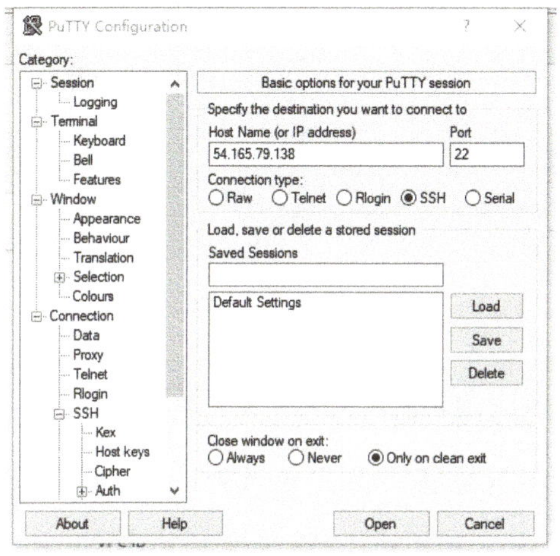

图 2-13　PuTTY 客户端设置

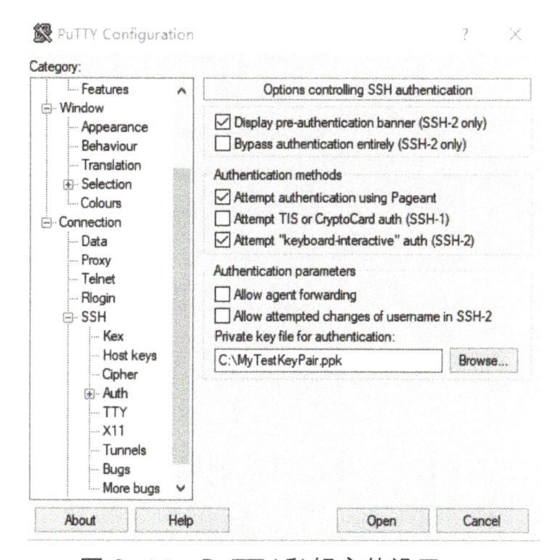

图 2-14　PuTTY 私钥文件设置

4）在弹出的 PuTTY Security Alert 窗口中单击“是（Y）”按钮，然后输入用户名 ec2-user 即可登录到实例上。登录到实例的结果如图 2-15 所示。

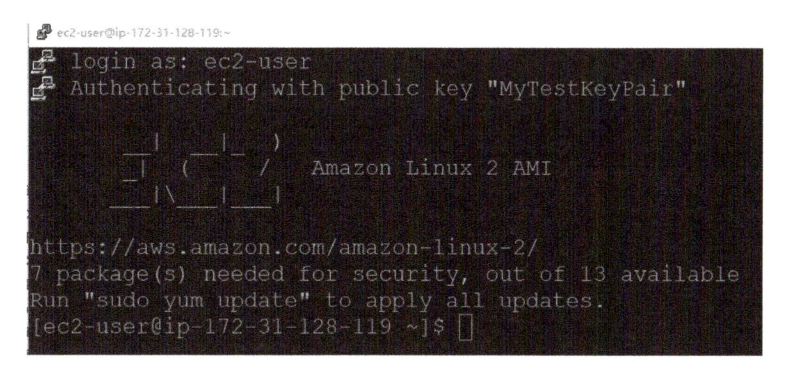

图 2-15　登录到实例的结果

在登录实例的过程中，最重要的步骤就是设置私钥文件，在 PuTTY 客户端上使用的私钥文件是以 .ppk 为扩展名的私钥文件。如果用户在创建密钥对时下载的是 OpenSSH 使用的以 .pem 为扩展名的私钥文件，就需要进行转换。转换的方法是使用 PUTTYGEN 工具。PuTTY 客户端完整软件包中包含了 PUTTYGEN 工具。转换的步骤如下：

1）打开 PUTTYGEN 工具，单击“Load”按钮，选择显示所有类型的文件的选项，然后找到已保存的 .pem 私钥文件并加载。PUTTYGEN 工具界面如图 2-16 所示。

2）确保 Type of key to generate 选项选择的是 RSA。单击“Save private key”按钮，然后指定文件名及文件保存位置，即可生成 .ppk 为扩展名的私钥文件。

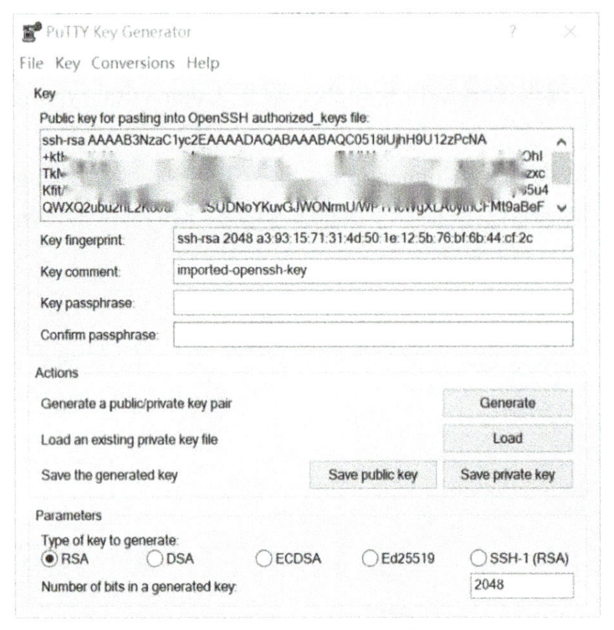

图 2-16　PUTTYGEN 工具界面

PUTTYGEN 工具也可以把以 .ppk 扩展名的私钥文件转换成以 .pem 为扩展名的私钥文件。转换的步骤如下：

1）打开 PUTTYGEN 工具，单击“Load”按钮，找到已保存的 .ppk 私钥文件并加载。

2）确保 Type of key to generate 选项选择的是 RSA。单击窗口上方菜单栏中的 Conversions 命令，选择下拉列表中“Export OpenSSH key”命令，如图 2-17 所示。然后指定包含 .pem 扩展名的文件名及文件保存位置，即可生成 OpenSSH 私钥文件。所生成的私钥文件一定要妥善保管，不能丢失或者泄露。

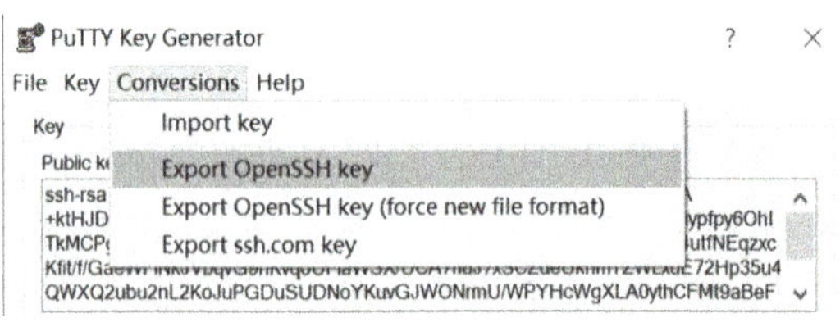

图 2-17　选择“Export OpenSSH key”命令

通过 CLI 获取创建实例时所需指定的组件信息

通过一段时间的练习，小张对控制台创建实例的过程已经非常熟练。但是每次创建实例都要通过多个步骤的设置才能启动，这样工作效率非常低。如果通过一条命令来启动实例，就可以简化工作的步骤。命令可以反复执行，需要启动配置相同的实例时，只要再次执行该命令即可，如此将极大地提高工作效率。这就是基础设施即代码的思想。从实例的启动步骤可以看出，一个实例的启动需要做很多的设置，如果要通过命令来启动实例，就需要预先知道云上相关资源的信息，如最新的系统映像（AMI）信息、现有 Amazon Virtual Private Cloud

（VPC）虚拟私有云信息、子网信息及安全组信息等。下面将探讨如何获取 EC2 实例启动时需要的相关信息。

任务一　获取最新 AMI 的信息

在启动EC2实例时，必须指定AMI。从单个AMI可以启动多个具有相同配置的EC2实例。要获取 AMI 的相关信息，可以使用管理控制台来进行查询。进入 EC2 管理控制台，然后在导航窗格中选择 AMI 即可。使用 Amazon CLI 命令 describe-images 可以实现 AMI 相关信息的查询，常用的语法如下：

```
aws ec2 describe-images
[--filters <value>]
[--query <value>]
[--image-ids <value>]
[--owners <value>]
```

在语法格式中，中括号 [] 表示该选项是可选的，用户可以根据自己的需求选择使用相应的选项。

选项 --filters 的作用是根据用户提供的条件信息对结果进行筛选。过滤器的内容结构为“Name=string,Values=string,string”，其中 Name 参数代表筛选条件的属性名称，Values 参数代表该属性的值。例如，要筛选根设备存储类型为 EBS 的 AMI 筛选条件的内容为“Name=root-device-type,Values=ebs”。--filters 选项中支持非常丰富的筛选条件，比较常用的有 name（名称）、owner-id（所有者的 ID）、state（状态）、architecture（架构）。想要详细地了解选项 --filters 可选的条件，可以访问 https://awscli.amazonaws.com/v2/documentation/api/latest/reference/index.html 在线文档。

选项 --query 同样可以实现对结果的筛选，它的功能更加强大，还可以实现排序及取出某个属性值等功能。它的写法更为复杂，格式遵循 JMESpath 语法规则。例如，Images[*].[ImageId] 表示查询所有映像的 ImageId 属性值。想要详细地了解 JMESpath 语法规则，可以访问 https://jmespath.org/。

选项 --image-ids 的作用是查看特定 ID 号的 AMI 信息。

选项 --owners 的作用是查看特定所有者的 AMI 信息。

下面通过两个例子来介绍 describe-images 命令的用法。

```
aws ec2 describe-images --filters "Name=platform,Values=windows"
```

该命令查询所有 Windows 平台的 AMI 信息。

```
aws ec2 describe -images --owners 123456789012  –query "Images[*].[ImageId]"
```

该命令查询 ID 号为“123456789012”的用户拥有的所有 AMI 的 ImageId 号。

亚马逊云科技会及时地更新 AMI，给 AMI 中的系统打上最新的安全补丁及更新软件包的版本。这样能使得系统的漏洞得到修补，提高系统的安全性。要查询最新版本的 Amazon Linux 2 系统 AMI，可以采用下面的命令。

```
aws ec2 describe-images --owners amazon --filters 'Name=name,Values=amzn2-ami-kernel-5.10-hvm-*' 'Name=state,Values=available' --query 'reverse(sort_by(Images, &CreationDate))[:1].ImageId' --output text
```

在这条命令中，--owners 选项表示 AMI 的所有者是 amazon，即该 AMI 由亚马逊云科技提供。--filters 选项中有两个筛选条件。第一个条件是 AMI 的名字为 amzn2-ami-kernel-5.10-hvm-*。其中 * 号是通配符，表示任意位的任意字符，也就是说查询名字以 amzn2-ami-kernel-5.10-hvm- 开头的 AMI。需要注意的是，随着系统的更新，AMI 的名字会发生改变，在查询前需要知道最新的 AMI 名字。第二个条件是 AMI 的状态为可用。--query 选项中对查询结果进行了排序。排序的依据是 CreationDate 创建日期。这里使用了 reverse 关键字，排序的顺序是由大到小排列。排序后，取结果中第一个 AMI 的 ImageId 值，并以文本的方式返回结果。更改命令中筛选的条件，就可以查询其他操作系统平台的 AMI。小张使用这条命令获得了系统中最新 Amazon Linux 2 AMI 的 ID 号，如图 2-18 所示。

```
[ec2-user@MyTestInstance ~]$ aws ec2 describe-images --owners amazon --
filters 'Name=name,Values=amzn2-ami-kernel-5.10-hvm-2.0.*-gp2' 'Name=st
ate,Values=available' --query 'reverse(sort_by(Images, &CreationDate))[
:1].ImageId' --output text
ami-090e0fc566929d98b
```

图 2-18　查询最新的 AMI 的 ID 号

任务二　获取网络组件的信息

在创建 EC2 实例的过程中，如果不指定网络相关组件信息，亚马逊云科技将使用默认的 VPC 及默认的子网作为实例运行的网络环境。如果要自定义网络相关组件信息，那么首先就需要获得网络组件的信息。在网络相关组件信息中，比较重要的是 VPC 的信息及子网信息。

1）在亚马逊云科技管理控制台中选择“服务”，在下拉列表中单击“VPC”。在左边的导航窗格中选择“您的 VPC”，然后在 VPC 列表中选择想查看的 VPC，就可以看到该 VPC 的详细信息。通过 describe-vpcs 命令可以查询到 VPC 的详细信息。常用语法结构如下：

```
aws ec2 describe-vpcs
[--filters <value>]
[--query <value>]
[--vpc-ids <value>]
```

选项 --filters 的功能与本项目任务一中的命令类似，对于不同的对象，选项 --filters 中可选的筛选条件也不同。

小张想查询系统默认 VPC 的 ID 号，使用的命令是：

```
aws ec2 describe-vpcs --filters Name=isDefault,Values="true" --query 'Vpcs[0].VpcId'
--output text
```

2）使用类似的方法就可以在管理控制台的 VPC 服务中查看到子网的信息。通过 describe-subnets 命令可以查询子网的详细信息。常用语法结构如下：

```
aws ec2 describe-subnets
[--filters <value>]
[--query <value>]
[--subnet-ids <value>]
```

小张想查询可用区 us-east-1a 中的默认子网的 ID 号，使用的命令是：

```
aws ec2 describe-subnets --filters Name=availability-zone,Values=us-east-1a Name=
default-for-az,Values=true --query 'Subnets[0].SubnetId' --output text
```

任务三　通过 CLI 获取安全组相关信息

在云上，系统与数据的安全是非常重要的，创建安全组是创建实例的先决条件之一。之前小张已经学会了如何使用亚马逊云科技管理控制台来创建安全组，现在他要学习如何使用 CLI 来获取安全组的相关信息。查看安全组常用的语法结构如下：

```
aws ec2 describe-security-groups
[--filters <value>]
[--query <value>]
[--group-ids <value>]
[--group-names <value>]
```

选项 --group-ids 用于指定查看的安全组的 ID 号，-- 选项 group-names 用于指定查看的安全组名称。

小张执行以下的命令来查看特定安全组的相关信息。

```
aws ec2 describe-security-groups --group-names MyTestSG
```

通过 CLI 创建实例并获取实例状态信息

通过 CLI 创建实例，可以把一系列复杂的控制台操作简化成一组命令，这样大大地提高了工作的效率。另外，命令可以保存并重复执行，当需要多次创建相同实例的时候，只需要重复执行命令即可。小张已经做好了通过 CLI 创建实例的准备工作，接下来他将通过 CLI 创建实例并获取实例的运行状态信息。

任务一　通过 CLI 创建实例

在完成创建实例的先决条件后，就可以使用 CLI 来创建实例。创建实例的命令是 run-instances。完整的 run-instances 语法非常复杂，但有些选项不常用到。该命令常用的语法结构如下。

```
aws ec2 run-instances
[--image-id <value>]
[--instance-type <value>]
[--key-name <value>]
[--security-group-ids <value>]
[--security-groups <value>]
[--subnet-id <value>]
[--user-data <value>]
[--tag-specifications <value>]
[--count <value>]
```

选项 --image-id 用于指定创建实例时使用的 Amazon 系统映像（AMI）的 ID 号。

选项 --instance-type 用于指定实例的类型。

选项 --key-name 用于指定实例使用的密钥对名称。

选项 --security-group-ids 用于指定实例使用的安全组的 ID 号。

选项 --security-groups 用于指定实例使用的安全组的名称。

选项 --subnet-id 用于指定实例所在的子网。

选项 --user-data 用于指定用户数据。需要先把用户数据保存在一个文件中，然后在选项中引用该文件的路径。

选项 --tag-specifications 用于设定实例的标签。通过标签可以快速地查找到相应的实例，同时还可以对资源进行分类标识，这对系统运维有很大的帮助。添加标签的语法为 ResourceType=string,Tags=[{Key=string,Value=string},{Key=string,Value=string}…]。ResourceType 是资源的类型，在创建实例时资源类型就是 instance。Tags 标签由一对或多对键值对组成，如 Key=Name，Value=TestInstance。

选项 --count 用于指定启动实例的个数。

小张完成的准备工作包括：

①创建了密钥对 MyTestKeyPair。

②创建了安全组 sg-0851d29d3b79f97e5，并添加了相应的入站规则。

③查询到最新的 Amazon Linux 2 系统映像的 ID 号为 ami-090e0fc566929d98b。

④查询到子网的 ID 号为 subnet-013ceceaaca8a3d27。

⑤创建的实例类型为 t2.micro。小张通过如下命令创建了实例。

```
aws ec2 run-instances --image-id ami-090e0fc566929d98b --instance-type t2.micro --key-name MyTestKeyPair --security-group-ids sg-0851d29d3b79f97e5  --subnet-id subnet-013ceceaaca8a3d27 --tag-specifications 'ResourceType=instance,Tags=[{Key=Name,Value=TestInstance}]'
```

命令运行成功后，系统将以 JSON 格式返回新建实例的信息。

任务二　使用用户数据及元数据

小张尝试使用云上的计算实例配置了几种服务器。他发现 AMI 只提供了最基本的服务器系统，当实例创建后，用户还需要自己安装相应服务的软件。如果每次创建实例后都需要用户手动安装软件，那么工作效率并不是很高。有没有办法在创建实例时自动安装相应的软件包呢？小张查阅了亚马逊云科技技术文档，发现用户数据可以完成该功能。

使用用户数据可以自动设置新实例，而无须登录到该实例。用户数据的一般形式就是脚本。在启动过程结束时，此脚本作为一系列命令在实例启动时执行。脚本在 Linux 实例上采用 Shell 脚本的形式，在 Windows 实例上采用批处理或 PowerShell 脚本的形式。在用户数据中还可以使用 Amazon CLI 命令，但要求实例系统上已经安装了 Amazon CLI。用户数据脚本由 Linux 实例上的 cloud init 服务或 Windows 实例上的 EC2Launch 服务执行。

小张想创建一台 Linux Web 服务器实例。他希望实例在创建时就已经完成 Apache 软件包的安装与启动，并且把服务器的主机名修改成 WebServer。于是他写了如下的 Linux 脚本作为用户数据。

```
#!/bin/bash
yum install -y httpd
systemctl start httpd
hostnamectl set-hostname 'WebServer'
```

在此脚本中：第一行的作用是设定执行该脚本的命令解释器为 /bin/bash；第二、三行的作用是安装 Apache 软件包并启动 Apache；第四行的作用是把主机名修改为 WebServer。

在高级详细信息配置项中输入该用户数据，如图 2-19 所示。其他配置按照前面讲的过程来完成。

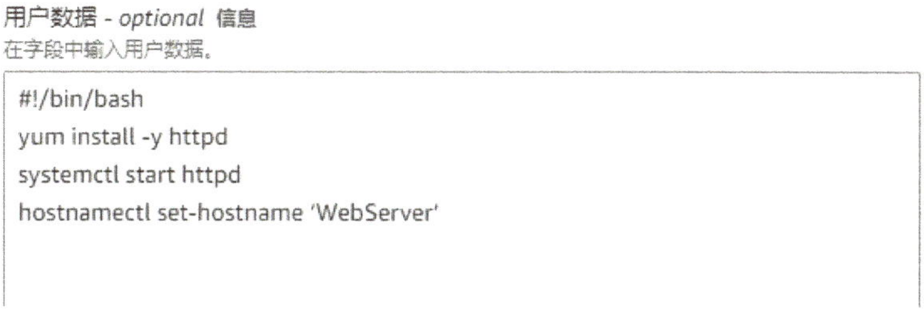

用户数据 - *optional* 信息
在字段中输入用户数据。

```
#!/bin/bash
yum install -y httpd
systemctl start httpd
hostnamectl set-hostname 'WebServer'
```

图 2-19　输入用户数据

用户数据将在实例第一次启动时执行。待实例完全启动后，小张使用 PuTTY 终端连接到新建的实例上，使用 systemctl status httpd 检查 Apache 服务的状态，得到的结果如图 2-20 所示。从结果中可以看到 Apache 服务的状态是 active（running），说明 Apache 服务已经安装并且正常启动。另外还可以看到，此时的主机名已经修改为 WebServer。

```
[ec2-user@webserver ~]$ systemctl status httpd
● httpd.service - The Apache HTTP Server
   Loaded: loaded (/usr/lib/systemd/system/httpd.service; disabled; vendor prese
t: disabled)
   Active: active (running) since Sun 2023-06-18 07:00:41 UTC; 1min 18s ago
     Docs: man:httpd.service(8)
 Main PID: 3328 (httpd)
```

图 2-20　查看 Apache 服务运行状态的结果

小张已经连接到实例上，这时他想查看实例当前运行的相关信息。在实例上可以通过查看元数据来完成这项任务。可以通过链路本地地址 169.254.169.254 来检索元数据。在 Linux 实例上使用 curl http://169.254.169.254/latest/meta-data/ 命令来查看元数据的顶级数据项如图 2-21 所示。由于篇幅的关系，图 2-21 只截取了部分结果。

```
[ec2-user@webserver ~]$ curl http://169.254.169.254/latest/meta-data/
ami-id
ami-launch-index
ami-manifest-path
block-device-mapping/
events/
hostname
identity-credentials/
instance-action
instance-id
```

图 2-21　查看顶级元数据项

用户可以根据顶级元数据项的结果进一步地选择具体查看的数据。小张想看当前实例的 ID 号，那么他可以使用 curl http://169.254.169.254/latest/meta-data/instance-id 命令。

任务三　通过 CLI 查看实例的信息

实例的元数据只能在实例本地进行检索。在前面的学习过程中，小张已经掌握了使用管理控制台远程查询实例信息的方法。接下来，他需要学习如何使用 CLI 来对实例的信息进行远程查询。

使用 describe-instances 命令查询实例的信息，其常用语法结构如下：

```
aws ec2 describe-instances
[--filters <value>]
[--query <value>]
[--instance-ids <value>]
```

选项 filters 及 query 与本单元项目二中所介绍的命令用法类似。选项 --instance-ids 的作用是指定查询实例的 ID 号。

小张在创建测试服务器时使用了 Name 标签对实例进行了标记。现在他在 CLI 中执行命令 aws ec2 describe-instances --filters Name=tag:Name,Values=TestInstance 来看测试服务器的信息。命令将以 JSON 格式返回实例的信息（由于篇幅的关系，这里省略了部分输出内容）：

```
{
"Reservations": [
        {
"Instances": [
                {
"Monitoring": {
"State": "disabled"
                    },
"PublicDnsName": "ec2-3-81-211-135.compute-1.amazonaws.com",
"State": {
"Code": 16,
"Name": "running"
                    },
"EbsOptimized": false,
"LaunchTime": "2023-06-18T06:32:56.000Z",
"PublicIpAddress": "3.81.211.135",
"PrivateIpAddress": "172.31.128.138",
"ProductCodes": [],
"VpcId": "vpc-3f48405b",
"CpuOptions": {
"CoreCount": 1,
"ThreadsPerCore": 1
                    },
"StateTransitionReason": "",
"InstanceId": "i-0fa7572e60d42ee54",
"EnaSupport": true,
"ImageId": "ami-090e0fc566929d98b",
"PrivateDnsName": "ip-172-31-128-138.ec2.internal",
"KeyName": "MyTestKeyPair",
```

```
"SecurityGroups": [
                        {
"GroupName": "MyTestSG",
"GroupId": "sg-0851d29d3b79f97e5"
                        }
                    ],
"ClientToken": "2f567ea5-f254-4f74-a9b8-774d637db2ad",
"SubnetId": "subnet-013ceceaaca8a3d27",
"InstanceType": "t2.micro",
                    ...
"NetworkInterfaces": [
                        {
"Status": "in-use",
"MacAddress": "0e:80:af:f8:0b:89",
"SourceDestCheck": true,
"VpcId": "vpc-3f48405b",
"Description": "",
"NetworkInterfaceId": "eni-031809f4d884f536a",
"PrivateIpAddresses": [
                                {
"PrivateDnsName": "ip-172-31-128-138.ec2.internal",
"PrivateIpAddress": "172.31.128.138",
"Primary": true,
"Association": {
"PublicIp": "3.81.211.135",
"PublicDnsName": "ec2-3-81-211-135.compute-1.amazonaws.com",
"IpOwnerId": "amazon"
                                    }
                                }
                            ],
"PrivateDnsName": "ip-172-31-128-138.ec2.internal",
"InterfaceType": "interface",
"Attachment": {
                                ...
                            },
"Groups": [
                                {
"GroupName": "MyTestSG",
"GroupId": "sg-0851d29d3b79f97e5"
                                }
                            ],
"Ipv6Addresses": [],
"OwnerId": "885939973397",
"PrivateIpAddress": "172.31.128.138",
"SubnetId": "subnet-013ceceaaca8a3d27",
"Association": {
"PublicIp": "3.81.211.135",
```

```
"PublicDnsName": "ec2-3-81-211-135.compute-1.amazonaws.com",
"IpOwnerId": "amazon"
                                }
                            }
                        ],
                        ...
"BlockDeviceMappings": [
                            {
"DeviceName": "/dev/xvda",
"Ebs": {
"Status": "attached",
"DeleteOnTermination": true,
"VolumeId": "vol-0e3ce563a66717420",
"AttachTime": "2023-06-18T06:32:57.000Z"
                                }
                            }
                        ],
                        ...
"Tags": [
 {
"Value": "TestInstance",
"Key": "Name"
                            }
                        ],
                          ...
            }
        ]
}
```

实例的信息非常丰富，其中比较常用的有Stats实例的状态、PublicDnsName公网域名、ImageId系统镜像ID号、InstanceId实例的ID号、PublicIpAddress公网IP地址、PrivateIpAddress内网IP地址、VpcId VPCID号、KeyName密钥对的名称、GroupName安全组的名称、GroupId安全组的ID号、SubnetId子网ID号、InstanceType实例类型、MacAddress网络接口的物理地址、BlockDeviceMappings实例EBS相关信息、Tags实例的标签等。

想查看实例的某项具体的属性，在命令中可以使用--query选项。如果想查看实例ID号，可使用如下命令。

```
aws ec2 describe-instances --filters Name=tag:Name,Values=TestInstance --query
"Reservations[*].Instances[*].InstanceId"
```

想要查看其他信息，可使用类似的命令。想查看实例公网域名，可使用如下命令。

```
aws ec2 describe-instances --filters Name=tag:Name,Values=TestInstance --query
"Reservations[*].Instances[*].PublicDnsName"
```

项目四 管理实例

通过一段时间的学习，小张已经掌握了创建实例和查看实例信息的方法。但是只掌握这些能力对于一名合格的运维工作人员来说是远远不够的。接下来，部门经理要求小张继续学习如何去管理实例。管理实例的工作同样可以通过管理控制台或 Amazon CLI 两种不同的方式来完成。

任务一 更改实例状态

小张首先学习的内容是如何停止、终止及重启实例，这是对实例最基本的管理工作。

一般来说，实例可以处于 Pending（挂起）、Running（运行）、Stopped（停止）及 Terminated（终止）四种状态。实例在启动时首先进入 Pending（挂起）状态，在该状态下，亚马逊云科技根据用户的需求通过虚拟化技术创建出实例的虚拟硬件环境并加载 AMI。当实例的操作系统启动后，实例需要进行系统状态检查和实例状态检查，此时实例处于 Running（运行）状态。具有 EBS 根卷的实例在 Running（运行）状态时可以执行停止、终止及重启三种操作。重启操作就是将实例中的操作系统重新启动，实例 EBS 卷里的数据及公网 IP 地址均不会产生变化。停止操作类似于计算机关机的操作，实例 EBS 卷里的数据会被保留，但是公网 IP 地址将被释放。再次启动实例时，实例将会获得一个新的公网 IP 地址。终止操作就是将实例从云中删除。在默认的情况下，实例终止将会删除 EBS 卷，可以在创建实例的过程中设置实例终止时保留 EBS 卷。实例终止时，公网 IP 地址会被释放。使用实例存储卷的实例不能执行停止操作，只可以重启或终止。如果执行停止操作，那么将会丢失数据。当实例终止时，实例存储卷中的数据会丢失。实例状态特性见表 2–1。

表 2-1 实例状态特性

Pending（挂起）	Running（运行）	Stopped（停止）	Terminated（终止）
是否收费	收费	EC2 不收费	不收费
EBS 卷	保留	保留	默认会被删除
实例存储	保留	不可用，也不保留	不保留
公网 IP 地址	保留	释放	释放

某些实例类型可以支持（Hibernate）休眠状态。实例休眠时会把内存中的数据保存在磁盘上，当再次启动时，实例重新加载内存中的内容，并恢复以前在实例上运行的进程。实例休眠的过程中，公网 IP 地址会被释放，再次启动时会获得一个新的公网 IP 地址。

在亚马逊云科技管理控制台中，想要更改实例的状态可以通过以下步骤完成。

1）登录亚马逊云科技管理控制台，然后选择 EC2 服务。在左边的导航窗格中选择“实例”，可以在页面右边看到云中所有的实例。

2）选择需要管理的实例，单击页面中的“实例状态”选项，就可以看到“停止实例”“启动现有实例”“重启实例”“休眠实例”及“终止实例”选项，如图 2–22 所示。

图 2-22　更改实例状态

通过 Amazon CLI，使用 start-instances 命令即可启动相应的实例。添加 --instance-ids 选项来指定要启动实例的 ID 号。例如，要启动实例 i-123456789 及 i-987654321，则可以执行以下命令：

```
aws ec2 start-instances --instance-ids i-123456789 i-987654321
```

使用 stop-instances 命令即可停止实例。添加 --instance-ids 选项来指定要停止实例的 ID 号。例如，要停止实例 i-123456789，可以执行以下命令：

```
aws ec2 stop-instances --instance-ids i-123456789
```

使用 reboot-instances 命令重启实例。例如，要重启实例 i-123456789，可以执行以下命令：

```
aws ec2 reboot-instances --instance-ids i-123456789
```

使用 terminate-instances 命令终止实例。例如，要终止实例 i-123456789，可以执行以下命令：

```
aws ec2 terminate-instances --instance-ids i-123456789
```

任务二　修改实例的类型

小张以前在维护服务器时，经常会遇到由于客户访问量日益增长而使服务器的性能越来越低的情况。在亚马逊云科技云中，提高服务访问性能可以使用自动伸缩（Auto Scaling）服务及弹性负载均衡（Elastic Load Balancing，ELB）服务，这两种服务适合在服务器访问量较大且会经常发生变化的场景中使用。自动伸缩服务根据用户访问量的变化自动开启或关闭服务器。弹性负载均衡服务可以把用户的访问请求自动分配到各个服务器上实现负载均衡。除了这两个服务之外，提高服务器实例访问性能还有一个比较简单的方法，那就是修改实例的类型。小张决定先学习如何修改实例的类型，以后再学习自动伸缩服务及弹性负载均衡服务（ELB）。

通过管理控制台来修改实例的类型步骤如下：

1）使用控制台将需要修改类型的实例停止。实例在运行时，不能对其类型进行修改。

2）在实例页面中选中需要修改类型的实例，单击“操作”，在出现的下拉列表中选择“实例设置”，最后选择“更改实例类型”，如图 2-23 所示。

3）在“更改实例类型”窗口中可以看到实例类型下拉列表，从列表中选择相应的实例类型，最后单击“应用”按钮。

4）重新启动实例。通过 Amazon CLI 修改实例类型的步骤如下：

①使用 stop-instances 命令将实例停止。

②使用 modify-instance-attribute 命令中的 --instance-type 选项来修改实例的类型。例如，

要修改 ID 为 i-05a35156a15e8d51f 的实例，可将其实例类型修改为 t2.large。使用如下命令：

```
aws ec2 modify-instance-attribute --instance-id i-123456789 --instance-type
t2.large
```

③使用 describe-instances 命令查看实例的信息，验证实例类型是否修改成功。例如，要查看 ID 为 i-05a35156a15e8d51f 实例的实例类型，可使用以下命令：

```
aws ec2 describe-instances --instance-ids i-123456789 --query "Reservations[*].
Instances[*].InstanceType"
```

④使用 start-instances 命令将实例启动。

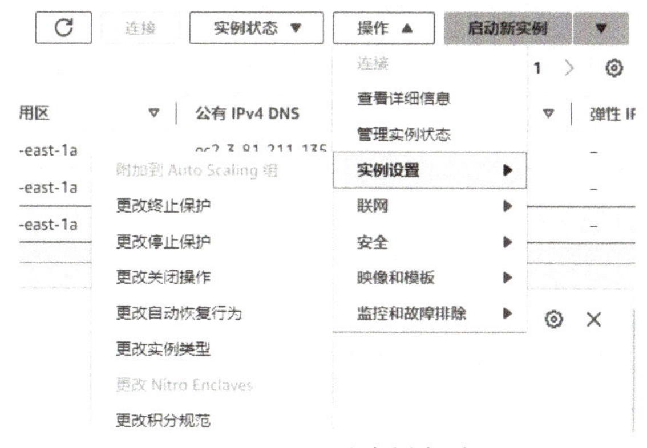

图 2-23　更改实例类型

项目五　创建及管理自定义 AMI

系统在运行的过程中有可能会发生一些不可预知的错误。管理员人为的误操作，网络上黑客的攻击及应用程序运行时出现错误等，都会导致系统错误。如果预先把正常运行的系统做成自定义的系统镜像 AMI，那么在系统出现问题的时候，就能快速地恢复系统。把配置完成的服务器做成系统镜像，再次创建相同服务器的时候，就可以直接使用镜像来创建实例，这样就免去了配置服务器的过程。在使用自动伸缩服务时需要创建实例的启动模板。实例启动模板可以由自定义的 AMI 生成。小张觉得自定义 AMI 功能对日常的维护工作有非常大的帮助，于是赶紧查阅相关文档进行学习。

任务一　创建及使用自定义 AMI

在创建自定义 AMI 之前，首先要把 EC2 实例按照工作需求配置好。在默认情况下创建 AMI 时，系统会先将 EC2 实例停止，然后创建 AMI，待 AMI 创建完成后系统会重启 EC2 实例。这样做是为了保证创建出来的 AMI 和 EC2 实例的数据保持一致。如果用户可以确保数据的一致性，那么也可在实例运行时创建 AMI。当 EC2 实例停止后，通过如下步骤完成 AMI 的创建：

1）在实例页面中单击“操作”，在下拉列表中选择“映像和模板”，然后选择“创建映像”，如图 2-24 所示。

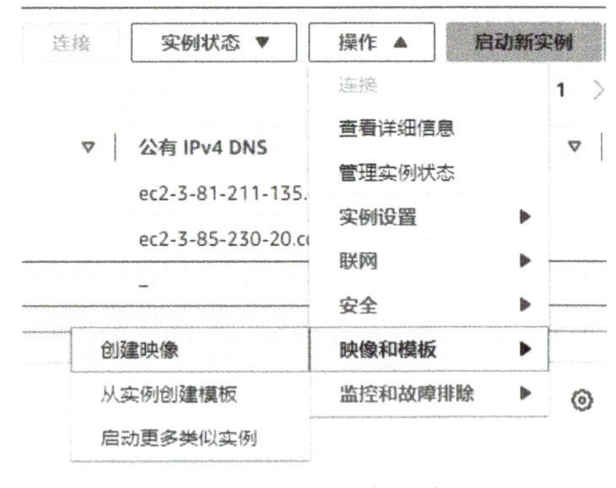

图 2-24　创建映像

2）在“创建映像”对话框中，输入映像名称及映像描述。根据实际情况选择创建 AMI 时是否要重启。接着设置在 AMI 中包含的 EBS 卷，在创建 AMI 时会创建实例的根卷和附加到实例上的任何其他 EBS 卷的快照。最后单击“创建映像”，如图 2-25 所示。

3）在导航窗格中可以查看自定义 AMI 的信息，选择“映像”下的“AMI”。开始时 AMI 的状态是“待处理”，过几分钟就会变成“可用”。至此自定义的 AMI 创建成功。

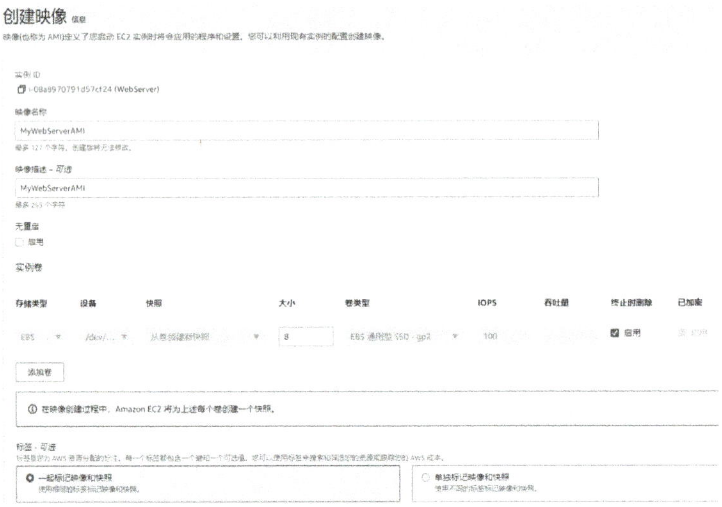

图 2-25　“创建映像”对话框

通过 Amazon CLI 使用 create-image 命令来创建自定义的 AMI。该命令常用的语法结构为：

```
aws ec2 create-image
--instance-id <value>
--name <value>
[--description <value>]
[--no-reboot | --reboot]
```

其中，选项 --instance-id 用于指定生成 AMI 的源 EC2 实例 ID 号。选项 --name 用于指定自定义 AMI 的名称。选项 --description 用于指定自定义 AMI 的描述信息。语法结构的最后一行中出现了 | 符号，该符号的意义是“或”。可使用 --no-reboot 选项或 --reboot 选项指定在创建 AMI 时是否重启。

使用 Amazon CLI 来完成上述任务的命令为：

```
aws ec2 create-image --instance-id i-123456789 --name 'MyWebServerAMI' --description
'MyWebServerAMI'
```

命令运行的结果为创建出来 AMI 的 ID 号。

要使用自定义 AMI 来创建 EC2 实例，只需要在创建 EC2 时的选择 AMI 步骤中单击“我的 AMI”，然后选择相应的自定义 AMI 即可，其余步骤不变，如图 2-26 所示。

▼ 应用程序和操作系统映像(Amazon Machine Image) 信息

最近访问过的　我的 AMI　快速启动

我拥有的　与我共享

浏览其他 AMI

Amazon Machine Image (AMI)

MyWebServerAMI

ami-01720877478ef97e4

描述

MyWebServerAMI

架构　AMI ID

x86_64　ami-01720877478ef97e4

图 2-26　从自定义 AMI 创建 EC2

任务二　共享 AMI

创建出来的自定义 AMI 默认是私有的，也就是说，只有创建 AMI 的用户才可以使用该 AMI。如果想把私有的 AMI 给其他用户使用，就需要设置 AMI 共享。AMI 有两种共享：一种是把 AMI 设置为公有，让所有其他用户都可以使用；另一种是把 AMI 共享给特定的用户。要共享 AMI，可通过以下的步骤来完成。

1）在导航窗格中单击“映像”下的“AMI”，选择要共享的 AMI。然后单击页面中的“操作”按钮，从列表中选择“编辑 AMI 权限”。系统将会弹出“AMI 共享设置”对话框，如图 2-27 所示。

图 2-27　“AMI 共享设置”对话框

2）要把 AMI 共享给某个特定用户，在共享账户的文本框中输入该特定用户的亚马逊云科技用户 ID，然后单击“添加用户 ID”按钮。如果要和多个用户共享该 AMI，则可以重复执行此步骤，直至添加完所有的用户。

3）要把 AMI 共享给某个企业或者企业部门，在参与共享的企业 / 企业部门的文本框中输入该企业或企业部门的 ARN，然后单击“添加企业 / 企业部门 ARN”按钮。

4）要把 AMI 共享给所有的用户，在 AMI 共享设置项中选择“公有”，然后单击“保存更改”按钮。

5）在 AMI 页面中的“权限”选项卡中，可以看到该 AMI 的使用权限。

通过 Amazon CLI 共享自定义的 AMI 所使用的命令是 modify-image-attribute。modify-image-attribute 命令的作用是修改 AMI 的属性，其中的选项 --launch-permission 用来添加或者移除 AMI 的使用权限。

要把 AMI 设置为公有，可以使用以下命令：

```
aws ec2 modify-image-attribute --image-id ami-0abcdef1234567890 --launch-permission "Add=[{Group=all}]"
```

要把 AMI 重新设置为私有，可以使用以下命令：

```
aws ec2 modify-image-attribute --image-id ami-0abcdef1234567890 --launch-permission "Remove=[{Group=all}]"
```

要把 AMI 共享给某个特定的用户，可以使用以下命令：

```
aws ec2 modify-image-attribute --image-id ami-0abcdef1234567890 --launch-permission "Add=[{UserId=123456789012}]"
```

使用以下命令删除特定用户的许可：

```
aws ec2 modify-image-attribute --image-id ami-0abcdef1234567890 --launch-permission "Remove=[{UserId=123456789012}]"
```

要查看 AMI 的启动权限，可以使用 describe-image-attribute 命令中的 attributelaunchPermission 选项，具体命令如下。

```
aws ec2 describe-image-attribute --image-id ami-0abcdef1234567890 -attributelaunchPermission
```

任务三　取消 AMI 注册

在创建自定义的AMI时，会自动创建EBS卷的快照，这些快照存储在云中是需要收费的。因此，对于不再需要使用的自定义 AMI，应该予以取消注册并删除相应的 EBS 卷快照。可通过以下步骤来取消 AMI 注册。

1）在导航窗格中单击“映像”下的“AMI”。选择需要取消注册的 AMI 并记下其 ID 号，这样就可以在下一个步骤中快速地找到正确的快照。选择“操作”，然后选择“取消注册 AMI”，在弹出的取消注册 AMI 窗口中单击“继续”按钮。

2）在导航窗格中单击“Elastic Block Store”下的“快照”。在搜索框中使用描述作为搜索依据，内容就是上一个步骤记下的 ID 号。选择搜索出来的快照，如图 2-28 所示。单击“操作”按钮，然后选择“删除快照”。当系统提示进行确认时，选择“删除”。

图 2-28　选择搜索出来的快照

通过 Amazon CLI 取消自定义的 AMI 注册所使用的命令是 deregister-image。该命令比较简单，使用时只需要用 image-id 选项指定 AMI 的 ID 号即可，例如：

```
aws ec2 deregister-image --image-id ami-0229252244af83f2b
```

删除 EBS 快照所使用的命令是 delete-snapshot。在删除快照前，先要查询相应的快照 ID，然后通过 snapshot-id 选项指定快照的 ID。例如：

```
aws ec2 delete-snapshot --snapshot-id snap-1234567890abcdef0
```

EC2 实例访问权限管理

经过一段时间的练习，小张已经基本掌握了 EC2 实例的日常维护工作。部门经理也对小张的工作给予了肯定，他交给小张一项新的任务。这项任务要求在一台 EC2 实例上读取 S3 存储桶中的资源。小张想起了给用户赋予资源访问权限的操作。既然可以为用户赋予资源访问的权限，那么可以把 EC2 实例看作一个资源实体，然后给这个资源实体赋予对其他资源的访问权限。

任务一　通过管理控制台修改 EC2 实例的访问资源权限

EC2 实例的资源访问权限也是通过 IAM 角色功能来实现的。EC2 使用实例配置文件作为 IAM 角色的容器。使用 IAM 控制台创建 IAM 角色时，控制台自动创建实例配置文件，按相应的角色为文件命名。一个实例配置文件只能包含一个 IAM 角色。类似的给用户赋予资源访问权限的操作，首先要创建角色，然后把具有相应资源访问权限的策略附加到新建的角色上，最后把新建的角色附加到 EC2 实例上。具体的步骤如下：

1）打开亚马逊云科技控制台，单击服务下拉列表。在“安全性、身份与合规性”服务中选择“IAM”，进入 IAM 服务的界面，再单击导航窗格中的“角色”，“角色”页面如图 2-29 所示。

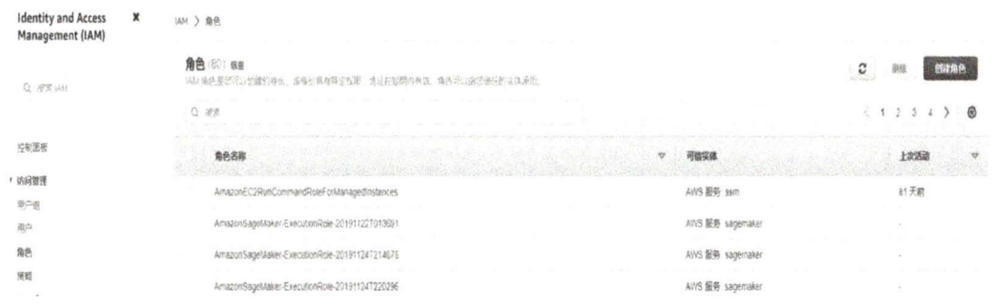

图 2-29　“角色”页面

2）单击“创建角色”按钮，在打开的“选择可信实体”页面中选择“可信实体类型”为“AWS 服务”，然后在“使用案例”中选择“EC2”，如图 2-30 所示。接着单击页面下方的“下一步”按钮。

图 2-30　“选择可信实体”页面

3）在“添加权限”页面中选择“AmazonS3ReadOnlyAccess”。本页面中列出的权限较多，可以在搜索文本框中输入“S3”对系统列出的权限进行筛选，如图 2-31 所示。选择完成后单击页面下方的“下一步”按钮。

图 2-31　选择添加权限页面

4）在“命名、查看和创建”页面中填写角色的名称及角色的描述信息。在“角色名称”文本框中输入“MyEC2Role”，如图 2-32 所示。在页面中还可以看到角色的受信任实体及权限信息。填写完成后单击页面下方的“创建角色”按钮。至此完成了角色创建的过程。

图 2-32　“命名、查看和创建”页面

5）单击“服务”下拉列表。在“计算”板块中选择“EC2”，进入 EC2 服务的界面，再单击导航窗格中的“实例”。选择想要添加角色的实例，打开页面右上方的“操作”下拉菜单，从菜单中选择“安全”，进而在出现的子菜单中选择“修改 IAM 角色”，如图 2-33 所示。

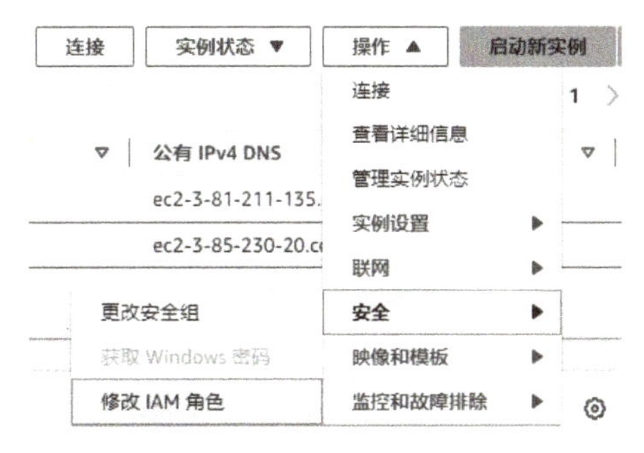

图 2-33　EC2“安全”菜单

6）在“修改 IAM 角色”的下拉列表中找到新创建的角色，然后单击“更新 IAM 角色”按钮，如图 2-34 所示。此时系统会为 EC2 创建一个同名的实例配置文件并添加到实例上。该实例就具备了读取 S3 存储桶中数据的权限。

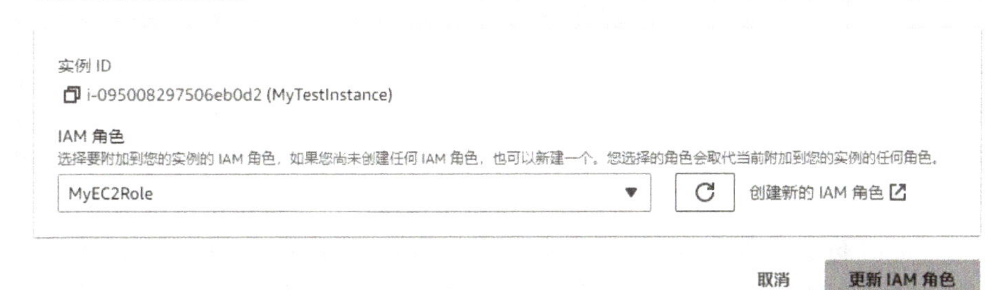

图 2-34　“修改 IAM 角色”页面

7）在实例的详细信息中可以查看到附加到实例上的 IAM 角色，如图 2-35 所示。

图 2-35　查看实例的 IAM 角色

在后续的工作中，想要修改或者删除 EC2 实例的权限，只需要修改或删除相应角色中的权限即可，不需要对实例的配置文件进行操作。

分离 EC2 实例的角色的过程与添加角色的过程类似，只需要在“修改 IAM 角色”页面的下拉列表中选择“无 IAM 角色”并保存。然后在弹出的“分离 IAM 角色”对话框中的文本框中输入“分离”，最后单击“分离”按钮即可，如图 2-36 所示。

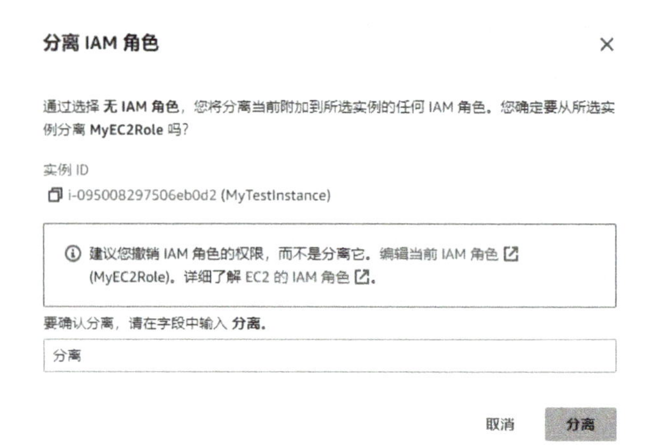

图 2-36　分离实例的 IAM 角色

任务二　通过 CLI 赋予 EC2 实例的访问资源权限

亚马逊云科技为了提高系统运维的工作效率，提供了用于管理 EC2 访问资源权限的 CLI 命令。小张要使用 CLI 命令来赋予 EC2 实例读取 S3 存储桶的权限。首先要创建角色，然后把具有相应资源访问权限的策略附加到新建的角色上，接着创建 EC2 实例的配置文件，把创建的角色附加到实例的配置文件上，最后把新建的配置文件附加到 EC2 实例上。其具体的步骤如下：

1）在使用 CLI 创建角色之前，首先要创建角色的信任策略。在配置好 CLI 环境的 Linux 实例中使用 VIM 命令创建名为 ec2role-trust-policy.json 的文本文件。文件的内容如下：

```
{
"Version": "2012-10-17",
"Statement": [
      {
"Effect": "Allow",
"Principal": { "Service": "ec2.amazonaws.com"},
"Action": "sts:AssumeRole"
      }
  ]
}
```

2）使用 create-role 子命令创建角色，具体命令为：

```
$aws iam create-role --role-name MyEC2Role --assume-role-policy-document file:///
home/ec2-user/ec2role-trust-policy.json
```

要注意的是，file:// 后面跟的是信任策略文件在系统中的绝对路径及文件名。命令的执行结果如图 2-37 所示。

3）使用 attach-role-policy 子命令赋予角色相应的访问权限。在本次任务中，EC2 实例需要读取 S3 存储桶中的资源，使用亚马逊云科技中的托管策略 AmazonS3ReadOnlyAccess 即可。具体命令为：

```
$aws iam attach-role-policy --role-name MyEC2Role --policy-arn
arn:aws:iam::aws:policy/AmazonS3ReadOnlyAccess
```

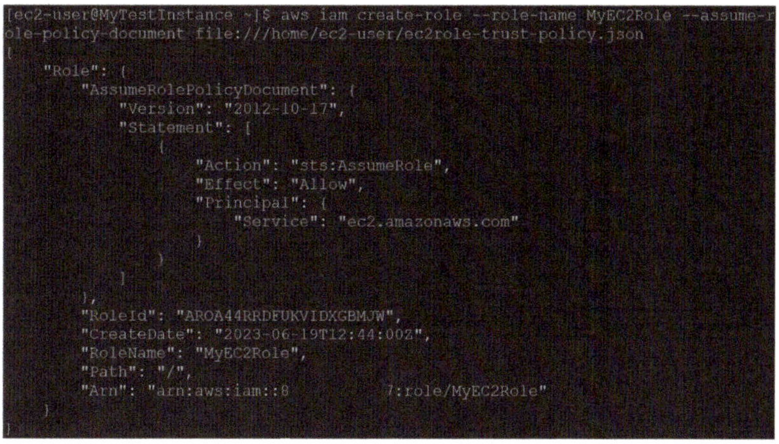

```
[ec2-user@MyTestInstance ~]$ aws iam create-role --role-name MyEC2Role --assume-r
ole-policy-document file:///home/ec2-user/ec2role-trust-policy.json
{
    "Role": {
        "AssumeRolePolicyDocument": {
            "Version": "2012-10-17",
            "Statement": [
                {
                    "Action": "sts:AssumeRole",
                    "Effect": "Allow",
                    "Principal": {
                        "Service": "ec2.amazonaws.com"
                    }
                }
            ]
        },
        "RoleId": "AROA44RRDFUKVIDXGBMJW",
        "CreateDate": "2023-06-19T12:44:00Z",
        "RoleName": "MyEC2Role",
        "Path": "/",
        "Arn": "arn:aws:iam::8           7:role/MyEC2Role"
    }
}
```

图 2-37　创建角色的执行结果

4）使用 create-instance-profile 子命令创建实例的配置文件。实例的配置文件的文件名是 MyEC2RoleInstanceProfile。具体命令为：

```
$aws iam create-instance-profile --instance-profile-name MyEC2RoleProfile
```

5）使用 add-role-to-instance-profile 子命令把创建的角色附加到实例的配置文件中。具体命令如下：

```
$aws iam add-role-to-instance-profile --role-name MyEC2Role --instance-profile-name
MyEC2RoleProfile
```

6）使用 associate-iam-instance-profile 命令把实例的配置文件附加到相应的 EC2 实例上。具体命令如下：

```
$aws ec2 associate-iam-instance-profile --instance-id i-0c95bbb3bec7ab60c --iam-
instance-profile Name=MyEC2RoleInstanceProfile
```

执行命令后可以看到图 2-38 所示的运行结果，结果显示实例的配置文件已经附加到了实例上。

```
[ec2-user@MyTestInstance ~]$ aws ec2 associate-iam-instance-profile --instance-id
 i-095008297506eb0d2 --iam-instance-profile Name=MyEC2RoleProfile
{
    "IamInstanceProfileAssociation": {
        "InstanceId": "i-095008297506eb0d2",
        "State": "associating",
        "AssociationId": "iip-assoc-03d7da4c433427b20",
        "IamInstanceProfile": {
            "Id": "AIPA44RRDFUKYD2HUNBUC",
            "Arn": "arn:aws:iam::8           7:instance-profile/MyEC2RoleProfile"
        }
    }
}
```

图 2-38　配置文件已经附加到了实例上

要查看系统中实例附加配置文件的情况，可以执行命令：

```
$aws ec2 describe-iam-instance-profile-associations
```

要分离实例中的配置文件，可以执行以下命令，association-id 选项后需要填附加配置的 ID 号：

```
$aws ec2 disassociate-iam-instance-profile --association-id iip-assoc-
03d7da4c433427b20
```

案 例

配置实例并实现 LAMP 平台

案例内容：公司现在需要开发一个新的网站以拓展业务。该网站使用 PHP 语言编写，后台数据库为 MariaDB。运维部准备在亚马逊云科技上搭建一台 LAMP Web 服务器作为这个网站的开发及测试的环境。LAMP 是指通常一起使用的、来运行动态网站或者服务器的自由软件名称首字母的缩写，其中包含了 Linux 操作系统、Apache 网页服务器、MariaDB 或 MySQL 数据库管理系统及 PHP 脚本语言。小张入职也有一段时间了，部门主管打算让他来完成该项任务。小张接到任务后跃跃欲试，为了可以实现 Web 服务器可重复创建，他决定用 Amazon CLI 来完成该任务。

案例实施步骤：

由于该 Web 服务器是一个开发及测试的环境，初期只需要把 LAMP Web 服务器的功能实现出来就可以了，并不需要考虑太多性能上的问题。创建该服务器时，可以使用 EC2 的默认设置。如果后续性能不能满足需求，那么还可以通过修改实例类型的方法来提高性能。小张创建服务器实例的步骤如下：

1）配置 Amazon CLI，并通过 Amazon CLI 命令行查询最新 AMI 的信息。

①要使用 Amazon CLI，第一个步骤是把命令行的相关参数配置好。小张在公司里已经有亚马逊云科技的用户账号，并且已经创建过访问密钥。Web 服务器创建在弗吉尼亚北部，可用区为 us-east-1。配置 Amazon CLI 如图 2-39 所示。

```
[ec2-user@MyTestInstance ~]$ aws configure
AWS Access Key ID [****************2CGN]: AK.                N
AWS Secret Access Key [****************+SFt]: knY                  +SFt
Default region name [us-east-1]: us-east-1
Default output format [json]: json
```

图 2-39　配置 Amazon CLI

②通过 describe-images 命令即可查询到当前最新的 Linux2 系统 AMI。

```
aws ec2 describe-images --owners amazon --filters 'Name=name,Values=amzn2-ami-kernel-5.10-hvm-*' 'Name=state,Values=available' --query 'reverse(sort_by(Images, &CreationDate))[:1].ImageId' --output text
```

运行结果返回的最新 AMI 的 ID 号为 ami-090e0fc566929d98b，如图 2-40 所示。

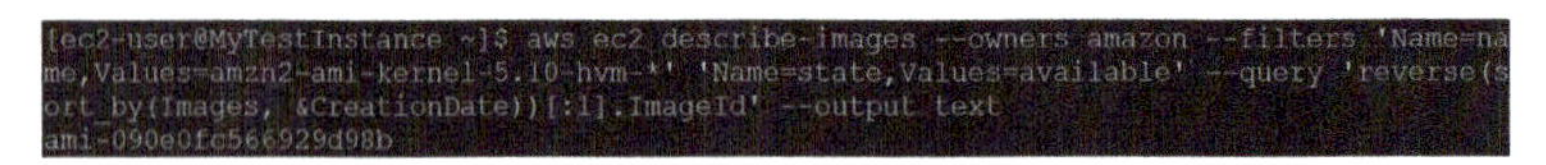

```
[ec2-user@MyTestInstance ~]$ aws ec2 describe-images --owners amazon --filters 'Name=na
me,Values=amzn2-ami-kernel-5.10-hvm-*' 'Name=state,Values=available' --query 'reverse(s
ort_by(Images, &CreationDate))[:1].ImageId' --output text
ami-090e0fc566929d98b
```

图 2-40　查找最新的 Linux 2 系统 AMI 的 ID 号

2）在创建实例的过程中，除了要知道系统最新的 AMI 信息之外，还需要知道实例工作的网络环境。实例能被 Internet 上的用户所访问，那么就需要把实例安装在公有子网里。小张把该实例放置在默认 VPC 的 us-east-1 可用区中。可用区中的默认子网就是公有子网。

①查询当前可用区中的默认 VPC 的 ID 号。

```
aws ec2 describe-vpcs --filters Name=isDefault,Values="true" --query 'Vpcs[0].VpcId' --output text
```

运行结果返回了所查询 VPC 的 ID 号为 vpc-3f48405b，如图 2-41 所示。

```
[ec2-user@MyTestInstance ~]$ aws ec2 describe-vpcs --filters Name=isDefault,Values="tru
e" --query 'Vpcs[0].VpcId' --output text
vpc-3f48405b
```

图 2-41 查询 VPC 的 ID 号

②查询默认子网的 ID 号。

```
aws ec2 describe-subnets --filters 'Name=vpc-id,Values='vpc-3f48405b''
'Name=availability-zone,Values='us-east-1a'' --query Subnets[0].SubnetId --output text
```

运行结果返回了所查询的子网 ID 号为 subnet-0dbb720d958071c8d，如图 2-42 所示。

```
[ec2-user@MyTestInstance ~]$ aws ec2 describe-subnets --filters 'Name=vpc-id,Values='vp
c-3f48405b'' 'Name=availability-zone,Values='us-east-1a'' --query Subnets[0].SubnetId -
-output text
subnet-0dbb720d958071c8d
```

图 2-42 查询子网 ID 号

3）创建安全组，在安全组中添加相应的访问许可。

①创建名称为 WebSecurityGroup 的安全组，并附加上描述信息。由于准备使用默认的 VPC，因此在创建安全组时不需要指定其所在的 VPC。

```
aws ec2 create-security-group --group-name WebSecurityGroup --description 'My Web
Security Group'
```

运行结果返回的新建安全组的 ID 号为 sg-0bb07d21fc9fb8e2a，如图 2-43 所示。

```
[ec2-user@MyTestInstance ~]$ aws ec2 create-security-group --group-name WebSecurityGrou
p --description 'My Web Security Group'
{
    "GroupId": "sg-0bb07d21fc9fb8e2a"
}
```

图 2-43 新建安全组的 ID 号

②要实现 Web 服务，就需要在安全组上附加允许对 HTTP 协议入站访问的规则。在网页开发环境中可以允许 Internet 中任意地址的设备对服务器进行访问。通过如下命令在刚创建好的安全组中添加 Web 访问规则。在该命令中需要允许 HTTP 协议端口的端口号为 80。同时，还需要指定网络协议为 TCP。

```
aws ec2 authorize-security-group-ingress --group-name WebSecurityGroup --protocol
tcp --port 80--cidr 0.0.0.0/0
```

命令成功执行时，系统不会返回任何的提示信息。通过控制台界面或 describe-security-groups 命令可以查看规则是否正确添加。执行下面的命令：

```
aws ec2 describe-security-groups --group-id sg-0bb07d21fc9fb8e2a
```

③为了方便以后能对 Web 服务器进行远程管理，我们还需要给安全组加上 SSH 的允许访问规则。添加规则的方法跟添加 Web 访问的方法是一致的，只需要把 80 号端口换成 22 号端口即可。执行以下命令，添加 SSH 的允许入站访问规则。

```
aws ec2 authorize-security-group-ingress --group-name WebSecurityGroup --protocol
tcp --port 22 --cidr 0.0.0.0/0
```

4）创建实例的用户数据，使得实例在第一次启动时就把 LAMP 平台所需要的软件包安装好，并自动启动 Apache 服务。使用 vim 命令创建一个名为 WebServerUserData.txt 的文档。在该文档中写入如下的脚本程序：

```
#!/bin/bash
yum update -y
yum install -y httpd mariadb mariadb-server php php-mysql
systemctl start httpd
chkconfig httpd on
hostnamectl set-hostname 'MyWebServer'
```

该脚本程序中，第一行的功能是指定此脚本使用的命令解释器为 /bin/bash。第二行的 yum 语句完成 Linux 中软件包的更新。第三行的 yum 语句安装 Apache 网页服务器、MariaDB 数据库管理系统及 PHP 脚本语言。第四行的功能是打开 Apache 服务器，第五行命令的功能是把 Apache 服务设置为开机自动启动。最后一行命令的功能是将服务器的主机名改为“My WebServer”。

5）为网站的开发人员创建密钥对，使得开发人员可以远程访问 Web 服务器。使用如下命令生成密钥对，并将私钥保存在 WebKeyPair.pem 文件中。

```
aws ec2 create-key-pair --key-name WebKeyPair --query 'KeyMaterial' --output text > WebKeyPair.pem
```

命令执行后会把生成的密钥对中的私钥存放在当前工作目录下的 WebKeyPair.pem 文件中。该文件非常重要，且只能生成一次。丢失该文件之后就再也无法找回私钥了。使用 PUTTYGEN 工具把 WebKeyPair.pem 文件转换成 PuTTY 连接工具可以使用的私钥文件 WebKeyPair.ppk。

6）经过前面的步骤，小张已经获取了创建实例所需要的关键信息。创建实例的准备工作已经完成。接下来，小张就使用 run-instances 命令来创建 Web 服务器实例。具体命令如下：

```
aws ec2 run-instances \
--image-id ami-090e123456789 \
--instance-type t2.micro \
--key-name WebKeyPair \
--security-group-ids sg-0bb123456789 \
--subnet-id subnet-0dbb72123456789 \
--user-data file:///home/ec2-user/WebServerUserData.txt \
--tag-specifications 'ResourceType=instance,Tags=[{Key=Name,Value=WebServer}]'
```

命令执行成功后，系统会以 JSON 文档的格式返回新建实例详细信息。小张记录下返回信息中重要的内容如：实例的 ID 号 InstanceId 及实例的私网 IP 地址 PrivateIpAddress 等信息。

7）Web 实例已经创建成功。接下来还需要通过 SSH 远程连接服务器，对 LAMP 平台进行进一步的配置。在实例创建的返回信息中并没有显示实例的公网 IP 地址，那是因为在返回信息时实例还没有完全启动成功，还没获取到公网的 IP 地址。当实例完全启动成功后，就能够查看实例的公网 IP 地址了。通过如下命令查询实例的公网 IP 地址。

```
aws ec2 describe-instances --instance-ids i-032930abc39907e9e --query "Reservations[*].Instances[*].PublicIpAddress"
```

取得公网 IP 地址之后，使用 PuTTY 工具连接实例，身份认证时使用 WebKeyPair.ppk 私钥文件，登录的用户名为 ec2-user。连接的结果如图 2-44 所示。

图 2-44　使用 PuTTY 连接 Web 服务器

执行 sudo systemctl status httpd 命令查看 Apache 服务器运行状态，结果如图 2-45 所示。从返回的结果可以看到，Apache 服务器当前的运行状态是 active（running）。

```
[ec2-user@mywebserver ~]$ sudo systemctl status httpd
● httpd.service - The Apache HTTP Server
   Loaded: loaded (/usr/lib/systemd/system/httpd.service; enabled; vendor preset
: disabled)
   Active: active (running) since Mon 2023-06-19 17:37:55 UTC; 8min ago
     Docs: man:httpd.service(8)
 Main PID: 3366 (httpd)
   Status: "Total requests: 0; Idle/Busy workers 100/0;Requests/sec: 0; Bytes se
rved/sec:   0 B/sec"
```

图 2-45　查看 Apache 服务器运行状态

8）小张还希望测试 Apache 服务器是否可以运行 PHP 脚本。他打算创建一个测试的页面。在创建这个页面之前，还需要对 Apache 服务器主目录 /var/www/html 的访问权限进行修改。当前登录的 ec2-user 用户对 Apache 服务器主目录是没有写入权限的。要使 ec2-user 对主目录有写入的权限，需要以下的步骤：

①将当前用户 ec2-user 添加到 apache 组中。

```
sudo usermod -a -G apache ec2-user
```

②安装 Apache 服务器时会在 Linux 系统中自动创建 apache 组。将 /var/www/html 目录的所属组改为 apache。

```
sudo chgrp apache /var/www/html
```

③给 apache 组中的成员在主目录 /var/www/html 上赋予写入的权限。

```
sudo chmod g+w /var/www/html
```

④使用 exit 命令关闭当前 PuTTY 终端，然后使用 PuTTY 重新连接服务器，使得 ec2-user 的权限生效。至此，Apache 组的成员对主目录 /var/www/html 都有写入的权限。

9）使用 vim 命令在目录 /var/www/html 中创建 index.php 文件。其作用就是测试 Apache 服务器是否能正常执行 phpinfo() 函数，文件的内容如下：

```
<?php
    phpinfo();
?>
```

10）为了测试网站是否搭建成功，小张决定使用亚马逊云科技控制台在 Web 服务器所在的 VPC 中再创建一台 Windows 实例，用于测试 Web 服务器。创建实例时，需要使用 Windows Server 的 AMI，其他的配置过程与创建 Linux 实例是一样的。

Windows 实例启动后，单击控制台上的“连接”按钮，打开“连接到实例”对话框，如

图 2-46 所示。选择页面中的“RDP 客户端”选项卡，单击窗口中的“下载远程桌面文件”按钮，这时会从亚马逊云科技上下载一个扩展名为 .rdp 的远程连接文件。

接下来单击“获取密码”选项，打开“获取 Windows 密码”对话框，如图 2-47 所示。

图 2-46 “连接到实例”对话框

图 2-47 “获取 Windows 密码”对话框

单击“上传私有密钥文件”按钮，然后选择 WebKeyPair.pem 私钥文件，最后单击“解密密码”按钮，就可以看到远程连接 Windows 实例所需要的密码。

双击刚才下载的扩展名为 .rdp 的远程连接文件，就可以打开远程连接界面，如图 2-48 所示。输入连接密码后单击“确定”按钮，就可以远程连接到 Windows 实例上。

小张打开 Windows 实例上的 IE 浏览器，在地址栏中输入 Web 服务器的内网地址。在浏览器中看到了 phpinfo() 运行的结果，说明 Apache 服务器与 PHP 配置正确。浏览器中显示的结果如图 2-49 所示。

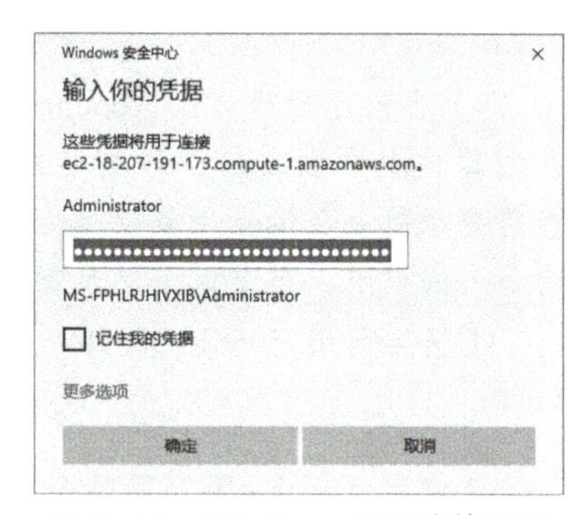

图 2-48 Windows 远程连接界面

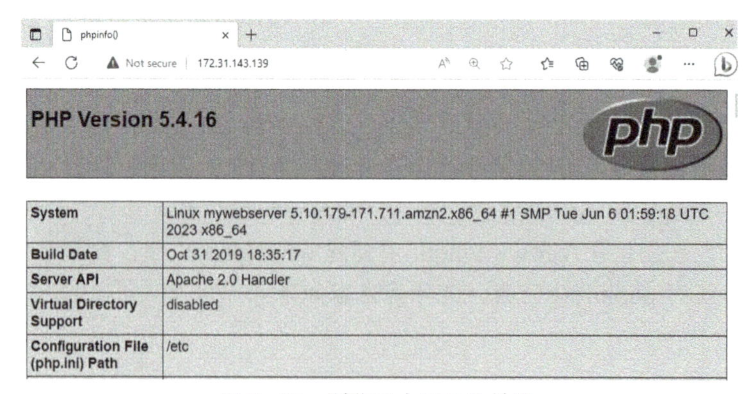

System	Linux mywebserver 5.10.179-171.711.amzn2.x86_64 #1 SMP Tue Jun 6 01:59:18 UTC 2023 x86_64
Build Date	Oct 31 2019 18:35:17
Server API	Apache 2.0 Handler
Virtual Directory Support	disabled
Configuration File (php.ini) Path	/etc

图 2-49 浏览器中显示的结果

11）最后小张还需要完成 MariaDB 数据库管理系统的配置，并测试 Apache 服务器是否能使用 PHP 语言连接到 MariaDB 数据库中。小张按照以下的步骤来完成这项任务。

①使用 PuTTY 终端连接到 Web 服务器实例，然后启动 MariaDB，命令如下：

```
sudo systemctl start mariadb
```

②对 MariaDB 的安全性进行加强。执行 sudo mysql_secure_installation 命令，通过交互式的方式对 MariaDB 的安全性进行设置。在此过程中需要依次回答下列问题。

```
a.Enter current password for root (enter for none):
```

要求输入当前根账户的密码。初始配置时，根账户是没有密码的，直接按 <Enter> 键。

```
b.Set root password? [Y/n]
```

是否要设置根账户密码。输入 Y 后按 <Enter> 键，接着输入新的根账户密码并再次确认该密码。

```
c.Remove anonymous users? [Y/n]
```

是否删除匿名用户。使用匿名用户对于数据库是很不安全的，因此需要把匿名用户删除。输入 Y 后按 <Enter> 键。

```
d.Disallow root login remotely? [Y/n]
```

是否删除根账户远程登录数据库的权限。在系统中，根账户的权限非常高，一旦根账户泄露并且可以远程登录数据库，那么对数据库管理系统安全性的危害会非常大，因此需要删除根账户的远程登录权限。输入 Y 后按 <Enter> 键。

```
e.Remove test database and access to it? [Y/n]
```

是否删除测试数据库“test”。输入 Y 后按 <Enter> 键。

```
f.Reload privilege tables now? [Y/n]
```

是否重新加载权限表并保存设置。输入 Y 后按 <Enter> 键。至此完成了 MariaDB 的安全性加强。

③登录 MariaDB 数据库系统，并创建测试账号。

执行 mysql -u root -p 命令，输入刚才设置好的根账号密码，登录到 MariaDB 数据库系统上，如图 2–50 所示。

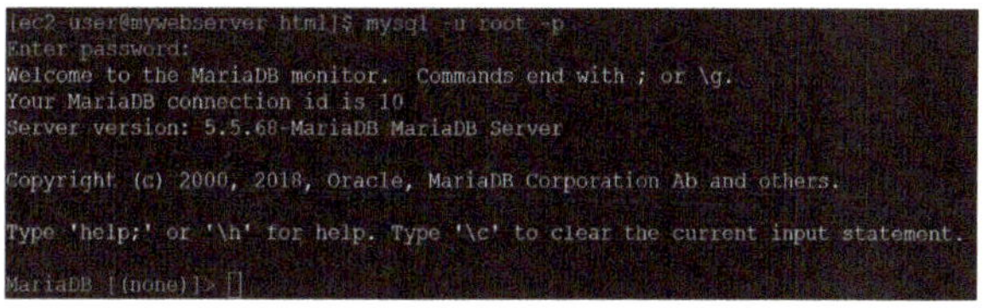

```
[ec2-user@mywebserver html]$ mysql -u root -p
Enter password:
Welcome to the MariaDB monitor.  Commands end with ; or \g.
Your MariaDB connection id is 10
Server version: 5.5.68-MariaDB MariaDB Server

Copyright (c) 2000, 2018, Oracle, MariaDB Corporation Ab and others.

Type 'help;' or '\h' for help. Type '\c' to clear the current input statement.

MariaDB [(none)]>
```

图 2–50 登录 MariaDB 数据库系统

执行“create user test identified by '123456';”命令，创建测试账号 test 并设置密码，其密码为 123456。注意，命令后面要以分号结束。

执行“select user from mysql.user;”，查看测试账号 test 是否添加成功。

执行“quit;”，退出 MariaDB 数据库系统。

④测试 Apache 服务器是否能使用 PHP 语言连接到 MariaDB 数据库。使用 vim 工具修改目录 /var/www/html 中的 index.php 文件。在该文件中输入如下程序并保存：

```
<?php
    $link=mysqli_connect('localhost','test','123456');
    if($link)
            echo "connection successful";
    else
            echo "connection failed";
?>
```

⑤远程登录到Windows实例上，使用IE浏览器进行测试。如果返回“connection successful”，则说明连接成功，LAMP平台工作正常。测试结果如图2-51所示。至此小张完成了LAMP平台的搭建工作。

图2-51 LAMP平台测试结果

习题

一、单选题

1. 云系统中的EC2实例需要访问云中的其他服务，正确的做法是（　　）。
   A）为根账户启用多重验证服务　　B）将IAM用户分配给EC2实例
   C）将IAM角色分配给EC2实例　　D）使用密钥对
2. 运维工程师需要在周一与周五晚上的19~23点使用EC2实例来执行某一周期性的任务。他应该选择（　　）。
   A）专用的Amazon EC2实例　　B）Amazon EC2 Spot实例
   C）按需Amazon EC2实例　　D）预定的预留Amazon EC2实例
3. 可通过（　　）确定运行它的EC2实例的公共和私有IP地址。
   A）查询本地实例元数据
   B）查询本地实例userdata
   C）查询相应的Amazon Cloud Watch指标
   D）使用ipconfig或ifconfig命令
4. 运维工程师正在尝试启动一个EC2实例，但是该实例立即进入终止状态。下列（　　）不是可能的原因。
   A）AMI缺少一个必需的部分　　B）快照已损坏
   C）需要先在EBS中创建存储　　D）已经达到EC2实例个数容量限制
5. 用户正在美国东部地区启动EC2实例。以下（　　）是AWS推荐的可用区域。
   A）启动实例时始终选择可用区
   B）选择us-east-1-a区域
   C）不要选择可用区，而是让aws选择可用区
   D）用户在启动实例时不能选择可用区域

二、简答题

1. 简述EC2实例的四种状态。
2. 什么是AMI？它的作用是什么？
3. 什么是元数据与用户数据？
4. 创建EC2实例的先决条件是什么？
5. 创建EC2实例的Amazon CLI命令是什么？它有哪些常用的选项？

单元三

网络运维

单元情景

小张之前所在的公司，为了保护与隔离内部的IT资源，自建了网络环境，小张日常的工作免不了和路由器、交换机等设备打交道，然而配置设备、排查设备故障等工作经常搞得小张焦头烂额。如今加入这家All in Cloud的公司，服务器迁移到了云端，那么可以在云端搭建属于自己的网络环境吗？在云上配置网络会不会简单一些呢？答案当然是肯定的，在云上不但可以构建满足各种需求的网络环境，而且配置过程还更加简单、高效。

单元概要

使用VPC（Virtual Private Cloud），用户能够在云上自己定义一个逻辑隔离的虚拟网络，并可以完全掌控该虚拟联网环境。同时，利用VPC的简单设置，用户可以在设置、管理和验证上花更少的时间。本单元将介绍如何配置VPC，并实现网络内外的正常连接，保障网络的安全。

学习目标

- 了解VPC及相关服务，并学会配置一个典型的网络。
- 学会让VPC内的服务器连接VPC之外的资源或服务。
- 学会如何保护VPC内的资源。

如何快速在云上搭建一个私有网络

在具体搭建云上私有网络之前，小张首先需要详细了解 VPC 和子网的概念。VPC 是属于某个 AmazonWebServices 账户的虚拟网络，它在逻辑上与 AmazonWebServices 云中的其他虚拟网络隔绝开。用户可以在 VPC 内部署和保护他的 AmazonWebServices 资源，如 Amazon EC2 实例等。VPC 是一个区域（Region）级的服务，每个 VPC 都会具体落在一个区域上，不存在跨区域的 VPC，但 VPC 可以跨越该区域的所有可用区（AZ）。而子网是 VPC 中的逻辑网段，它们允许用户将 VPC 网络细分为单个可用区内的较小网络，以便在 VPC 内实施有区别的管理。打个比方，一所学校里有两栋大楼，两栋楼都属于这所学校的网络，但它们的安全级别不一样，需要配置不同的防火墙，此时就可以从学校的 VPC 中划分出两个子网，每栋楼对应一个子网，然后为每个子网配置不同的防火墙即可。请注意，子网并非隔离边界，在不另做限制的情况下，子网之间的访问是畅通无阻的，而 VPC 之间默认是不能相互访问的。此外，每个子网均落在 VPC 所在区域的某个可用区上，不存在跨可用区的子网。

众所周知，网络中标识设备使用的是 IP 地址，而无论是 VPC 还是子网，都需要指定其 IP 地址的范围，以表示当需要给部署在该 VPC 或子网中的设备分配标识（IP 地址）时可选的地址有哪些。

VPC 和子网均采用 CIDR 来指定其 IP 地址范围。CIDR（无类别域间路由，Classless Inter-Domain Routing）是一个按位的、基于前缀的，用于解释 IP 地址的标准。它通过把多个地址块组合到一个路由表表项而使得路由更加方便，这些地址块称为 CIDR 地址块。为一个网络指定 CIDR 块后，该 CIDR 块所包含的 IP 地址未来便可分配给该网络中的设备。显然，这也是识别一个 IP 地址是否属于该网络的方法。现在常用的 IPv4 地址为 32 位（每 8 位用一个十进制数表示），分为 4 组，每组包含最多 3 个十进制数字，如 10.0.1.0。IPv4 CIDR 块使用 x.x.x.x/n 格式指定 IP 地址块，其中，x.x.x.x 是一个 IP 地址，而 /n 指定 IP 地址的网络前缀部分的长度（以位为单位，从最左边的位开始）。对于 IPv4 的 CIDR 块，*n* 的值为 0~32。一般来说，*n* 的值越大，可用的 IP 地址范围越小，这会导致较少的可用 IP 地址。例如 10.0.0.0/16，则其有效的 IP 地址为 10.0.*.*（即 10.0.0.0~10.0.255.255），共 65536（2^{32-16}）个地址。若为 10.0.0.0/24，则其有效的 IP 地址为 10.0.0.*（即 10.0.0.0~10.0.0.255），IP 地址减为仅有 256（2^{32-24}）个了。那么请读者思考一下，当 *n* 的值为 32 时，该 CIDR 块表示什么呢？

创建 VPC 或子网时，均需要指定其 CIDR 块。而在 VPC 中，*n* 的值限制在 16~28。想了解 CIDR 更多的信息，读者可以进一步查阅 AmazonWebServices 官方文档 https://docs.aws.amazon.com/vpc/latest/userguide/how-it-works.html，本文不再赘述。

任务一 配置基本网络环境

如果用户不了解 VPC 如何配置，AmazonWebServices 会提供默认 VPC（其 CIDR 设置为 172.31.0.0/16）供用户使用，至少能保证用户的服务（如 EC2 等）能正常运行。但大多数情况下，用户还是更愿意自行配置 VPC。与许多 AmazonWebServices 服务一样，用户可以选择在控制台上配置 VPC，也可以直接用 CLI 命令配置 VPC。在亚马逊云科技控制台中选中 VPC

服务后，在“您的 VPC”中单击“创建 VPC”，即可看到图 3-1 所示的界面。VPC 的配置环境很简单，必填的项目为“IPv4 CIDR 块”这一项，其他的项目，如名称、IPv6 信息等，可根据需要选填或选择。

图 3-1　“创建 VPC”界面

创建 VPC 的 CLI 命令格式如下：

```
aws ec2 create-vpc
--cidr-block <value>
[--amazon-provided-ipv6-cidr-block | --no-amazon-provided-ipv6-cidr-block]
[--ipv6-pool <value>]
[--ipv6-cidr-block <value>]
[--dry-run | --no-dry-run]
[--instance-tenancy <value>]
[--ipv6-cidr-block-network-border-group <value>]
[--tag-specifications <value>]
[--cli-input-json <value>]
[--generate-cli-skeleton <value>]
```

其中，仅 cidr-block 项为必选项。

执行如下命令后，可以看到图 3-2 所示的显示结果。

```
aws ec2 create-vpc --cidr-block 10.2.0.0/16
```

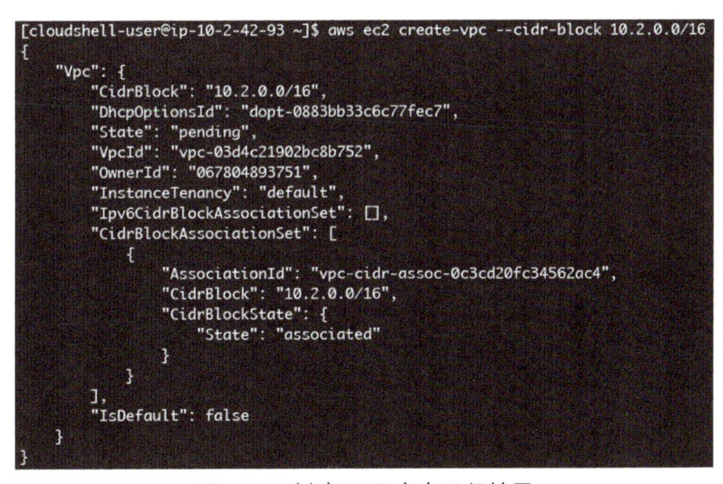

```
[cloudshell-user@ip-10-2-42-93 ~]$ aws ec2 create-vpc --cidr-block 10.2.0.0/16
{
    "Vpc": {
        "CidrBlock": "10.2.0.0/16",
        "DhcpOptionsId": "dopt-0883bb33c6c77fec7",
        "State": "pending",
        "VpcId": "vpc-03d4c21902bc8b752",
        "OwnerId": "067804893751",
        "InstanceTenancy": "default",
        "Ipv6CidrBlockAssociationSet": [],
        "CidrBlockAssociationSet": [
            {
                "AssociationId": "vpc-cidr-assoc-0c3cd20fc34562ac4",
                "CidrBlock": "10.2.0.0/16",
                "CidrBlockState": {
                    "State": "associated"
                }
            }
        ],
        "IsDefault": false
    }
}
```

图 3-2　创建 VPC 命令运行结果

此时在控制台中可以看到该 VPC 的存在，如图 3-3 所示。

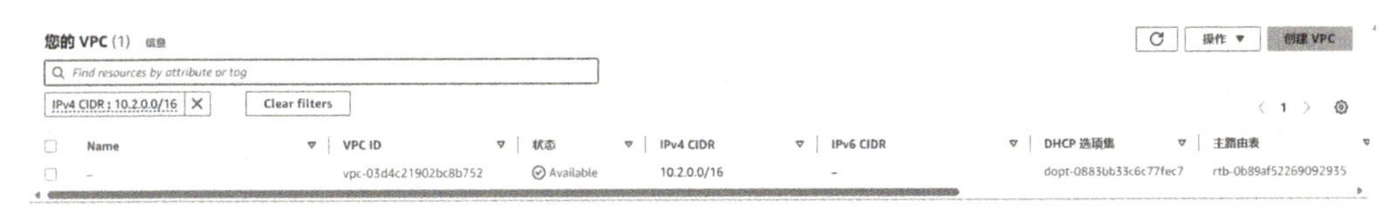

图 3-3　VPC 显示界面

任务二 对 VPC 划分子网以方便管理

VPC 创建完成后，下一步就可以继续为其划分子网了。在 VPC 服务的“子网”项中，单击“创建子网”，进入图 3-4 所示的界面。子网必然属于某个 VPC，因此首先要选择一个 VPC，然后便可以在该 VPC 下创建子网，如图 3-5 所示。

子网设置中必须要配置的内容仍是其 CIDR 块（请注意，子网的 CIDR 块必须为所属 VPC 的 CIDR 块的子集，且不同子网之间的 CIDR 块不能重叠）。除此之外，用户还经常会配置其可用区（若不配置，AmazonWebServices 会自动为该子网选择一个可用区）。一个子网创建好后，可以立即添加下一个子网，也可以先退出，以后需要的时候再继续创建子网。

图 3-4 “创建子网”界面（选择 VPC）

子网设置
为该子网指定 CIDR 块和可用区。
子网 1，共 1 个
子网名称
使用“名称”键和您指定的值创建一个标签。
my-subnet-01
名称最多可包含 256 个字符。
可用区 信息
选择子网将驻留的区域，或者让 Amazon 为您选择。
无首选项
IPv4 CIDR 块 信息
10.0.0.0/24
▼ 标签 - 可选
该资源没有关联的标签。
添加新标签
您可以再添加 50 个标签。
删除
添加新子网
取消 创建子网

图 3-5 “子网设置”界面

创建子网的 CLI 命令格式如下：

```
aws ec2 create-subnet
--vpc-id <value>
--cidr-block <value>
[--tag-specifications <value>]
```

```
[--availability-zone <value>]
[--availability-zone-id <value>]
[--ipv6-cidr-block <value>]
[--outpost-arn <value>]
[--dry-run | --no-dry-run]
[--cli-input-json <value>]
[--generate-cli-skeleton <value>]
```

其中，--vpc-id 和 --cidr-block 为必选项，分别指的是子网所属 VPC 的 ID 号和子网的 CIDR 块配置。其他常用的参数还有 --availability-zone，其值为 VPC 所在区域的可用区代码（可用区代码可通过 https://docs.aws.amazon.com/zh_cn/AWSEC2/latest/UserGuide/using-regions-availability-zones.html#concepts-available-regions 查到）。

运行如下命令：

```
aws ec2 create-subnet --vpc-id  <VPC_ID> --cidr-block 10.2.1.0/24 --availability-zone  us-east-1b
```

其中，<VPC_ID> 为子网所属 VPC 的 ID 号，该命令在此 VPC 中创建了 CIDR 设置为 10.2.1.0/24 的子网，并指定该子网位于 us-east-1 区域的第二个可用区。命令运行后可以得到图 3-6 所示的结果。

```
[cloudshell-user@ip-10-2-42-93 ~]$ aws ec2 create-subnet --vpc-id vpc-03d4c21902bc8b752 --cidr-block 1
.2.1.0/24 --availability-zone  us-east-1b
{
    "Subnet": {
        "AvailabilityZone": "us-east-1b",
        "AvailabilityZoneId": "use1-az6",
        "AvailableIpAddressCount": 251,
        "CidrBlock": "10.2.1.0/24",
        "DefaultForAz": false,
        "MapPublicIpOnLaunch": false,
        "State": "available",
        "SubnetId": "subnet-0c2499dec43dcd37b",
        "VpcId": "vpc-03d4c21902bc8b752",
        "OwnerId": "            ",
        "AssignIpv6AddressOnCreation": false,
        "Ipv6CidrBlockAssociationSet": [],
        "SubnetArn": "arn:aws:ec2:us-east-1:            :subnet/subnet-0c2499dec43dcd37b",
        "EnableDns64": false,
        "Ipv6Native": false,
        "PrivateDnsNameOptionsOnLaunch": {
            "HostnameType": "ip-name",
            "EnableResourceNameDnsARecord": false,
            "EnableResourceNameDnsAAAARecord": false
        }
    }
}
```

图 3-6　创建子网命令运行结果

任务三　配置路由表

熟悉网络运维的人都知道，需要通过配置路由来确定网络流量的走向，VPC 也不例外。每个 VPC 都自带一张主路由表，该路由表随 VPC 自动生成，初始仅包含一条规则。该规则将本地流量路由到 VPC 的 IP 地址范围内的任何位置。用户可以向默认路由表添加更多的路由规则。VPC 下创建的子网会自动与该路由表关联。当然，用户也可以自定义路由表，并将自定义路由表与子网关联。由于每个子网只能关联一张路由表，所以一旦子网与用户定义的路由表关联，则不再与默认路由表关联。AmazonWebServices 的最佳实践方案会建议所有的子网都采用自定义路由表，以实现对目标位置的精细路由。需要注意的是，路由表并不要求只能关联一个子网，每张路由表均允许同时关联多个子网，即多个子网共用一套路由配置。

创建自定义路由表的方法也很简单，在 VPC 服务的路由表项中单击“创建路由表”，在打开的图 3-7 所示的界面中，给路由表起好名字，选择好所属 VPC 后，就可以创建成功了。

VPC > 路由表 > 创建路由表

创建路由表 信息

路由表可指定数据包在 VPC、互联网和 VPN 连接内的子网之间的转发方式。

路由表设置

名称 - 可选

使用"名称"键和您指定的值创建一个标签。

my-route-table-01

VPC

要用于此路由表的 VPC。

选择 VPC

标签

标签是分配给 AWS 资源的标记。每个标签都由一个键和一个可选值组成。您可以使用标签来搜索和筛选资源或跟踪 AWS 成本。

该资源没有关联的标签。

添加新标签

您可以再添加 50 个标签。

取消 创建路由表

图 3-7 "创建路由表"界面

回到路由表项的界面中，选中创建好的路由表，可以在界面的下方看到路由表的配置信息，界面如图 3-8 所示。

图 3-8 路由表配置信息界面

在"显式子网关联"项中，可以通过单击"编辑子网关联"按钮让路由表关联某个子网，界面如图 3-9 所示。

图 3-9 编辑子网关联界面

保存后，关联即生效。

若需要配置路由，则可以在路由表配置信息界面的"路由"标签下单击"编辑路由"，在图 3-10 所示的界面中添加路由。

路由表的规则包含一个目的地（Destination）和一个目标（Target），目的地采用 CIDR

块的格式。每条规则都表示将想要发往目的地的流量路由到目标中。图 3-10 中的第一条规则即本地路由规则，这是每个路由表都默认存在且不能删除的一条规则。该规则表示，若子网中流量的目的地 IP 地址属于 10.2.0.0/16 这个 CIDR 范围内，则这样的流量不会被路由出本 VPC。路由规则中的目标，除了 local 以外，还可以是互联网网关、NAT 网关、实例、网络接口等。用户可以单击“添加路由”按钮来配置更多的规则。

图 3-10 “编辑路由”界面

CLI 下创建路由表的命令格式如下：

```
aws ec2 create-route-table
--vpc-id <value>
[--dry-run | --no-dry-run]
[--tag-specifications <value>]
[--cli-input-json <value>]
[--generate-cli-skeleton <value>]
```

其中，--vpc-id 是必选项，指明路由表所属 VPC 的 ID 号。

这里选择之前创建好的 VPC，执行 aws ec2 create-route-table --vpc-id <VPC_ID>，创建新的路由表，结果如图 3-11 所示。

```
[cloudshell-user@ip-10-2-42-93 ~]$ aws ec2 create-route-table --vpc-id vpc-03d4c21902bc8b752
{
    "RouteTable": {
        "Associations": [],
        "PropagatingVgws": [],
        "RouteTableId": "rtb-0de0402ce4743d964",
        "Routes": [
            {
                "DestinationCidrBlock": "10.2.0.0/16",
                "GatewayId": "local",
                "Origin": "CreateRouteTable",
                "State": "active"
            }
        ],
        "Tags": [],
        "VpcId": "vpc-03d4c21902bc8b752",
        "OwnerId": "            "
    }
}
```

图 3-11　创建路由表命令运行结果

接下来需要将该路由表与子网关联，采用的命令格式如下：

```
aws ec2 associate-route-table
--route-table-id <value>
[--dry-run | --no-dry-run]
[--subnet-id <value>]
[--gateway-id <value>]
[--cli-input-json <value>]
[--generate-cli-skeleton <value>]
```

通常需要配置的是 --route-table-id 和 --subnet-id 这两个参数，其值分别为路由表的 ID 号和子网的 ID 号，表示将哪个路由表与哪个子网关联。运行命令 aws ec2 associate-route-table --route-table-id <RouteTable_ID>--subnet-id <Subnet-ID> 后，结果如图 3-12 所示。

此时，刚才创建的路由表已经与之前创建的子网建立了关联。完成与子网的关联后，若要添加路由，则可以用如下命令：

```
[cloudshell-user@ip-10-2-42-93 ~]$ aws ec2 associate-route-table
--route-table-id rtb-0de0402ce4743d964 --subnet-id  subnet-0c2499
dec43dcd37b
{
    "AssociationId": "rtbassoc-00fe3f3e4fc67fd64",
    "AssociationState": {
        "State": "associated"
    }
}
```

图 3-12　路由表与子网关联命令运行结果

```
aws ec2  create-route
--route-table-id <value>
[--destination-cidr-block <value>]
[--destination-ipv6-cidr-block <value>]
[--destination-prefix-list-id <value>]
[--dry-run | --no-dry-run]
[--vpc-endpoint-id <value>]
[--egress-only-internet-gateway-id <value>]
[--gateway-id <value>]
[--instance-id <value>]
[--nat-gateway-id <value>]
[--transit-gateway-id <value>]
[--local-gateway-id <value>]
[--carrier-gateway-id <value>]
[--network-interface-id <value>]
[--vpc-peering-connection-id <value>]
[--cli-input-json <value>]
[--generate-cli-skeleton <value>]
```

--route-table-id 必须要指明，此外，可选项中的 --destination-cidr-block 和 --destination-ipv6-cidr-block 分别代表 IPv4 和 IPv6 的目的地（Destination）设置，可选项中从 --vpc-endpoint-id 到 --network-interface-id 这些项目，则代表目标（Target）的配置。

如果需要更新和删除路由规则，则可以分别使用 --replace-route 和 --delete-route 命令。如果需要取消路由表与子网的关联，则可以使用 --disassociate-route-table 命令。如果要删除路由表，则可以使用 --delete-route-table 命令。以上命令的具体使用方式，读者可以参阅 AmazonWebServices CLI 文档，本文不再赘述。

如何让 VPC 内的服务器连接 VPC 之外的资源或服务

任务一　配置 Internet 网关

默认情况下，部署在 VPC 及其子网里的实例是无法访问 Internet 的。一台搭建在 VPC 上的 Web 服务器却不能访问 Internet，这显然是不合适的。为解决这个问题，就需要使用 Internet 网关了。Internet 网关是一种横向扩展、冗余且高度可用的 VPC 组件，支持在 VPC 和

Internet 之间进行通信。要为 VPC 的子网中的实例启用 Internet 访问，通常需要完成以下两步：

1）创建 Internet 网关并将其附加到 VPC。在控制台完成这样的操作非常简单，只需要在 VPC 服务中的“互联网网关”项中单击页面右上方的“创建互联网网关”按钮，如图 3-13 所示。在弹出的界面中，按照提示完成创建后，回到“互联网网关”项的页面中，找到刚创建的 Internet 网关（此时，该网关状态为 Detached），单击“操作”菜单中的“附加到 VPC”，在弹出的界面中选择需附加的 VPC 并确认即可。完成上述动作后，可以看到 Internet 网关状态会改为 Attached。

若采用 CLI 命令来创建 Internet 网关，则首先执行 create-internet-gateway 命令，如图 3-14 所示。

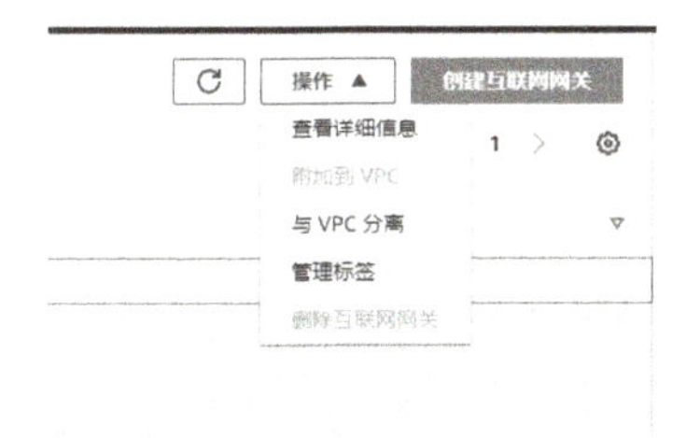

图 3-13　创建互联网网关界面

```
[cloudshell-user@ip-10-2-42-93 ~]$ aws ec2 create-internet-gateway
{
    "InternetGateway": {
        "Attachments": [],
        "InternetGatewayId": "igw-021adba3611311d52",
        "OwnerId": "            ",
        "Tags": []
    }
}
```

图 3-14　创建互联网网关命令运行结果

接下去执行 attach-internet-gateway 命令，如 aws ec2 attach-internet-gateway --internet-gateway-id <IGW_ID> --vpc-id <VPC_ID>。
其中，<IGW_ID> 即刚才创建出的 Internet 网关的 ID 号，<VPC_ID> 为所附加的 VPC 的 ID 号。

2）为子网的路由表添加新的路由，该路由将 Internet 范围的流量定向到 Internet 网关。使用 create-route 命令，如 aws ec2 create-route --route-table-id <ROUTETABLE_ID> --destination-cidr-block 0.0.0.0/0 --gateway-id <IGW_ID>，则在之前创建的路由表中加入一条新的路由规则，将所有其他子网流量发送到 Internet 网关。

至此，可以根据路由表中是否有指向 Internet 网关的路由对子网进行逻辑上的划分，有这样路由的子网称为公有子网（Public Subnet），反之为私有子网（Private Subnet）。处在公有子网里的实例，若拥有公有 IP 地址（且在防火墙设置中开放了相关端口），则可以访问 Internet 或被 Internet 访问，而处在私有子网里的实例，如果无其他配置的情况下，则无法访问 Internet 或被 Internet 访问。

任务二　让私有子网内的实例访问 Internet

处在私有子网里的实例是无法访问 Internet 或被 Internet 访问的，这一方面确实起到了对子网中实例的保护作用，但另一方面，也带来了一些不便，很多时候处在私有子网里的实例也需要访问 Internet。比如，部署在私有子网里的数据库服务器，当需要对数据库更新时，是需要访问 Internet 的。这时，可以使用 NAT（网络地址转换）来达到这一目的，NAT 支持私有子网中的实例连接到 Internet，但阻止 Internet 发起与实例的连接。AmazonWebServices 提供了两种 NAT 方式：一种是 NAT 实例，通过 NAT AMI 启动；另一种是托管的 NAT 网关。AmazonWebServices 建议使用 NAT 网关，因为相较 NAT 实例，它可以提供更高的可用性和更大的带宽。有关两者之间的详细差别，读者可以进一步查阅 AmazonWebServices 官方文档（https://docs.amazonaws.cn/vpc/latest/userguide/vpc-nat-comparison.html）。

无论是 NAT 网关还是 NAT 实例，均需部署在公有子网中。下面介绍 NAT 网关的配置过程：

1）在 VPC 服务中的 NAT 网关项中，单击“创建 NAT 网关”，可以看到图 3-15 所示的界面。在该界面中，用户必须要选择创建 NAT 网关的公有子网（请注意，公有子网和私有子网仅仅是逻辑上有所区分的两个概念，实际上，在 AmazonWebServices 中，它们都称为子网，因此打开下拉菜单时，用户会看到所有的子网。NAT 网关只能部署在公有子网中，否则会因为无法连接到 Internet 网关而失去其存在价值）。然后需要给 NAT 网关分配弹性 IP（创建 NAT 网关时必须指定与该网关关联的弹性 IP 地址，在将弹性 IP 地址与 NAT 网关关联后，便无法更改此 IP 地址，每个 NAT 网关只能关联一个弹性 IP 地址），若用户已有弹性 IP，则可以通过下拉菜单选取，若没有，则可以单击“分配弹性 IP”，由系统重新分配一个。

图 3-15 “创建 NAT 网关”界面

2）NAT 网关创建好之后，下一步需要为私有子网的路由表添加新的路由规则，将路由表未明确知晓的所有目的地的流量路由到 NAT 网关。如图 3-16 所示，打开私有子网关联的路由表，单击“编辑路由”后再单击“添加路由”，新规则目的地配置为 0.0.0.0/0，目标从下拉菜单中选择“NAT Gateway”，再选中刚才创建的 NAT 网关，最后保存路由。

图 3-16 私有子网编辑 NAT 路由界面

完成配置后，用户可以从私有子网中的实例里运行检查连接的命令（例如使用 ping 命令连接 Internet 远程地址），以测试它是否可以连接到 Internet。

若采用 CLI 命令来创建 NAT 网关，则需要执行 create-nat-gateway 命令，格式如下：

```
aws ec2  create-nat-gateway
[--client-token <value>]
[--dry-run | --no-dry-run]
--subnet-id <value>
[--tag-specifications <value>]
--allocation-id <value>
[--cli-input-json <value>]
[--generate-cli-skeleton <value>]
```

其中，--subnet-id 指定 NAT 网关应处于哪个公有子网中，--allocation-id 指定与 NAT 网关关联的弹性 IP 地址的分配 ID（可以通过 aws ec2 allocate-address 命令来分配弹性 IP 地址，从该命令的输出中读出 allocation-id）。

任务三　不经过 Internet 连接两个 VPC

小张所在的公司，出于业务和管理的需求，采用的是多账户多 VPC 的架构，即公司有多个 AmazonWebServices 账户，每个账户下都配置了一到多个 VPC。有的时候，需要使用这些 VPC 直接传输一些数据，或者想快捷、稳定地访问其他 VPC 中的服务。AmazonWebServices 是否能提供高效简单的方式，让用户能实现 VPC 之间的互联？答案是肯定的，这时候就需要用到 VPC 对等连接（VPC Peering）了。

VPC 对等连接是两个 VPC 之间的网络连接，用户可通过此连接不公开地在这两个 VPC（甚至是不同账户下或不同区域之间的 VPC）之间路由流量。建立对等关系的 VPC 就像在同一网络中一样，在其上运行的资源（如 EC2 实例等）使用私有 IP 地址互相通信，而无须使用网关、VPN 连接或独立的网络设备。这些流量保留在私有 IP 空间中，所有区域间的流量都经过加密，没有单点故障或带宽瓶颈。流量一直处于亚马逊全球骨干网中，不会经过公共 Internet，这样可以减少面临的威胁，如常见漏洞和 DDoS 攻击。区域间的 VPC 对等连接提供了一种在区域间共享资源或为实现地理冗余性而复制数据的简单经济的方式。

VPC 对等连接存在一些限制条件，创建时需注意：

1）不能在具有匹配或重叠的 CIDR 块的 VPC 之间创建 VPC 对等连接。换句话说，需建立对等连接的两个 VPC，其 CIDR 表述的 IP 地址范围不应有交集。

2）VPC 对等连接不存在传递性，若 VPC 1 和 VPC 2 建立了对等连接，VPC 2 和 VPC 3 建立了对等连接，那么并不代表 VPC 1 和 VPC 3 就存在对等连接了。若 VPC 1 和 VPC 3 要相互之间直接访问，则需重新建立对等连接。

下面是创建对等连接的过程：

1）创建对等连接，采用由一个 VPC 向另一个 VPC 发送连接请求，另一个 VPC 接收请求的方式。因此在创建对等连接时，先从创建连接方的账户进入控制台的 VPC 服务中，单击“对等连接”，在页面右上角单击“创建对等连接”。如图 3-17 所示，在弹出的界面中设置对等连接的名称（可选）后，先选择请求方的 VPC，然后选择接收方的 VPC（可以是非本账户或本区域里的 VPC），单击“创建”按钮后，可以看到该对等连接的基本信息。

2）在发送方对等连接的页面，可以看到该对等连接的状态为“待接收”。接下来进入接收方 VPC 服务的对等连接页面（注意：此时有可能需要切换区域或切换账户，取决于接收方 VPC 与发送方 VPC 是否处于同一区域或同一账户），在接收方的对等连接页面里，可以看到待接收的对等连接列出，选择该对等连接，并打开右上角“操作”菜单，选择“接收请求”即可，如图 3-18 所示。

图 3-17 “创建对等连接”界面

3）此时，两个 VPC 已建立连接，但还需完成最后一步设置，即两个 VPC 分别更新其路由表，向各自子网所关联的路由表添加路由。如图 3–19 所示，添加的路由规则指向对方 VPC 的 CIDR 块（或 CIDR 块的一部分），并指定该对等连接作为目标。完成设置后，该子网中的实例便可以通过对等连接访问另外一个 VPC 中的资源了。

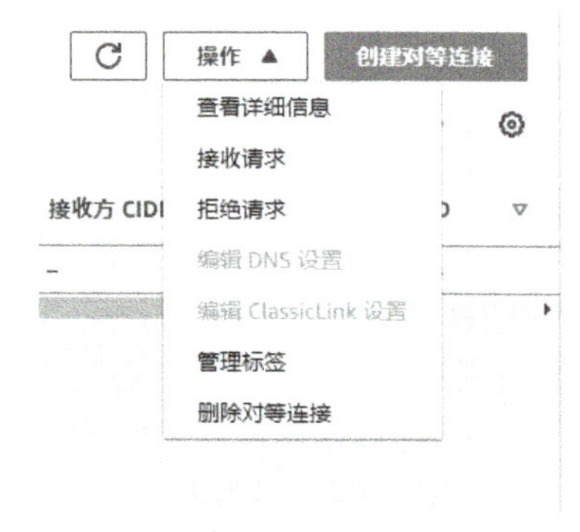

图 3–18　接收 / 拒绝对等连接界面

注意，未更新路由设置的子网，即使所在 VPC 与其他 VPC 建立了对等连接，该子网中的实例也无法访问对方 VPC。通俗一点理解，对等连接建立就好比两个 VPC 之间修好了一条暗道，还需要知道暗道的门在哪，才有可能进入暗道。此外，VPC 对等连接中某一端的子网更新了路由表，仅代表该子网可以访问对方 VPC，不代表对方 VPC 中的子网能访问本方，也需要在对方 VPC 中更新其子网的路由表才能实现相互访问。

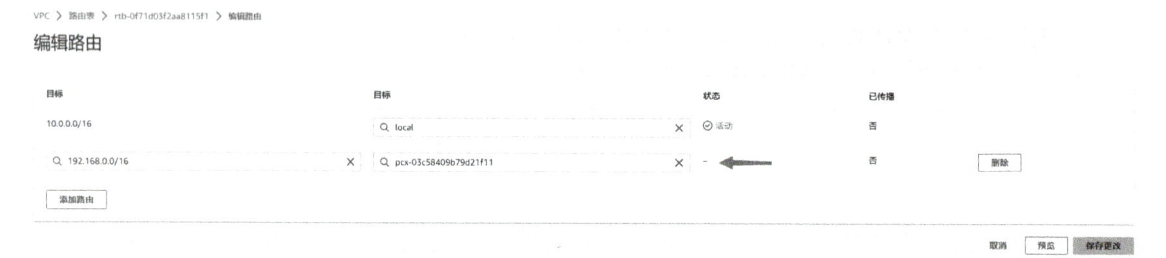

图 3–19　路由表添加对等连接路由界面

若使用 CLI 来创建 VPC 对等连接，那么采用的命令为 create–vpc–peering–connection，格式如下：

```
aws ec2 create-vpc-peering-connection
[--dry-run | --no-dry-run]
[--peer-owner-id <value>]
[--peer-vpc-id <value>]
[--vpc-id <value>]
[--peer-region <value>]
[--tag-specifications <value>]
[--cli-input-json <value>]
[--generate-cli-skeleton <value>]
```

其中，--peer-owner-id 表示 AmazonWebServices 账户的 ID，若此项省略，则表示为执行该命令的用户凭证所属的账户；--vpc-id 表示创建连接的 VPC；--peer-vpc-id 表示希望连接的 VPC；--peer-region 表示希望连接的 VPC 所属的区域，若此项省略，则表示两个 VPC 在同一区域内。

例如，为本账户中的两个 VPC 建立对等连接，命令如下：

```
aws ec2 create-vpc-peering-connection --vpc-id <VPC_ID1>--peer-vpc-id <VPC_ID2>
```

让本账户下的 VPC_ID1 与另一个账户 ACCOUNT_ID 下的 VPC_ID2 建立对等连接，命令如下：

```
aws ec2 create-vpc-peering-connection --vpc-id <VPC_ID1> --peer-vpc-id <VPC_ID2> --peer-owner-id <ACCOUNT_ID>
```

让本账户中的两个分属于不同区域的 VPC 建立对等连接，命令如下：

```
aws ec2 create-vpc-peering-connection --vpc-id <VPC_ID1> --peer-vpc-id <VPC_ID2> --peer-region <REGION_CODE>
```

REGION_CODE 可以通过查阅 AmazonWebServices 官网文档查到。（https://docs.aws.amazon.com/zh_cn/AWSEC2/latest/UserGuide/using-regions-availability-zones.html）

思考：若要与不同账户下处于不同区域的 VPC 建立对等连接，CLI 命令应该怎么配置？

执行完创建对等连接的命令后，得到图 3-20 所示的信息，其中 VpcPeeringConnectionId 项的值之后会使用到。

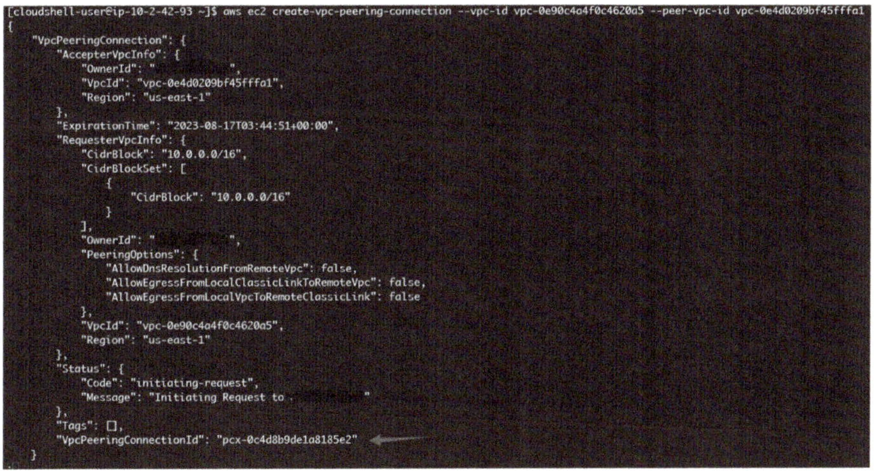

```
[cloudshell-user@ip-10-2-42-93 ~]$ aws ec2 create-vpc-peering-connection --vpc-id vpc-0e90c4a4f0c4620a5 --peer-vpc-id vpc-0e4d0209bf45fffa1
{
    "VpcPeeringConnection": {
        "AccepterVpcInfo": {
            "OwnerId": "",
            "VpcId": "vpc-0e4d0209bf45fffa1",
            "Region": "us-east-1"
        },
        "ExpirationTime": "2023-08-17T03:44:51+00:00",
        "RequesterVpcInfo": {
            "CidrBlock": "10.0.0.0/16",
            "CidrBlockSet": [
                {
                    "CidrBlock": "10.0.0.0/16"
                }
            ],
            "OwnerId": "",
            "PeeringOptions": {
                "AllowDnsResolutionFromRemoteVpc": false,
                "AllowEgressFromLocalClassicLinkToRemoteVpc": false,
                "AllowEgressFromLocalVpcToRemoteClassicLink": false
            },
            "VpcId": "vpc-0e90c4a4f0c4620a5",
            "Region": "us-east-1"
        },
        "Status": {
            "Code": "initiating-request",
            "Message": "Initiating Request to "
        },
        "Tags": [],
        "VpcPeeringConnectionId": "pcx-0c4d8b9de1a8185e2"
    }
```

图 3-20　创建对等连接命令运行结果

创建完对等连接后，执行 accept-vpc-peering-connection 命令来接收连接，格式如下：

```
aws ec2 accept-vpc-peering-connection
[--dry-run | --no-dry-run]
[--vpc-peering-connection-id <value>]
[--cli-input-json <value>]
[--generate-cli-skeleton <value>]
```

其中，最重要的属性为 --vpc-peering-connection-id 项，该项的值即刚才创建好的 VPC 对等连接的 ID 号。需要注意的是，若接收方 VPC 与创建连接方 VPC 分属于不同账户，则需要先执行 aws configure 命令，切换到接收方 VPC 所属账户下有 VPC 操作权限的用户凭证后，再执行接收连接的命令。若接收方拒绝对等连接，则可以使用 reject-vpc-peering-connection 命令，该命令的格式和 accept-vpc-peering-connection 一致，此处不再赘述。

执行完接收对等连接的命令后，得到图 3-21 所示的信息。

完成对等连接的创建后，还需要完成更新路由表的操作，命令格式如下：

```
aws ec2 create-route --route-table-id <ROUTETABLE_ID> --destination-cidr-block <VPC_CIDR> --vpc-peering-connection-id <VPCPEERINGCONNETION_ID>
```

结果如图 3-22 所示。

```
[cloudshell-user@ip-10-2-42-93 ~]$ aws ec2 accept-vpc-peering-connection --vpc-peering-connection-id pcx-0c4d8b9de1a8185e2
{
    "VpcPeeringConnection": {
        "AccepterVpcInfo": {
            "CidrBlock": "192.168.0.0/16",
            "CidrBlockSet": [
                {
                    "CidrBlock": "192.168.0.0/16"
                }
            ],
            "OwnerId": "",
            "PeeringOptions": {
                "AllowDnsResolutionFromRemoteVpc": false,
                "AllowEgressFromLocalClassicLinkToRemoteVpc": false,
                "AllowEgressFromLocalVpcToRemoteClassicLink": false
            },
            "VpcId": "vpc-0e4d0209bf45fffa1",
            "Region": "us-east-1"
        },
        "RequesterVpcInfo": {
            "CidrBlock": "10.0.0.0/16",
            "CidrBlockSet": [
                {
                    "CidrBlock": "10.0.0.0/16"
                }
            ],
```

图 3-21　接收对等连接命令运行结果

```
[cloudshell-user@ip-10-2-42-93 ~]$ aws ec2 create-route --route-table-id
rtb-0f71d03f2aa8115f1 --destination-cidr-block 192.168.0.0/16 --vpc-peeri
ng-connection-id pcx-0c4d8b9de1a8185e2
{
    "Return": true
}
```

图 3-22　更新路由表命令运行结果

项目三　如何保护 VPC 里的资源

任务一　配置实例的安全组

所谓安全组，是一种有状态的应用程序，可用作虚拟防火墙以控制一个或多个实例的入站或出站。对于每个安全组，客户都可以添加规则以控制到实例的入站数据流或出站数据流。流量可能会受到任何 IP、服务端口以及源 / 目标 IP 地址（特定的 IP 或 CIDR 块）的限制。

安全组具有以下特征：

1）安全组只能在创建安全组时指定的 VPC 中使用，即安全组的作用范围不超过一个 VPC。

2）可以为安全组指定允许规则，但不可指定拒绝规则，也就是说，安全组只能配置允许什么，不能配置拒绝什么。

3）默认情况下，安全组拒绝所有入站流量，但允许所有出站流量。因此，在没有向安全组添加入站规则之前，不允许来自另一台主机的入站流量传输到安全组背后的实例。

4）安全组是有状态的，如果安全组规则允许了某种流量的入站请求，则会自动允许出站响应。

5）在启动实例之后，客户仍可以更改与该实例关联的安全组的规则（当实例处于 running 或者 stopped 状态时），甚至更换安全组。每次执行出 / 入站流量任务时，都会按照实例关联的当前安全组规则来审查。

创建安全组的过程很简单，在控制台的 VPC 服务中单击“安全组”，在页面右上角单击“创建安全组”。进入“创建安全组”界面，如图 3-23 所示，首先输入安全组的名称和描述信息，然后为安全组指定 VPC，最后就可以添加入站或出站规则了。

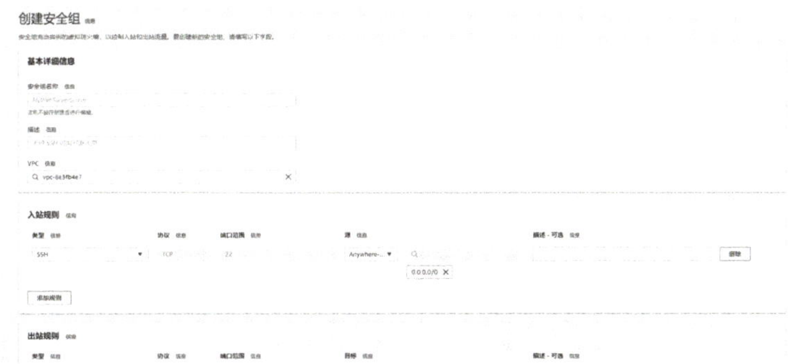

图 3–23 “创建安全组”界面

对于每个规则，客户都可以指定以下内容：

1）类型、协议和端口范围：客户首先选择要允许的协议类型。若选择常见的协议类型，如 HTTP、SSH 等，那么系统会自动配置协议和端口范围。若选择自定义 TCP、UDP 的方式，那么客户可以自行配置端口范围。若选择自定义 ICMP 的方式，那么客户可以自行选择协议类型和配置端口范围。

2）源或目标：流量的源（入站规则）或目标（出站规则）。源或目标可以是 IPv4 或 IPv6 地址，也可以是采用 CIDR 块表示法的 IPv4 或 IPv6 地址范围，还可以是其他安全组。若采用这样的配置方式，那么与指定安全组关联的实例就可以访问与该安全组关联的实例。

使用 CLI 命令也可以很方便地创建和更新安全组。创建安全组的命令是 create–security–group，格式如下：

```
aws ec2 create-security-group
--description <value>
--group-name <value>
[--vpc-id <value>]
[--tag-specifications <value>]
[--dry-run | --no-dry-run]
[--cli-input-json <value>]
[--generate-cli-skeleton <value>]
```

比较常用的三个属性：--group–name 和 --description 分别为安全组的名称和描述信息，--vpc–id 为安全组所在 VPC 的 ID 号。

如图 3–24 所示，在执行完创建安全组的命令后，会输出新建安全组的 ID 号。在亚马逊云科技控制台中，也可以查找到对应的安全组，或者通过使用 describe–security–groups 命令来查看安全组的信息。

创建好安全组后，即可向安全组添加规则，添加规则的命令有 authorize–security–group–ingress 和 authorize–security–group–egress 两种，分别代表入站和出站规则，两者格式基本一致。以入站规则为例，命令格式如下：

```
aws ec2 authorize-security-group-ingress
[--group-id <value>]
[--group-name <value>]
[--ip-permissions <value>]
[--dry-run | --no-dry-run]
[--tag-specifications <value>]
```

```
[--protocol <value>]
[--port <value>]
[--cidr <value>]
[--source-group <value>]
[--group-owner <value>]
[--cli-input-json <value>]
[--generate-cli-skeleton <value>]
```

```
[cloudshell-user@ip-10-2-103-173 ~]$ aws ec2 create-security-group --group-name MySecurityGroup --description "My security group" --vpc-id vpc-03d4c2190
2bc8b752
{
    "GroupId": "sg-02c6659fcbfac26a7"
}
[cloudshell-user@ip-10-2-103-173 ~]$ aws ec2 describe-security-groups --group-ids sg-02c6659fcbfac26a7
{
    "SecurityGroups": [
        {
            "Description": "My security group",
            "GroupName": "MySecurityGroup",
            "IpPermissions": [],
            "OwnerId": "            ",
            "GroupId": "sg-02c6659fcbfac26a7",
            "IpPermissionsEgress": [
                {
                    "IpProtocol": "-1",
                    "IpRanges": [
                        {
                            "CidrIp": "0.0.0.0/0"
                        }
                    ],
                    "Ipv6Ranges": [],
                    "PrefixListIds": [],
                    "UserIdGroupPairs": []
                }
```

图 3-24　创建安全组命令运行结果

对于处在非 default VPC 中的安全组，只能配置其 --group-id 属性，指明对哪个安全组添加规则。而处在 default VPC 中的安全组，则可以在 --group-id 和 --group-name 中选择一项来指明。其他比较常用的属性有 --protocol 和 --port，分别代表协议、端口；--cidr 和 --source-group 为流量源的配置，流量源若为 CIDR 地址范围，则配置 --cidr 属性，若为其他安全组，则配置属性 --source-group。

例如，以下命令为 <GROUP_NAME> 安全组添加一个允许 SSH 的入站规则：

```
aws ec2 authorize-security-group-ingress \
--group-name <GROUP_NAME>\
--protocol tcp \
--port 22 \
--cidr <CIDR_RANGE>
```

以下命令可为 ID 号为 <GROUP_ID1> 的安全组添加 HTTP 入站规则，允许与 <GROUP_ID2> 安全组关联的实例来访问：

```
aws ec2 authorize-security-group-ingress \
--group-id <GROUP_ID1> \
--protocol tcp \
--port 80 \
--source-group <GROUP_ID2>
```

更新（修改）安全组规则采用 modify-security-group-rules 命令，格式如下：

```
aws ec2 modify-security-group-rules
--group-id <value>
--security-group-rules <value>
[--dry-run | --no-dry-run]
[--cli-input-json <value>]
[--generate-cli-skeleton <value>]
```

其中，--group-id 属性为安全组的 ID 号，--security-group-rules 属性为一个列表，包含需要更新的安全组规则信息。

如果需要删除安全组规则，则可以使用 revoke-security-group-egress 或 revoke-security-group-ingress 命令，格式如下：

```
aws ec2 revoke-security-group-ingress
[--group-id <value>]
[--group-name <value>]
[--ip-permissions <value>]
[--dry-run | --no-dry-run]
[--security-group-rule-ids <value>]
[--protocol <value>]
[--port <value>]
[--cidr <value>]
[--source-group <value>]
[--group-owner <value>]
[--cli-input-json <value>]
[--generate-cli-skeleton <value>]
```

其中，--group-id 和 --group-name 这两项的配置方式与向安全组添加规则所用命令的配置方式一致。指定需要删除规则的安全组后，客户可以通过指明 --security-group-rule-ids 属性来删除安全组下的某条规则，也可以通过指明 --protocol、--port、--cidr 等属性的方式来删除满足设定条件的规则。

例如，以下命令删除 <GROUP_NAME> 安全组中 ID 号为 <SECURITYGROUPRULE_ID> 的安全组规则：

```
aws ec2 revoke-security-group-ingress--group-name<GROUP_NAME> --security-group-rule-ids <SECURITYGROUPRULE_ID>
```

以下命令删除 <GROUP_NAME> 安全组中允许任何位置访问 TCP 80 端口的安全组规则：

```
aws ec2 revoke-security-group-ingress \
--group-id <GROUP_ID>
--protocol tcp \
--port 80 \
--cidr 0.0.0.0/0
```

最后是删除安全组的命令 delete-security-group，该命令很简单，格式如下：

```
aws ec2 delete-security-group
[--group-id <value>]
[--group-name <value>]
[--dry-run | --no-dry-run]
[--cli-input-json <value>]
[--generate-cli-skeleton <value>]
```

其中，--group-id 和 --group-name 必须选其中之一来指明。

任务二　配置 VPC 和子网的网络 ACL

网络访问控制列表（ACL）是 VPC 的一个可选安全层，可用作防火墙来控制进出一个或多个子网的流量。它扮演的角色有些类似于安全组，但两者之间也有明显的区别：

1）安全组是实例级别的防火墙，而网络 ACL 是子网级别的防火墙。换句话说，安全组作用于一个实例，而网络 ACL 作用于一个子网，子网内的所有实例都受其影响。

2）安全组是有状态的，而网络 ACL 是无状态的。若允许了入站流量，那么安全组自动允许出站流量，而 ACL 则需另行添加规则才可以允许出站流量。

3）安全组关联实例后才能发挥作用，而网络 ACL 自动应用于与之关联的子网中的所有实例。

4）安全组仅支持允许规则，而网络 ACL 同时支持允许规则和拒绝规则。

5）安全组会在决定是否允许数据流前评估所有规则，而网络 ACL 在决定是否允许流量时，按顺序处理规则，从编号最低的规则开始。

除此之外，网络 ACL 还具有以下特点：

1）每个 VPC 都自动带有可修改的默认网络 ACL。默认情况下，它允许所有入站流量和出站流量。

2）客户可以创建自定义网络 ACL 并将其与子网相关联。默认情况下，每个自定义网络 ACL 都拒绝所有入站流量和出站流量，直至客户添加规则。

3）VPC 中的每个子网都必须与一个网络 ACL 相关联。若没有明确地将子网与网络 ACL 相关联，则子网将自动与默认网络 ACL 关联。

4）每个网络 ACL 都允许与多个子网关联。但是，一个子网一次只能与一个网络 ACL 关联。若子网关联了一个新的网络 ACL，那么将删除之前的关联。

通过亚马逊云科技控制台配置网络 ACL 的流程与安全组的配置差别不大，本文不做介绍。下面介绍如何使用 CLI 命令来创建和配置网络 ACL。

1）创建网络 ACL 的命令格式如下：

```
aws ec2 create-network-acl
[--dry-run | --no-dry-run]
--vpc-id <value>
[--tag-specifications <value>]
[--cli-input-json <value>]
[--generate-cli-skeleton <value>]
```

这里主要配置的是 --vpc-id 属性，决定该网络 ACL 放置在哪个 VPC 中。

从图 3-25 可以看出，对每一个新的网络 ACL 而言，其默认规则为拒绝任意位置的流量。

2）为网络 ACL 添加规则的命令格式如下：

```
aws ec2 create-network-acl-entry
[--cidr-block <value>]
[--dry-run | --no-dry-run]
--egress | --ingress
[--icmp-type-code <value>]
[--ipv6-cidr-block <value>]
--network-acl-id <value>
[--port-range <value>]
--protocol <value>
```

```
--rule-action <value>
--rule-number <value>
[--cli-input-json <value>]
[--generate-cli-skeleton <value>]
```

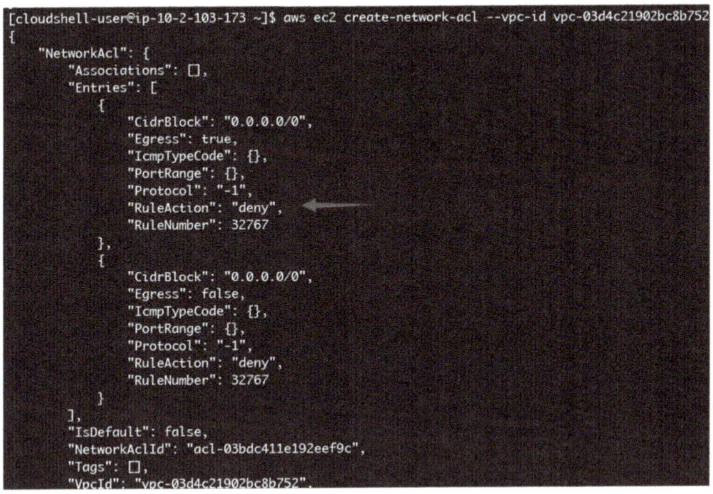

```
[cloudshell-user@ip-10-2-103-173 ~]$ aws ec2 create-network-acl --vpc-id vpc-03d4c21902bc8b752
{
    "NetworkAcl": {
        "Associations": [],
        "Entries": [
            {
                "CidrBlock": "0.0.0.0/0",
                "Egress": true,
                "IcmpTypeCode": {},
                "PortRange": {},
                "Protocol": "-1",
                "RuleAction": "deny",
                "RuleNumber": 32767
            },
            {
                "CidrBlock": "0.0.0.0/0",
                "Egress": false,
                "IcmpTypeCode": {},
                "PortRange": {},
                "Protocol": "-1",
                "RuleAction": "deny",
                "RuleNumber": 32767
            }
        ],
        "IsDefault": false,
        "NetworkAclId": "acl-03bdc411e192eef9c",
        "Tags": [],
        "VpcId": "vpc-03d4c21902bc8b752",
```

图 3-25　创建网络 ACL 命令运行结果

其中，--network-acl-id 项指明该网络 ACL 的 ID 号，--protocol 项确定规则的协议，--port-range 项确定端口范围（采用的格式为 From=（interger）,To=（interger）），--cidr-block 项确定源地址，--rule-action 项确定是允许（allow）还是拒绝（deny），--rule-number 项给该规则编号（网络 ACL 包含规则的编号列表）。按顺序评估（从编号最小的规则开始）规则，以判断是否允许流量进入或离开任何与网络 ACL 关联的子网，而客户还需要在 --egress | --ingress 两者之间选择其一以确定该规则为入站规则还是出站规则。

例如，以下命令为网络 ACL 添加一个开放 TCP 80 端口的入站规则，并给其编号为 110，如图 3-36 所示。

```
aws ec2 create-network-acl-entry --network-acl-id <ACL_ID> --ingress --rule-number 110
--protocol tcp --port-range From=80,To=80 --cidr-block 0.0.0.0/0 --rule-action allow
```

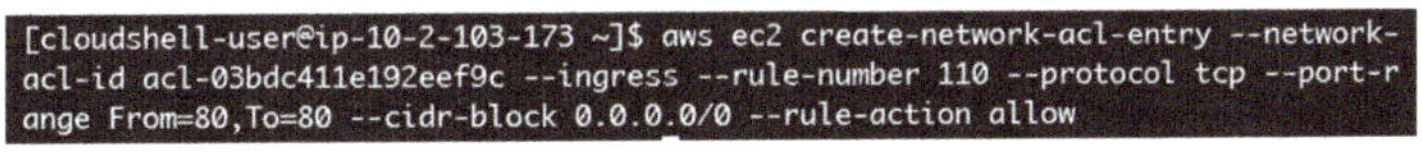

```
[cloudshell-user@ip-10-2-103-173 ~]$ aws ec2 create-network-acl-entry --network-acl-id acl-03bdc411e192eef9c --ingress --rule-number 110 --protocol tcp --port-range From=80,To=80 --cidr-block 0.0.0.0/0 --rule-action allow
```

图 3-26　添加开放 TCP 80 端口的入站规则命令

运行结果如图 3-27 所示，此时该 ACL 中已经添加了开放 TCP 80 端口的规则。

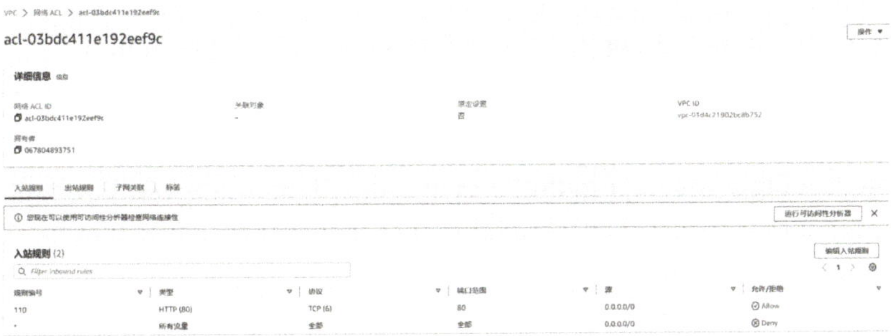

图 3-27　创建 ACL 规则命令执行效果图

更新规则采用 replace-network-acl-entry 命令，格式与添加规则的命令基本相同。而删除规则的命令为 delete-network-acl-entry，格式如下：

```
aws ec2 delete-network-acl-entry
[--dry-run | --no-dry-run]
--egress | --ingress
--network-acl-id <value>
--rule-number <value>
[--cli-input-json <value>]
[--generate-cli-skeleton <value>]
```

例如，以下命令可删除刚才创建出的 ACL 规则：

```
aws ec2 delete-network-acl-entry --network-acl-id <ACL_ID> --ingress --rule-number 100
```

3）每个子网创建时都会自动与默认 ACL 关联。若需要将自定义 ACL 与某子网关联，则可以使用 replace_network_acl_association 命令，用新的 ACL 替换默认 ACL，格式如下：

```
aws ec2  replace-network-acl-association
--association-id <value>
[--dry-run | --no-dry-run]
--network-acl-id <value>
[--cli-input-json <value>]
[--generate-cli-skeleton <value>]
```

其中，--network-acl-id 项代表新的 ACL ID，而 --association-id 项代表原有子网与 ACL 的关联 ID，而要找到子网的 association-id 值，则需要先找出该 VPC 的默认 ACL。使用 describe-network-acls 命令，可以查看当前区域下 ACL 的配置情况，格式如下：

```
aws ec2 describe-network-acls
[--filters <value>]
[--dry-run | --no-dry-run]
[--network-acl-ids <value>]
[--cli-input-json <value>]
[--starting-token <value>]
[--page-size <value>]
[--max-items <value>]
[--generate-cli-skeleton <value>]
```

可以借助 --filters 项来过滤输出结果，缩小显示范围。

如执行如下命令：

```
aws ec2 describe-network-acls --filters "Name=vpc-id,Values=<VPC_ID>"
```

该命令输出 ID 值为 <VPC_ID> 的 VPC 中的所有网络 ACL 信息。如图 3-28 所示，IsDefault 项值为 true 的 ACL 即为默认 ACL，此时可以看到该 ACL 与各子网的关联情况，包括前述命令所需要的 --association-id 项的值（对应为输出中 NetworkAclAssociationId 项的值）。

接着运行：

```
aws ec2 replace-network-acl-association --association-id <ACLASSOC_ID> --network-acl-id <New_ACL_ID>
```

此时，即可为该子网更换关联的网络 ACL，并形成了新的 association-id，如图 3-29 所示。

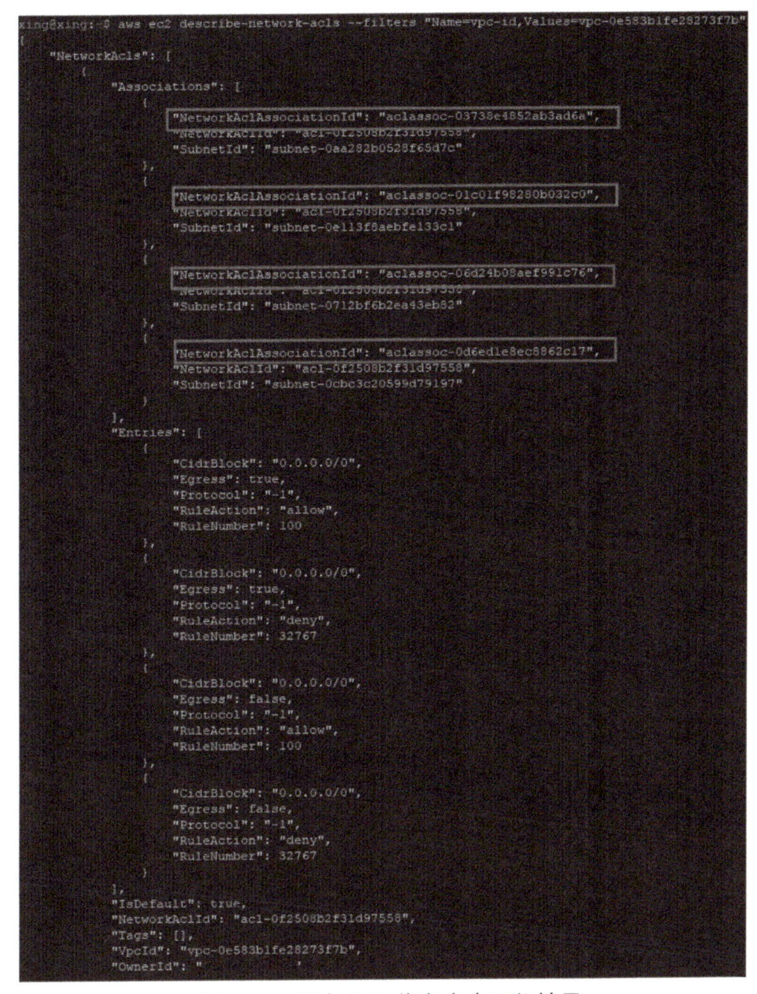

图 3-28　描述 ACL 信息命令运行结果

图 3-29　子网更换关联网络 ACL 的命令运行结果

任务三　配置堡垒主机

在之前的运维工作中，小张经常通过配置堡垒机（跳板机）来安全并高效地管理公司内的各个服务器，进入这家名为 All in Cloud 的公司后，是否还可以用类似的方式安全并高效地管理 VPC 中的实例呢？答案同样是肯定的。

可以知道，VPC 的规划通常需要划分为若干个子网，子网分为公有子网和私有子网。公有子网中的实例可以访问 Internet 或为 Internet 所访问，私有子网中的实例则不可以（仅可以在配置了 NAT 服务的情况下访问 Internet）。很多时候，基于安全的考虑，客户并不希望实例被放置在公有子网中。这样，当运维人员不能通过 Internet 直接登录处在私有子网中的实例的时候，为了能进行正常的运维操作，通常会采用在公有子网放置堡垒机的方式，先登录堡垒机，再通过堡垒机来访问处在私有子网中的实例。

下面介绍如何在云上配置堡垒主机并通过堡垒主机来登录实例。

1）云上的堡垒机说到底也是一个实例，因此，首先要做的事情就是在公有子网上配置一个实例，运行如下命令：

```
aws ec2 run-instances --image-id <AMI_ID>  --instance-type <INSTANCE_TYPE> --key-
name <KEYPAIR> --subnet-id <PUBLICSUBNET_ID>
```

这里指定了堡垒机所用的镜像，实例的类型、密钥对及实例放置的公有子网。在实际部署中，考虑到堡垒机所需的工作负载，可以部署配置较低的实例类型。此外，出于成本和安全考虑，用户也可以在不进行运维操作的时候将堡垒机状态设置为“停止”，在每次运维需要的时候再“开启”堡垒机。

2）为堡垒机分配弹性 IP。弹性 IP 地址是专为动态云计算设计的静态 IPv4 地址。使用弹性 IP 地址，当实例出现故障的时候，可以快速地将地址重新映射到另一个实例上，对使用者而言，IP 地址一直保持不变。运行命令 aws ec2 allocate-address 即可从弹性 IP 池中分配出一个弹性 IP。如图 3-30 所示，从运行结果中可以看到分配好的弹性 IP 的信息，其中 AllocationId 项的值之后要用到。

```
[cloudshell-user@ip-10-2-103-173 ~]$ aws ec2 allocate-address
{
    "PublicIp": "3.213.16.111",
    "AllocationId": "eipalloc-007af94024bbb2ff5",
    "PublicIpv4Pool": "amazon",
    "NetworkBorderGroup": "us-east-1",
    "Domain": "vpc"
}
```

图 3-30　分配弹性 IP 命令运行结果

接着运行命令 aws ec2 associate-address --instance-id <INSTANCE_ID> --allocation-id <Allocation-Id>，即可将弹性 IP 地址关联到堡垒机实例中。如图 3-31 所示，这里的 <Allocation-Id> 即刚才创建的弹性 IP 中 AllocationId 项的值。

```
[cloudshell-user@ip-10-2-103-173 ~]$ aws ec2 associate-address --instance-id
i-0d2a22868be498409 --allocation-id eipalloc-007af94024bbb2ff5
{
    "AssociationId": "eipassoc-068ba66bb69e4d98b"
}
```

图 3-31　弹性 IP 与实例关联命令运行结果

3）下面要做的就是创建堡垒机的安全组并配置入站规则。

```
运行命令 aws ec2 create-security-group /
--description "SG for BastionServer" /
--group-name BastionServerSecurityGroup /
```

使用 --vpc-id <VPC_ID> 创建名为“ BastionServerSecurityGroup”的安全组，运行结果如图 3-32 所示。

```
[cloudshell-user@ip-10-2-103-173 ~]$ aws ec2 create-security-group --descript
ion "SG for BastionServer" --group-name BastionServerSecurityGroup --vpc-id v
pc-05564c91455e61398
{
    "GroupId": "sg-02f9cb0cc1441aea9"
}
```

图 3-32　为堡垒机创建安全组命令运行结果

为堡垒机配置添加 SSH 服务的安全规则，命令如下：

```
aws ec2 authorize-security-group-ingress \
  --group-id<GROUP_ID>\
  --protocol tcp \
  --port 22 \
  --cidr <CIDR_RANGE>
```

此时，可以根据实际情况，通过配置 cidr 属性来限定连接的源 IP 地址，只接受特定的管理终端连接。若接受任意地址的访问，那么 cidr 属性可以配置为 0.0.0.0/0。

为私有子网中的实例添加仅接受来自堡垒机所对应安全组的访问请求的安全组规则，命令如下：

```
aws ec2 authorize-security-group-ingress \
  --group-id<GROUP_ID1>\
  --protocol tcp \
  --port 22 \
  --source-group <GROUP_ID2>
```

其中，<GROUP_ID1> 为实例的安全组 ID，而 <GROUP_ID2> 为堡垒机的安全组 ID。

到此就完成了堡垒机的配置工作，有兴趣的读者可以尝试通过堡垒机来登录私有子网里的实例（登录时连接实例的私有 IP 地址即可）。具体的登录过程可参阅相关文档，此处不再赘述。

此方案还可以进一步做安全上的优化，仅在当运维人员需要通过堡垒机去登录实例时才为堡垒机的安全组添加 SSH 的规则。完成管理任务后，将堡垒机安全组中的该规则删除，使用命令如下：

```
aws ec2 revoke-security-group-ingress \
  --group-id<GROUP_ID>\
  --protocol tcp \
  --port 22 \
  --cidr 0.0.0.0/0
```

配置 VPC 对等连接，还可以实现使用堡垒机登录并管理其他 VPC 中的实例，有兴趣的读者也可以做一下这方面的尝试。

案 例

配置典型的 VPC 网络

公司给小张安排了一个任务，需要为生产环境快速搭建一个高可用的网络环境，并需要在该网络中部署 Web 服务器和数据库服务器。其中，Web 服务器需要正常访问 Internet，而数据库服务器不可以被 Internet 所访问，但数据库服务器未来会有升级的需求。

接到这个任务后，小张简单分析了需求。要搭建高可用网络环境，则服务器需要考虑多可用区部署，每个可用区都需要搭建对应的子网。Web 服务器需要正常访问 Internet，因此考虑搭建公有子网以便部署；而数据库服务器不可以被 Internet 所访问，因此考虑搭建私有子网。处于私有子网中的数据库服务器有升级（访问 Internet）的需求，则考虑在公有子网中配置 NAT 网关。因此，小张决定构建一个图 3-33 所示的 VPC，该 VPC 包含四个子网，分别部署在两个可用区，并配置 Internet 网关及在其中一个公有子网配置 NAT 网关。

案例实施步骤：

1）创建 VPC。

运行命令 aws ec2 create-vpc --cidr-block 10.0.0.0/20，创建一个包含 4096 个 IP 地址的 VPC，结果如图 3-34 所示。

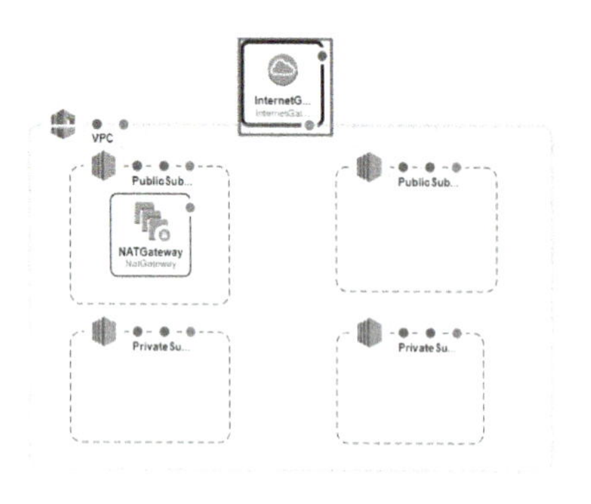

图 3-33　案例 VPC 架构图

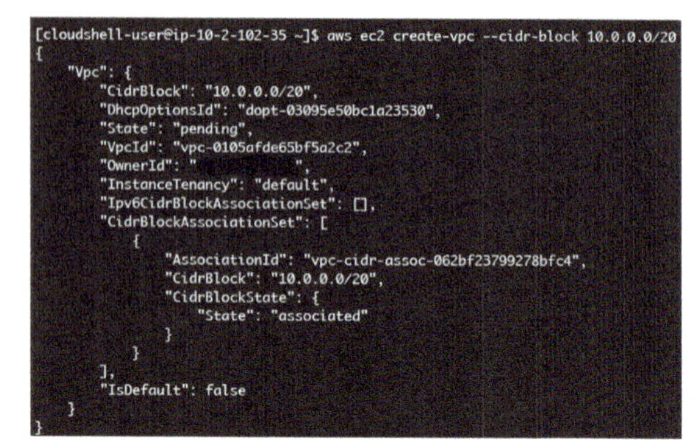

图 3-34　创建 VPC 命令运行结果

2）创建子网，运行如下格式命令：

```
aws ec2 create-subnet --vpc-id  <VPC_ID> --cidr-block 10.0.0.0/22 --availability-
zone  <AZ_1>
```

其中，<VPC_ID> 即为创建 VPC 的命令运行后的输出里的 VpcId 项，在该 VPC 中创建一个位于 <AZ_1> 的子网，该子网 CIDR 设置为 10.0.0.0/22，包含 1024 个 IP 地址。输出结果如图 3-35 所示，其中 SubnetId 项的值之后还会用到。

类似地，可以继续运行如下命令，创建另外三个子网。

```
aws ec2 create-subnet --vpc-id  <VPC_ID> --cidr-block 10.0.4.0/22 --availability-
zone  <AZ_2>
aws ec2 create-subnet --vpc-id  <VPC_ID> --cidr-block 10.0.8.0/22 --availability-
zone  <AZ_1>
aws ec2 create-subnet --vpc-id  <VPC_ID> --cidr-block 10.0.12.0/22 --availability-
zone  <AZ_2>
```

注：本案例中，CIDR 为 10.0.0.0/22 和 10.0.4.0/22 的子网会被配置为公有子网，而 CIDR 为 10.0.8.0/22 和 10.0.12.0/22 的子网会被配置为私有子网。

```
[cloudshell-user@ip-10-2-102-35 ~]$ aws ec2 create-subnet --vpc-id  vpc-0105afde65bf5a2c2 --cidr-block 10.0.0.0/22 --availability-zone us-east-1a
{
    "Subnet": {
        "AvailabilityZone": "us-east-1a",
        "AvailabilityZoneId": "use1-az4",
        "AvailableIpAddressCount": 1019,
        "CidrBlock": "10.0.0.0/22",
        "DefaultForAz": false,
        "MapPublicIpOnLaunch": false,
        "State": "available",
        "SubnetId": "subnet-018218b809bacf292",
        "VpcId": "vpc-0105afde65bf5a2c2",
        "OwnerId": "",
        "AssignIpv6AddressOnCreation": false,
        "Ipv6CidrBlockAssociationSet": [],
        "SubnetArn": "arn:aws:ec2:us-east-1:067804893751:subnet/subnet-018218b809bacf292",
        "EnableDns64": false,
        "Ipv6Native": false,
        "PrivateDnsNameOptionsOnLaunch": {
            "HostnameType": "ip-name",
            "EnableResourceNameDnsARecord": false,
            "EnableResourceNameDnsAAAARecord": false
        }
    }
}
```

图 3-35　创建子网命令运行结果

3）创建路由表并与子网关联。

①运行如下命令，创建路由表：

```
aws ec2 create-route-table--vpc-id <VPC_ID>
```

②运行如下命令，将路由表与子网关联：

```
aws ec2 associate-route-table --route-table-id <RouteTable_ID>--subnet-id <Subnet-ID>
```

其中，<Subnet-ID> 即为创建子网的命令运行后输出里的 SubnetId 项，<RouteTable_ID> 即为创建路由表命令运行后输出里的 RouteTabletId 项，结果如图 3-36 所示。

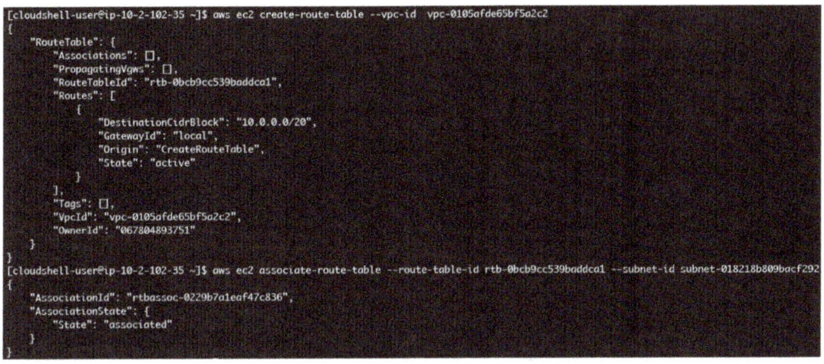

```
[cloudshell-user@ip-10-2-102-35 ~]$ aws ec2 create-route-table --vpc-id  vpc-0105afde65bf5a2c2
{
    "RouteTable": {
        "Associations": [],
        "PropagatingVgws": [],
        "RouteTableId": "rtb-0bcb9cc539baddca1",
        "Routes": [
            {
                "DestinationCidrBlock": "10.0.0.0/20",
                "GatewayId": "local",
                "Origin": "CreateRouteTable",
                "State": "active"
            }
        ],
        "Tags": [],
        "VpcId": "vpc-0105afde65bf5a2c2",
        "OwnerId": "067804893751"
    }
}
[cloudshell-user@ip-10-2-102-35 ~]$ aws ec2 associate-route-table --route-table-id rtb-0bcb9cc539baddca1 --subnet-id subnet-018218b809bacf292
{
    "AssociationId": "rtbassoc-0229b7a1eaf47c836",
    "AssociationState": {
        "State": "associated"
    }
}
```

图 3-36 创建路由表命令运行结果

可以创建四张路由表分别关联四个子网，也可以只创建两张路由表，分别为公有子网路由表和私有子网路由表，每张路由表关联两个子网（这两个子网分属于不同的可用区），见表 3-1。本案例将采用只创建两张路由表的方案。

表 3-1 路由表关联子网

路由表	关联子网 1	关联子网 2	备注
RouteTable1	10.0.0.0/22	10.0.4.0/22	公有子网路由表
RouteTable2	10.0.8.0/22	10.0.12.0/22	私有子网路由表

4）创建 Internet 网关及 NAT 网关。

①运行如下命令，创建 Internet 网关：

```
aws ec2 create-internet-gateway
```

②运行如下命令，将 Internet 网关附加到 VPC 上：

```
aws ec2 attach-internet-gateway --internet-gateway-id <IGW_ID> --vpc-id  <VPC_ID>
```

其中，<IGW_ID> 可从创建 Internet 网关命令运行后的输出中读出。

③运行如下命令，为公有子网路由表添加到 Internet 网关的路由规则：

```
aws ec2  create-route --route-table-id  <RouteTable1_ID> --gateway-id<IGW_ID>
--destination-cidr-block  0.0.0.0/0
```

结果如图 3-37 所示。

④运行如下命令，分配弹性 IP 地址：

```
aws ec2 allocate-address
```

⑤运行如下命令，创建 NAT 网关：

```
aws ec2  create-nat-gateway --subnet-id <Subnet-ID> --allocation-id <Allocation_ID>
```

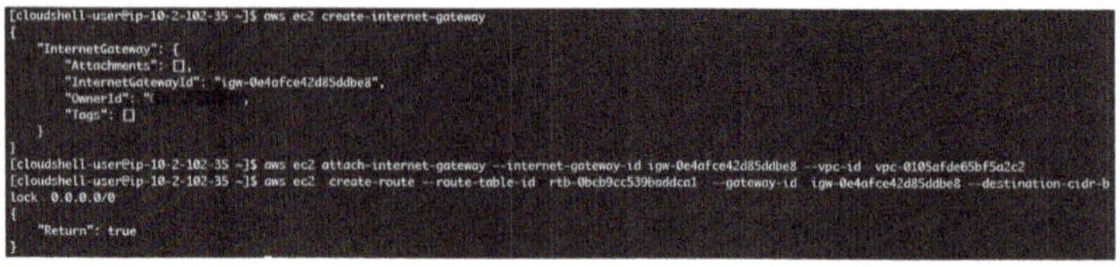

图 3-37　创建并配置 Internet 网关命令运行结果

其中，<Allocation_ID> 可从分配弹性 IP 地址命令运行后的输出中读出，<Subnet-ID> 为任一配置了通向 Internet 网关路由的子网 ID（如 CIDR 为 10.0.0.0/22 的子网）。

⑥运行如下命令，为私有子网路由表添加到 NAT 网关的路由：

```
aws ec2  create-route --route-table-id  <RouteTable2_ID> ----nat-gateway-id<NAT_ID>
--destination-cidr-block  0.0.0.0/0
```

其中，<NAT_ID> 可由创建 NAT 网关的命令运行后的输出中读出，结果如图 3-38 所示。

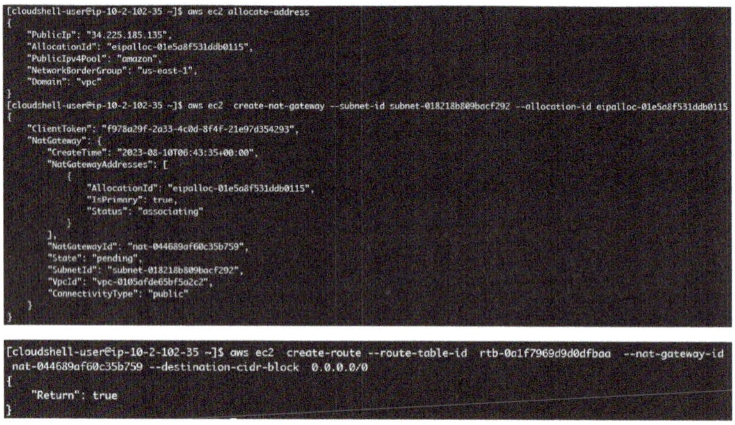

图 3-38　创建并配置 NAT 网关命令运行结果

若不想使用 NAT 网关，则可以换成配置 NAT 实例的方式。下面介绍如何配置 NAT 实例：

①运行如下命令，创建实例：

```
aws ec2 run-instances --image-id <NATAMI_ID>  --instance-type t2.micro --key-name
<KEYPAIR> --subnet-id <PUBLICSUBNET_ID>
```

其中，<NATAMI_ID> 为 AmazonWebServices 提供的 amzn-ami-vpc-nat AMI 的 ID 号（该 AMI 可在启动实例时选择 Amazon 系统镜像的页面中找到）。

②运行如下命令，分配弹性 IP 地址：

```
aws ec2 allocate-address
```

③运行如下命令，将弹性 IP 地址关联到 NAT 实例上：

```
aws ec2 associate-address --instance-id <Instance_ID> --allocation-id <Allocation_ID>
```

其中，<Instance_ID> 可从创建实例命令运行后的输出中读出。

④运行如下命令，创建 NAT 安全组：

```
aws ec2 create-security-group --description "NATSecurityGroup for NAT Instance"
--group-name NATSecurityGroup --vpc-id <VPC_ID>
```

NATSecurityGroup 入站规则见表 3-2。

表 3-2　NATSecurityGroup 入站规则

入站规则			
源	协议	端口范围	注释
10.0.8.0/21	TCP	80	允许来自私有子网服务器的入站 HTTP 数据流
10.0.8.0/21	TCP	443	允许来自私有子网服务器的入站 HTTPS 数据流
0.0.0.0/0	TCP	22	允许对 NAT 实例进行入站 SSH 访问（通过互联网网关）

⑤运行如下命令，创建安全组入站规则：

```
aws ec2 authorize-security-group-ingress \
   --group-id <Group_ID>\
   --protocol tcp \
   --port 80 \
   --cidr 10.0.8.0/21
aws ec2 authorize-security-group-ingress \
   --group-id <Group_ID>\
   --protocol tcp \
   --port 443 \
   --cidr 10.0.8.0/21
aws ec2 authorize-security-group-ingress \
   --group-id <Group_ID>\
   --protocol tcp \
   --port 22 \
   --cidr 0.0.0.0/0
```

其中，<Group_ID> 可从创建安全组命令运行后的输出中读出。

⑥禁用源 / 目标检查，每个 EC2 实例都会默认执行源 / 目标检查。这意味着实例必须为其发送或接收的数据流的源头或目标。但是，NAT 实例必须能够在源或目标并非其本身时发送和接收数据流。因此，必须禁用 NAT 实例的源 / 目标检查。

```
aws ec2 modify-instance-attribute --instance-id<Instance_ID> --source-dest-check
"{\"Value\": false}"
```

⑦更新私有子网的路由表，添加到 NAT 实例的路由：

```
aws ec2  create-route --route-table-id  <RouteTable_ID> --instance-id<Instance_ID>
--destination-cidr-block  0.0.0.0/0
```

自此，已经完成了 NAT 实例的配置，读者可以自行测试是否能通过 NAT 实例实现私有子网中实例的出站。

5）创建并配置子网的 ACL。

①获得默认 ACL 与子网关联的 NetworkAclAssociationId 值，运行如下命令：

```
aws ec2 describe-network-acls --filters "Name=vpc-id,Values=<VPC_ID>"
```

在输出中，可以看到默认 ACL 与四个子网的 NetworkAclAssociationId 项，如图 3-39 所示。

```
[cloudshell-user@ip-10-2-102-35 ~]$ aws ec2 describe-network-acls --filters "Name=vpc-id,Values=vpc-0105afde65bf5a2c2"
{
    "NetworkAcls": [
        {
            "Associations": [
                {
                    "NetworkAclAssociationId": "aclassoc-085d5ccb923960f43",
                    "NetworkAclId": "acl-06a8a7276c3ab863e",
                    "SubnetId": "subnet-04c7f2695e6638aab"
                },
                {
                    "NetworkAclAssociationId": "aclassoc-0a7b9fbf46c59d77b",
                    "NetworkAclId": "acl-06a8a7276c3ab863e",
                    "SubnetId": "subnet-04211040231ea1d56"
                },
                {
                    "NetworkAclAssociationId": "aclassoc-0996248fc34bbd17d",
                    "NetworkAclId": "acl-06a8a7276c3ab863e",
                    "SubnetId": "subnet-018218b809bacf292"
                },
                {
                    "NetworkAclAssociationId": "aclassoc-0fb0d9523f53b734d",
                    "NetworkAclId": "acl-06a8a7276c3ab863e",
                    "SubnetId": "subnet-0ea192d3483bf1ed3"
                }
            ],
```

图 3-39　ACL 信息显示结果

②运行如下命令，创建 ACL：

```
aws ec2 create-network-acl --vpc-id <VPC_ID>
```

此处可以执行两次该命令，创建出两个网络 ACL，分别用来关联公有子网和私有子网，结果如图 3-40 所示。

```
[cloudshell-user@ip-10-2-102-35 ~]$ aws ec2 create-network-acl --vpc-id  vpc-0105afde65bf5a2c2
{
    "NetworkAcl": {
        "Associations": [],
        "Entries": [
            {
                "CidrBlock": "0.0.0.0/0",
                "Egress": true,
                "IcmpTypeCode": {},
                "PortRange": {},
                "Protocol": "-1",
                "RuleAction": "deny",
                "RuleNumber": 32767
            },
            {
                "CidrBlock": "0.0.0.0/0",
                "Egress": false,
                "IcmpTypeCode": {},
                "PortRange": {},
                "Protocol": "-1",
                "RuleAction": "deny",
                "RuleNumber": 32767
            }
        ],
        "IsDefault": false,
        "NetworkAclId": "acl-0ceb3b3d36c0b2940",
        "Tags": [],
        "VpcId": "vpc-0105afde65bf5a2c2",
        "OwnerId": "            "
```

图 3-40　创建网络 ACL 命令运行结果

③用 replace_network_acl_association 命令修改公有子网和私有子网的网络 ACL 关联。结果如图 3-41 所示，按照这样的配置，两个公有子网与一个网络 ACL 关联，而两个私有子网则与另一个网络 ACL 关联。

```
[cloudshell-user@ip-10-2-102-35 ~]$ aws ec2 replace-network-acl-association --association-id aclassoc-0996248fc34bbd17d --network-acl-id acl-0ceb3b3d36c0b2
940
{
    "NewAssociationId": "aclassoc-0acf082ca4229d5b2"
}
[cloudshell-user@ip-10-2-102-35 ~]$ aws ec2 replace-network-acl-association --association-id aclassoc-0a7b9fbf46c59d77b --network-acl-id acl-0ceb3b3d36c0b2
940
{
    "NewAssociationId": "aclassoc-0e01a336c98f7386c"
}
[cloudshell-user@ip-10-2-102-35 ~]$ aws ec2 replace-network-acl-association --association-id aclassoc-085d5ccb923960f43 --network-acl-id acl-0155ecbe894b0e
48e
{
    "NewAssociationId": "aclassoc-0d40c2217755a0bcd"
}
[cloudshell-user@ip-10-2-102-35 ~]$ aws ec2 replace-network-acl-association --association-id aclassoc-0fb0d9523f53b734d --network-acl-id acl-0155ecbe894b0e
48e
{
    "NewAssociationId": "aclassoc-046c6814b43e38c10"
}
```

图 3-41　修改网络 ACL 与子网关联结果

④使用 aws ec2 create-network-acl-entry 命令分别为之前创建的两个网络 ACL 添加入站规则和出站规则，因规则较多，此处不展开详述。

公有子网 ACL 入站规则如图 3-42 所示。其中，规则 100 和 110 允许来自任意 IPv4 地址的入站 HTTP 和 HTTPS 流量；规则 120 和 130 配置的源为登录该子网实例所用主机的公有 IP 地址范围，若仅允许某个 IP 地址的主机登录，则可以写成 x.x.x.x/32 的形式；规则 140 允许来自 Internet 上的主机的入站返回流量，这些流量对应于源自子网的请求。

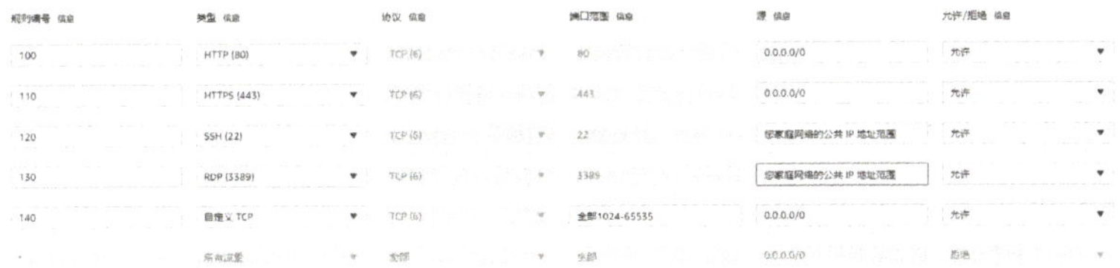

规则编号 信息	类型 信息	协议 信息	端口范围 信息	源 信息	允许/拒绝 信息
100	HTTP (80)	TCP (6)	80	0.0.0.0/0	允许
110	HTTPS (443)	TCP (6)	443	0.0.0.0/0	允许
120	SSH (22)	TCP (6)	22	您家庭网络的公共 IP 地址范围	允许
130	RDP (3389)	TCP (6)	3389	您家庭网络的公共 IP 地址范围	允许
140	自定义 TCP	TCP (6)	全部1024-65535	0.0.0.0/0	允许
*	所有流量	全部	全部	0.0.0.0/0	拒绝

图 3-42　公有子网 ACL 入站规则

公有子网 ACL 出站规则如图 3-43 所示。其中，规则 100 和 110 允许 HTTP 和 HTTPS 流量流向 Internet；规则 120 配置允许访问数据库服务器的端口，不同的数据库端口是不一样的，MS SQL 为 1433，MySQL/Aurora 为 3306、PostgreSQL 为 5432、Oracle 为 1521；规则 130 允许对 Internet 客户端进行出站响应（例如，向访问子网中的 Web 服务器的人员提供网页）；规则 140 允许对私有子网中的实例进行出站 SSH 访问。

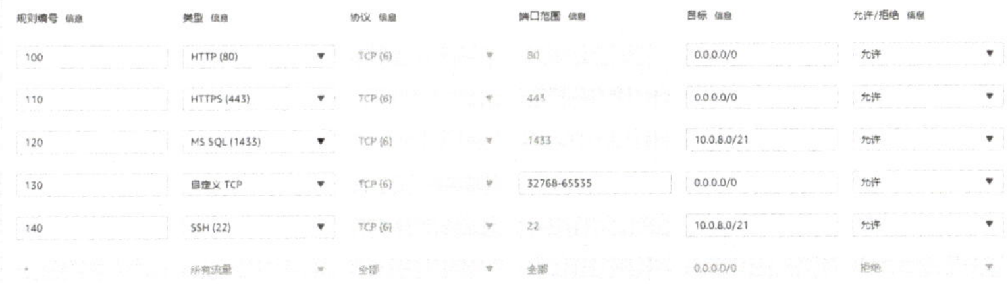

规则编号 信息	类型 信息	协议 信息	端口范围 信息	目标 信息	允许/拒绝 信息
100	HTTP (80)	TCP (6)	80	0.0.0.0/0	允许
110	HTTPS (443)	TCP (6)	443	0.0.0.0/0	允许
120	MS SQL (1433)	TCP (6)	1433	10.0.8.0/21	允许
130	自定义 TCP	TCP (6)	32768-65535	0.0.0.0/0	允许
140	SSH (22)	TCP (6)	22	10.0.8.0/21	允许
*	所有流量	全部	全部	0.0.0.0/0	拒绝

图 3-43　公有子网 ACL 出站规则

私有子网 ACL 入站规则如图 3-44 所示。其中，规则 100 允许公有子网中的 Web 服务器读写私有子网中的 MS SQL 服务器（同理，可根据不同的数据库配置不同的端口）；规则 110 允许来自公有子网的 SSH 堡垒实例的入站 SSH 流量；规则 120 允许从公有子网中的 NAT 设备返回的入站流量，以处理源于私有子网的请求。

规则编号 信息	类型 信息	协议 信息	端口范围 信息	源 信息	允许/拒绝 信息
100	MS SQL (1433)	TCP (6)	1433	10.0.0.0/21	允许
110	SSH (22)	TCP (6)	22	10.0.0.0/21	允许
120	自定义 TCP	TCP (6)	1024-65535	0.0.0.0/0	允许
*	所有流量	全部	全部	0.0.0.0/0	拒绝

图 3-44　私有子网 ACL 入站规则

私有子网 ACL 出站规则如图 3-45 所示。其中，规则 100 和 110 允许 HTTP 和 HTTPS 流量流向 Internet；规则 120 允许对公有子网的出站响应（例如，响应与私有子网中的数据库服务器通信的公有子网中的 Web 服务器）。

规则编号 信息	类型 信息	协议 信息	端口范围 信息	目标 信息	允许/拒绝 信息
100	HTTP (80)	TCP (6)	80	0.0.0.0/0	允许
110	HTTPS (443)	TCP (6)	443	0.0.0.0/0	允许
120	自定义 TCP	TCP (6)	32768-65535	10.0.0.0/21	允许
*	所有流量	全部	全部	0.0.0.0/0	拒绝

图 3-45　私有子网 ACL 出站规则

至此，整个 VPC 的搭建工作便完成了。读者有兴趣的话，可以在该 VPC 上进一步部署配置 Web 服务器及数据库服务器，完成一个典型的云上 Web 系统的构建。

习题

一、单选题

1. 关于 VPC，下列说法中正确的是（　　）。
   A）VPC 可以跨区域存在
   B）创建 VPC 时，必须配置 CIDR
   C）VPC A 与 VPC B 已建立对等连接，VPC B 与 VPC C 已建立对等连接，则 VPC A 与 VPC C 自动建立对等连接
   D）默认 VPC 也可以由用户配置 CIDR
2. 关于子网，下列说法中错误的是（　　）。
   A）子网不可以跨可用区存在
   B）不同子网可以共用一个路由表
   C）私有子网里的实例可以被互联网访问
   D）公有子网里的实例可以被互联网访问
3. 关于安全组，下列说法正确的是（　　）。
   A）默认情况下，安全组拒绝所有出站流量
   B）安全组的作用范围可以跨越 VPC
   C）在启动实例之后，不可更换与该实例关联的安全组
   D）安全组是有状态的
4. 关于网络 ACL，下列说法错误的是（　　）。
   A）网络 ACL 作用于一个 VPC
   B）网络 ACL 是无状态的
   C）网络 ACL 可以配置允许和拒绝的规则
   D）网络 ACL 的规则有编号
5. 关于路由表，下列说法错误的是（　　）。
   A）VPC 创建之初，会自带一张默认路由表
   B）每个子网只能关联一张路由表
   C）路由表里一定至少有一条规则
   D）子网中的实例想访问互联网，子网关联的路由表里必须有到 Internet 网关的路由

二、判断题

1. CIDR 网络前缀部分的长度 n 的值越大，说明可供使用的 IP 地址越多。（　　）
2. 公有子网和私有子网的区别仅体现在其路由表的配置上。（　　）
3. NAT 网关是高可用的服务。（　　）
4. 堡垒主机的作用主要是作为私有子网实例访问外网的代理。（　　）
5. 安全组规则中的源地址可以是安全组。（　　）

单元四

数据库运维

单元情景

与其他云服务一样，云数据库与传统数据库相比具有显著的成本优势。因此，小张所在的公司也开始考虑将数据库迁移到云上。公司运维部决定让小张从关系数据库的迁移开始。关系数据库的典型任务是在应用中存储和查询商品信息、账户信息、交易记录等结构化数据，许多应用程序都搭建在MySQL、Oracle或者Microsoft SQL Server这样的关系数据库上。

在本地或在云服务器上搭建关系数据库需要大量的时间和技能，运维人员还需手动执行数据库维护任务（如备份、补丁安装和升级）。Amazon RDS是一项完全托管的关系数据库服务，可以在不进行任何持续管理的情况下设置、运营和扩展关系数据库。因此，小张将学习使用Amazon RDS服务创建数据库，并将运行在本地的WordPress博客的MySQL数据库迁移到Amazon RDS。

单元概要

本单元将使用Amazon RDS启动一个MySQL数据库实例。当基于Amazon RDS的MySQL数据库实例运行起来以后，将学习如何导入、备份和恢复数据。在此过程中，将了解如何使用亚马逊云科技管理控制台创建Amazon RDS数据库，使用AmazonWebServices CLI访问Amazon RDS数据库并与之交互，使用AmazonWebServices CLI向在Amazon EC2实例上运行的应用程序授予数据库访问权限。

学习目标

- 了解Amazon RDS的基本组件。
- 会创建用于数据库实例的VPC安全组和数据库子网组。
- 会在Amazon RDS上创建和使用数据库。
- 掌握导入数据、备份和恢复数据的方法。
- 掌握监控数据库实例的方法。

项目一 使用 Amazon RDS 创建数据库

当运行自己的关系数据库时，需要负责若干管理任务，如服务器维护和能源消耗、软件安装和修补以及数据库备份。还需确保高可用、计划可扩展、数据安全，以及操作系统的安装和修补。

为了解决运行非托管的独立关系数据库所面临的挑战，AmazonWebServices 提供了一种完全托管的服务——Amazon Relational Database Service（Amazon RDS）。它提供经济高效的可调容量，同时会自动执行耗时的管理任务。AmazonWebServices 负责管理操作系统和数据库软件的安装、修补、自动备份，并实现高可用性。此外，AmazonWebServices 还会扩展资源、管理电源和服务器，并进行维护。采用 Amazon RDS 后，主要关注点变成了数据和应用程序优化。Amazon RDS 使用户能够专注于应用程序，为应用程序提供所需的性能、高可用性、安全性和兼容性。

Amazon RDS 可减少用户的运营工作负载，并降低与关系数据库相关的成本。在使用 Amazon RDS 之前，将首先了解一些关于 Amazon RDS 的详细信息。

任务一 了解 Amazon RDS 的特性

Amazon RDS 的基本构建块是数据库实例。数据库实例是一个隔离的数据库环境，可以包含多个用户创建的数据库。用户可以创建多个实例，每个实例之间相互独立、资源隔离，不存在抢占 CPU、内存、IOPS 等问题。

当选择创建数据库实例时，必须首先指定要运行的数据库引擎。Amazon RDS 当前有六个数据库引擎可供选择，包括 Microsoft SQL Server、Oracle、MySQL、PostgreSQL、Amazon Aurora 和 MariaDB。Amazon Aurora 是与 MySQL 和 PostgreSQL 兼容的关系数据库，专为云而打造，性能和可用性与商用数据库相当，成本只有其 1/10。它既具有传统企业级数据库的性能和可用性，又具有开源数据库的简单性和成本效益。有关 Aurora 的更多知识，请参阅 https://aws.amazon.com/cn/rds/aurora/。

Amazon RDS 可用于多种数据库实例类型，这些实例类型针对不同类型的工作负载进行了优化。数据库实例中的资源由其数据库实例类型决定，而存储类型则由磁盘类型决定。T 系列实例类型提供基准水平的 CPU 性能，而且能满足临时有短时间突增 CPU 的需求。例如，T3 实例可均衡计算、内存和网络资源，非常适用于 CPU 使用率偏低但使用量可能临时激增的数据库工作负载。M 系列实例是另一种通用选项，但 M 系列为 CPU 密集型工作负载提供了更多的选择。对于开源或企业应用中的中小型数据库，M 实例是不错的选择。R 系列实例针对内存密集型数据库工作负载进行了优化。不同的数据库实例和存储，性能特点和价格各不相同，可以根据数据库的需求自行规划性能和成本。

通常使用 Amazon Virtual Private Cloud（Amazon VPC）运行数据库实例，可以选择自己的 IP 地址范围、创建子网、配置路由和访问控制列表（ACL），让虚拟联网环境完全由自己掌控。通常情况下，数据库实例被部署在私有子网中，并且只能由指定的应用程序实例直接访问，如图 4-1 所示。VPC 中的子网与单个可用区相关联，因此当选择子网时，也是在为数据库实例选择可用区。

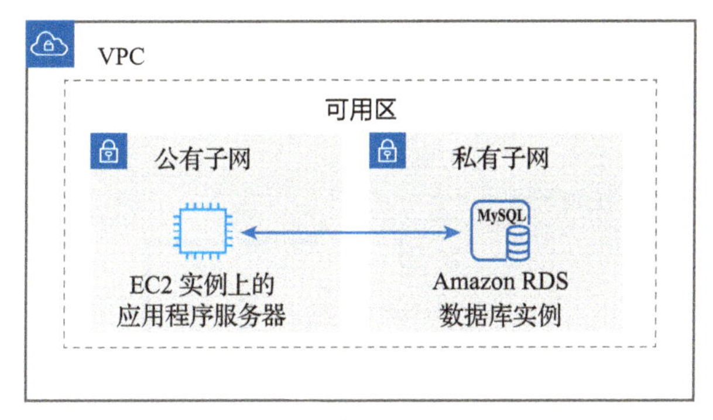

图 4-1　VPC 中的 Amazon RDS

Amazon RDS 最强大的功能之一是能够通过实施多可用区的方法提供高可用性。可以在创建 Amazon RDS 数据库实例时选择“多可用区部署（Multi-AZ deployment）”选项，Amazon RDS 会自动在第二个可用区中创建数据库副本以实现高可用性。Amazon RDS 会自动在不同可用区中预置和维护同步备用实例。如图 4-2 所示，主数据库实例将跨可用区同步复制到备用实例，以提高整个 RDS 数据库实例的可用性。

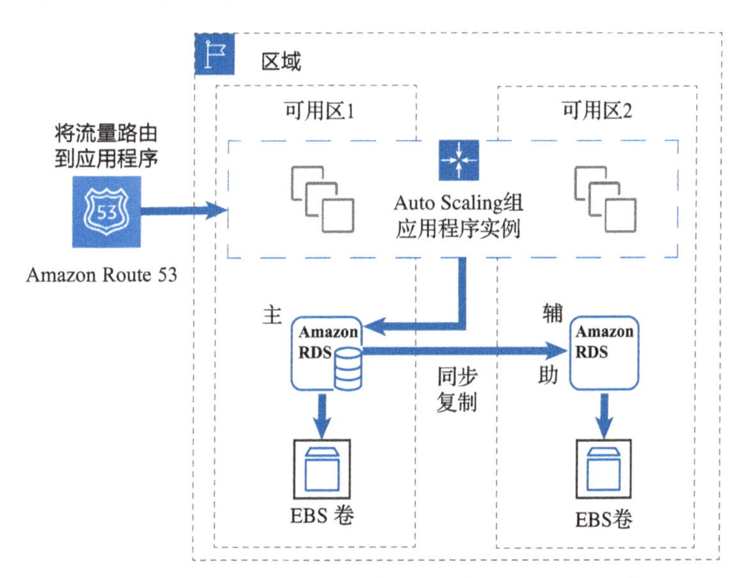

图 4-2　Amazon RDS 通过多可用区部署实现高可用性

Amazon RDS 可保护数据库免受数据库实例故障和可用区中断的影响。它还能提高数据库实例的可用性和持久性，使其成为生产环境数据库的不错选择。如果基础设施出现故障，那么 Amazon RDS 会将故障自动转移到备用实例。故障转移后，数据库实例的终端节点维持不变，因此应用程序可在没有手动管理干预的情况下恢复数据库操作。故障转移条件包括主可用区失去可用性、与主数据库的网络连接断开、主实例上的计算单位故障或存储故障。

除此之外，Amazon RDS 还能够使用源数据库实例创建一种称为只读副本的特殊类型的数据库实例——Amazon RDS Read Replicas。Amazon RDS 可复制源数据库实例中的所有数据库，对源数据库实例的更新将异步复制到只读副本。

如图 4-3 所示，只读副本是仅允许只读连接的数据库实例，应用程序可按其连接到任何数据库实例的方式连接到只读副本。如果需要严格的先写后读一致性，即读取的内容始终是刚写入的内容，则应从主数据库实例中读取。否则，可以分配负载，并从只读副本中读取。

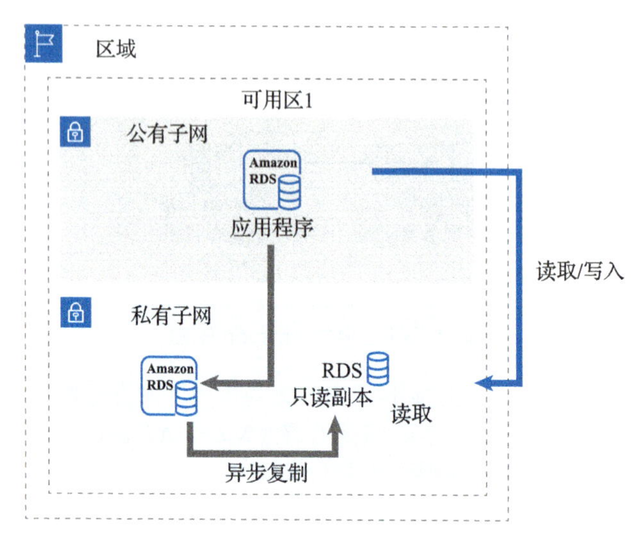

图 4-3　Amazon RDS 使用只读副本提高性能

使用只读副本可以提高性能。例如，可以通过将只读查询从应用程序路由到只读副本来减少源数据库实例的负载。只读副本还可以提高可用性。对于读取量较大的数据库工作负载，可以进行弹性扩展，使其超越单个数据库实例的容量限制。用户可以为给定的源数据库实例创建一个或多个副本，利用多份数据副本满足大量应用程序读取流量的需求，以此增加总读取吞吐量。只读副本在需要时还能升级成独立的数据库实例。

Amazon RDS for MySQL、MariaDB、PostgreSQL、Oracle 和 SQL Server 以及 Amazon Aurora 均可提供只读副本。对于 MySQL、MariaDB、PostgreSQL、Oracle 和 SQL Server 数据库引擎，Amazon RDS 使用源数据库实例快照创建第二个数据库实例。在源数据库实例发生更改时，使用引擎的原生异步复制功能更新只读副本。Amazon Aurora 通过部署专为数据库工作负载构建的 SSD 支持虚拟存储层，进一步扩展了只读副本的优势。Amazon Aurora 副本与源实例共用同一个底层存储，从而降低成本并消除将数据复制到副本节点的需求。

任务二　创建用于数据库实例的 VPC 安全组

一个常见的 Amazon RDS 方案是具有一个 VPC，其中有一个带有面向公众的 Web 应用程序的 EC2 实例及一个带有不能公开访问的数据库的数据库实例。如图 4-1 所示，用户可创建包含公有子网和私有子网的 VPC。可将充当 Web 服务器的 Amazon EC2 实例部署在公有子网中，将数据库实例部署在私有子网中。在此部署方案中，只有 Web 服务器才能访问数据库实例。

当在 VPC 中启动数据库实例时，该数据库实例具有用于 VPC 内流量的私有 IP 地址。此私有 IP 地址不可公开访问。对数据库实例的访问依赖于分配给该数据库实例的安全组，如果安全组不允许其公开访问，即不允许。下面是一些有关在 VPC 中使用数据库实例的提示：

- 用于数据库实例的 VPC 必须至少有两个子网。这些子网必须位于要部署数据库实例的 AmazonWebServices 区域中两个不同的可用区。每个子网都必须包含足够大的 CIDR 数据块，以便在维护活动（包括故障转移和扩展计算）期间有可供 Amazon RDS 使用的备用 IP 地址。

- 用于数据库实例的 VPC 必须具有允许访问数据库实例的 VPC 安全组。
- 用于数据库实例的 VPC 必须具有创建的数据库子网组。可通过指定创建的子网来创建数据库子网组，Amazon RDS 会选择要与数据库实例关联的子网和该子网中的 IP 地址。数据库实例使用包含该子网的可用区。

本任务主要介绍如何在 VPC 中使用 Amazon RDS 数据库实例。

任务三 创建数据库子网组

（1）为什么要使用数据库子网组

子网是指定的用来根据安全和操作对资源进行分组的 VPC 的 IP 地址范围段。数据库实例位于特定的 VPC 中。数据库子网组是在 VPC 中创建并随后指定给数据库实例的子网（通常为私有子网）集合。使用数据库子网组，可以在使用 CLI 或 API 创建数据库实例时指定特定 VPC。

每个数据库子网组都应包含给定 AmazonWebServices 区域中至少两个可用区的子网。在 VPC 中创建数据库实例时，必须选择一个数据库子网组。从数据库子网组中，Amazon RDS 会选择要与数据库实例关联的子网和该子网中的 IP 地址。数据库实例使用包含该子网的可用区。

数据库子网组中的子网要么是公有子网，要么是私有子网（通常为私有子网）。它们不能是公有子网和私有子网的组合。

（2）如何创建数据库子网组

打开亚马逊云科技管理控制台，选择 RDS 服务后，进入 Amazon RDS 服务的界面，在左侧导航中选择“子网组”。单击页面右上角的“创建数据库子网组”按钮，在创建数据库子网组页面中设置子网组详细信息：

- 对于名称，输入数据库子网组的名称。
- 对于描述，输入数据库子网组的描述。
- 对于 VPC，选择已创建的 VPC。
- 在添加子网部分中，从可用区中选择包含子网的可用区，然后从子网中选择子网。

单击页面底部的“创建”按钮，新数据库子网组就显示在 RDS 控制台的数据库子网组列表中。可单击该数据库子网组，在窗口底部的详细信息窗格中查看详细信息，其中包括与该组关联的所有子网。在创建 Amazon RDS 数据库实例时，可选择为该 VPC 创建的数据库子网组。

任务四 创建 Amazon RDS for MySQL 数据库实例

可以利用亚马逊云科技管理控制台、Amazon RDS 命令行界面或者简单的 API 调用在几分钟之内创建 Amazon RDS 数据库。为了更清晰地了解 Amazon RDS 的基本构建块，在下面的步骤中，将使用亚马逊云科技管理控制台创建 MySQL 数据库实例。打开亚马逊云科技管理控制台，选择 RDS 服务后进入 Amazon RDS 服务的界面，单击“创建数据库”按钮将启动数据库创建向导，开启创建数据库的步骤。

1）引擎选项。引擎选项指定要运行的数据库引擎。Amazon RDS 当前支持六种常见的数据库引擎：MySQL、Amazon Aurora、Microsoft SQL Server、PostgreSQL、MariaDB 和 Oracle。这里选择标准创建，并选择 MySQL 引擎。

2）模板选项。“数据库创建向导”包含模板，可以更轻松地配置 Amazon RDS 数据库的设置。有三个示例模板选项：生产、开发 / 测试、免费套餐。如果需要创建的是用于生产环境的数据库实例，则可以使用生产模板。默认情况下，它将给用户提供通过两个可用区部署的高可用性数据库实例。如果需要的是生产环境之外用于开发或测试的数据库实例，则可以使用开发 / 测试模板。

3）可用性和持久性部分。该部分决定是否创建备用实例。备用实例是发生故障时可用的数据副本。它与 Amazon RDS 数据库位于同一 AWS 区域的不同可用性区域，以限制单个数据中心内故障的影响。如果运行的生产数据库需要正常运行时间，那么建议使用备用实例。这里将使用单个数据库实例，可在模板部分选择开发 / 测试选项或者免费套餐选项。

4）设置部分。该部分为数据库实例指定名称并设置主用户名和密码。数据库实例标识符即数据库实例的名称，必须在当前 AmazonWebServices 区域的 AmazonWebServices 账户拥有的数据库实例中唯一。Amazon RDS 可以自动生成密码，用户也可以指定自己的密码。注意，不要自动生成此密码，应指定自己的密码并确保记下密码，需要密码才能连接到数据库并创建其他用户。

5）实例配置选项。该选项可根据估计的容量选择数据库实例大小。如果在 Amazon EC2 上管理自己的数据库，则可以将当前的 Amazon EC2 实例大小与 Amazon RDS 实例大小进行比较。如图 4-4 所示，为了选择适用于测试或小型应用程序的小型实例类型，“包括上一代类”开关开启后，会默认选中“db.t2.micro”实例类，它包含在 AmazonWebServices 免费套餐内。如果想在将来增加或减少数据库实例大小，那么 Amazon RDS 可以轻松做到这一点。但是，更改数据库大小可能会导致出现一些停机时间。

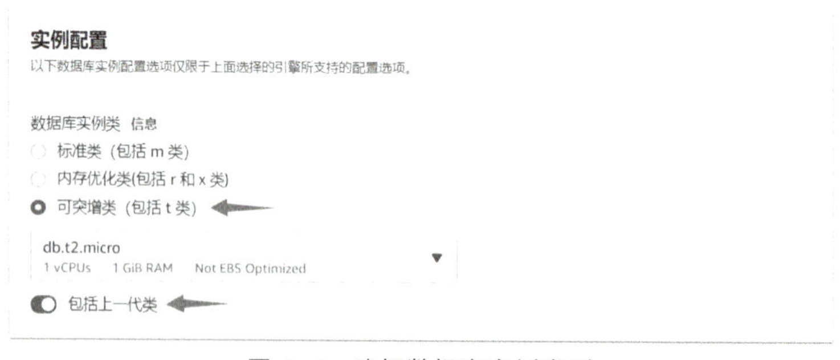

图 4-4　选择数据库实例类型

6）存储选项。Amazon RDS 中推荐的存储选项有两种：通用型和预置 IOPS。对于通用型存储，每 1GiB 存储都将获得 3 个 IOPS，即 100GiB 的存储将具有 300IOPS。此外，还可以接收高达 3000IOPS 的突发容量。默认的存储类型和存储大小分别为通用型 SSD（gp2）、20GB。可以将 IOPS 与存储容量分开调配，这可调整存储和操作设置以满足用户的需要。此外，还可以启用存储自动缩放。使用存储自动缩放功能，当数据库即将耗尽可用磁盘空间时，Amazon RDS 会自动增加存储容量。

7）连接部分。在该部分，必须指定数据库所在的 VPC，以及数据库实例的数据库子网组和 VPC 安全组。选择用于应用程序的同一 VPC（如图 4-1 所示），应用程序与数据库实例在同一 VPC 中。这里选择已创建的数据库子网组；公开访问设置为否，RDS 将不会向数据库分配公有 IP 地址，只有 VPC 内的 Amazon EC2 实例可以连接到该数据库实例。这里选择已创建的为私有访问配置的 VPC 安全组（VPC 安全组选择现有，取消选择默认安全组）。展开其他配置，确保数据库端口使用默认值 3306。

8）数据库身份验证选项。MySQL 数据库传统上允许使用用户名和密码进行身份验证，Amazon RDS 上的 MySQL 还允许使用 IAM 进行身份验证。这可以轻松地与应用程序集成，并消除凭证轮换的需要。对于某些 MySQL 版本，还可以进行 Kerberos 身份验证与 AWS 管理的 Microsoft Active Directory 连接。建议同时允许密码和 IAM 数据库身份验证。如果只想从密码身份验证开始，则可以稍后添加 IAM 数据库身份验证，但更改数据库身份验证方式会导致数据库实例停机。

9）打开其他配置部分，输入初始数据库名称。如果在创建数据库实例时未设置初始数据库名称，则不会在数据库实例中创建任何数据库。如果后续要将已有数据库导入此 RDS 数据库实例，则可不设置初始数据库名称。还可以设置一些其他选项，包括备份、监视、维护和自动升级的设置。默认设置适用于大多数情况，应检查它们以确保符合自己的需要。

10）数据库创建向导的末尾显示了数据库实例的每月估计成本。在创建数据库页面的底部，单击“创建数据库”按钮，可创建 MySQL 数据库实例。

此时，新数据库实例显示在数据库列表中，状态为正在创建。Amazon RDS 正在配置基础架构并初始化该数据库，数据库可能需要几分钟才能启动。当数据库准备好使用时，其状态为可用。

由上述创建数据库实例的步骤可知，在创建数据库实例时，需要对与数据库实例有关的多个参数进行设置。创建数据库实例的 CLI 命令及常用参数格式如下：

```
aws rds create-db-instance
[--db-name <value>]
--db-instance-identifier <value>
--db-instance-class <value>
--engine <value>
[--master-username <value>]
[--master-user-password <value>]
[--vpc-security-group-ids <value>]
[--availability-zone <value>]
[--db-subnet-group-name <value>]
[--port <value>]
[--multi-az | --no-multi-az]
[--engine-version <value>]
[--storage-type <value>]
```

其中，--db-instance-identifier、--db-instance-class 和 --engine 为必选项，分别指的是数据库实例标识符、实例类型和数据库引擎。其他常用的参数还有主用户名、主密码、VPC 安全组、数据库子网组等。

使用 Amazon RDS 数据库实例

为了保证数据库的安全，通常将数据库实例隔离在私有子网中，并且只能由指定的应用程序服务器访问。在本项目中，将与数据库实例在同一个 VPC 内的 EC2 实例连接到已创建的数据库实例，然后将本地数据导入数据库实例。

首先，我们在已创建的 Amazon RDS for MySQL 数据库实例所在的 VPC 内启动一个 Amazon EC2 实例，作为应用程序服务器。

任务一　连接到 Amazon RDS for MySQL 数据库实例

我们将通过 EC2 实例连接到 Amazon RDS for MySQL 数据库实例，并运行一些配置命令。在下面的步骤中将使用 AmazonWebServices CLI 来进行操作。

1）使用 PuTTY 连接到 EC2 实例。

2）为了将当前 EC2 实例连接到数据库实例并与之交互，在终端中运行以下命令来安装 MySQL 客户端。

```
sudo yum install -y mysql
```

3）在终端中使用以下 AmazonWebServices CLI 命令查找 RDS 数据库的主机名，<mydbinstance> 为已创建的数据库实例标识符。

```
aws rds describe-db-instances \
--db-instance-identifier <mydbinstance>
```

在 describe-db-instances 命令的输出中，主机名为“Endpoint”下的“Address”的值，复制此主机名。也可以在 Amazon 管理控制台的 RDS 数据库的详细信息中查看数据库实例的主机名，主机名在“连接性和安全性”选项卡中显示为终端节点。复制终端节点，如“inventory-db.****.rds.****.amazonaws.com”。

4）在终端中运行以下命令，以连接到数据库实例。其中，<user> 为在创建数据库实例时配置的主用户名（如 admin），<rds-endpoint> 为数据库实例的终端节点（主机名）。运行命令后，它将提示输入数据库实例的密码，在创建数据库实例时定义了此密码。连接成功后，终端将显示已连接到 Amazon RDS for MySQL 数据库，如图 4-5 所示。

```
mysql -u <user>-p -h<rds-endpoint>
```

```
[ec2-user@ip-10-0-0-184 ~]$ mysql -u admin -p -h inventory-db          us-ea
st-1.rds.amazonaws.com
Enter password:
Welcome to the MariaDB monitor.  Commands end with ; or \g.
Your MySQL connection id is 15
Server version: 8.0.23 Source distribution

Copyright (c) 2000, 2018, Oracle, MariaDB Corporation Ab and others.

Type 'help;' or '\h' for help. Type '\c' to clear the current input statement.

MySQL [(none)]>
```

图 4-5　成功连接到 Amazon RDS for MySQL 数据库实例

5）在 MySQL 下运行 show databases；命令，会显示图 4-6 所示的输出，其中，inventory 为创建 Amazon RDS 数据库实例时设置的初始数据库名称。如果在创建数据库实例时未设置初始数据库名称，那么用户将只看到其他 4 个系统自带库（information_schema、mysql、performance_schema、sys）。

```
MySQL [(none)]> show databases;
+--------------------+
| Database           |
+--------------------+
| information_schema |
| inventory          |
| mysql              |
| performance_schema |
| sys                |
+--------------------+
5 rows in set (0.01 sec)

MySQL [(none)]>
```

图 4-6　还没导入数据的数据库

这里尚未导入任何数据，要断开连接，请运行“exit;”命令。

任务二　将数据导入 Amazon RDS for MySQL 数据库

如果应用程序已经在 MySQL 数据库的基础上运行，那么可以将数据轻松迁移到 Amazon RDS。通常只需执行以下操作即可将数据迁移到 Amazon RDS。

第一步：使用所需的计算和存储容量以及访问控制，创建一个 Amazon RDS 数据库实例。

第二步：将已有数据库文件导入 Amazon RDS 数据库实例。

第三步：在应用程序配置文件中更新数据库连接字符串。

要从本地数据库导出数据，可以使用 MySQL 提供的 mysqldump 命令。运行以下命令可将基于终端的 MySQL 数据库导出到文件 DbDump.sql，其中 <db_name> 为要导出数据的数据库名称：

```
mysqldump --databases <db_name> -u root -p > DbDump.sql
```

现在假设已将数据库文件 DbDump.sql 上传至 Amazon EC2 实例上，那么可以通过以下步骤将 DbDump.sql 文件导入 Amazon RDS for MySQL 数据库实例：

1）使用 PuTTY 连接到 EC2 实例。

2）运行以下命令来导入数据库文件，其中，<user> 为在创建数据库实例时配置的主用户名（如 admin），<rds-endpoint> 为数据库实例的终端节点（主机名）。

```
mysql -u <user> -p -h<rds-endpoint>< DbDump.sql
```

在密码提示符处输入数据库实例的密码。如果没有看到任何错误，则该命令运行成功。

3）运行以下命令，连接到 Amazon RDS for MySQL 数据库实例：

```
mysql -u <user> -p -h <rds-endpoint>
```

在密码提示符处输入数据库实例的密码。

4）连接成功后，终端将显示已连接到 Amazon RDS for MySQL 数据库。要确认数据已导入，可在 MySQL 下运行以下命令：

```
show databases;
```

此时将看到刚才导入的数据库出现在数据库列表中。

5）运行以下命令来确认数据库中表的数据，其中，<db_name> 为已导入的数据库名称，<tb_name> 为已导入数据库中的表名称：

```
use <db_name>;
show tables;
select * from <tb_name>;
```

确认数据导入成功之后，应用程序就可以使用 Amazon RDS for MySQL 数据库了。由于数据库连接信息已更改，因此必须在应用程序配置文件中更新数据库连接字符串，如数据库实例的终端节点（主机名）、用户名、密码。

任务三　使用 IAM 数据库身份验证

用户可以使用 IAM 用户或角色凭证以及身份验证令牌连接到 Amazon RDS 数据库实例。IAM 数据库身份验证比原生身份验证方法（使用数据库实例的终端节点、用户名、密码来连接数据库）更安全，这是因为：

- IAM 数据库身份验证令牌是使用 Amazon Web Services 访问密钥生成的，不需要存储数据库用户凭证。
- 身份验证令牌的生命周期为 15min，因此不需要进行密码重置。
- IAM 数据库身份验证需要安全套接字层（SSL）连接，与数据库实例之间传输的所有数据都将经过加密。

对于在 Amazon EC2 上运行的应用程序，可以使用 EC2 实例特定的配置文件凭证访问数据库以提高安全性，而不是使用密码。

IAM 数据库身份验证可用于以下 MySQL 数据库引擎：

MySQL 8.0，次要版本 8.0.16 或更高版本；

MySQL 5.7，次要版本 5.7.16 或更高版本；

MySQL 5.6，次要版本 5.6.34 或更高版本。

要使用 IAM 角色设置 IAM 数据库身份验证，可按照以下步骤操作：

1）在数据库实例上启用 IAM 数据库身份验证。

默认情况下会对数据库实例禁用 IAM 数据库身份验证。要更新现有的数据库实例以使用或不使用 IAM 身份验证，可使用 Amazon Web Services CLI 命令 modify-db-instance。用户可根据需要指定 --enable-iam-database-authentication 或 --no-enable-iam-database-authentication 选项。以下示例说明了如何立即为现有数据库实例启用 IAM 身份验证。

```
aws rds modify-db-instance \
--db-instance-identifier <mydbinstance> \
--apply-immediately \
--enable-iam-database-authentication
```

2）创建一个使用 Amazon Web Services 身份验证令牌的数据库用户账户。

在终端中运行以下命令以连接到 Amazon RDS for MySQL 数据库实例。其中，<user> 为在创建 RDS 数据库实例时配置的主用户名（如 admin），<rds-endpoint> 为数据库实例的终端节点（主机名）。

```
mysql -u <user>-p -h<rds-endpoint>
```

运行命令后，它将提示输入数据库实例的密码。

连接成功后，终端将显示已连接到 Amazon RDS for MySQL 数据库。在 MySQL 下运行以下命令，创建一个使用 Amazon Web Services 身份验证令牌而不是密码的数据库用户账户：

```
CREATE USER <db_user> IDENTIFIED WITH AWSAuthenticationPlugin as 'RDS';
```

可运行“exit;”命令关闭 MySQL，退出数据库实例。

3）添加一个 IAM 策略以将数据库用户 <db_user> 映射到 IAM 角色。

创建策略，允许对所需用户执行 rds-db:connect 操作。以下示例策略允许 IAM 用户使用 IAM 数据库身份验证连接到数据库实例。应务必使用用户的数据库资源详细信息来编辑资源值，如数据库实例标识符和数据库用户名。

```
{
"Version": "2012-10-17",
"Statement": [
        {
"Effect": "Allow",
"Action": [
"rds-db:connect"
            ],
"Resource": [
"arn:aws:rds-db:us-east-2:123456789012:dbuser:db-ABCDEFGHIJKL01234/db_user"
            ]
        }
    ]
}
```

4）将 IAM 角色附加到 Amazon EC2 实例。

创建角色，选择使用案例为 EC2，查找在添加一个映射到数据库用户的 IAM 策略时创建的 IAM 策略。选择将用于连接到 Amazon RDS 的 EC2 实例，附加新创建的 IAM 角色至 EC2 实例。

5）生成一个 Amazon Web Services 身份验证令牌以标识该 IAM 角色。

使用 PuTTY 连接到 EC2 实例。运行以下 AmazonWebServices CLI 命令以生成身份验证令牌。

```
aws rds generate-db-auth-token --hostname <rds_endpoint> --port 3306 --username
<db_user>
```

复制并存储此身份验证令牌以备将来使用。创建 15min 后，此令牌将过期。令牌的前几个字符与以下内容类似：

```
rdsmysql.123456789012.us-west-2.rds.amazonaws.com:3306/?Action=connect&DBUser=jane_
doe&X-Amz-Algorithm=AWS4-HMAC-SHA256&X-Amz-Expires=900...
```

6）下载 SSL 根证书文件或证书捆绑包文件。

运行以下命令来下载适用于所有区域的根证书：

```
wget https://s3.amazonaws.com/rds-downloads/rds-ca-2019-root.pem
```

注意： 如果你的应用程序不接受证书链，则可运行以下命令来下载证书捆绑包：

```
wget https://s3.amazonaws.com/rds-downloads/rds-combined-ca-bundle.pem
```

7）使用 IAM 角色凭证和身份验证令牌或 SSL 证书来连接到数据库实例。

身份验证令牌包含几百个字符，很难使用命令行对其进行处理。可以将令牌保存到一个环境变量中，然后在连接时使用此变量。以下示例先将终端节点和令牌都设置成环境变量，再使用令牌连接到数据库实例。

```
RDSHOST="rdsmysql.123456789012.us-west-2.rds.amazonaws.com"
TOKEN="$(aws rds generate-db-auth-token --hostname $RDSHOST --port 3306 --region us-west-2 --username db_user )"
mysql --host=$RDSHOST --port=3306 --ssl-ca=/sample_dir/rds-ca-2019-root.pem --enable-cleartext-plugin --user=db_user --password=$TOKEN
```

--ssl-ca 是包含公有密钥的 SSL 证书文件，如果下载的是证书捆绑包文件，则修改为 --ssl-ca=/sample_dir/rds-combined-ca-bundle.pem。

--enable-cleartext-plugin 是一个指定 AWSAuthenticationPlugin 必须用于此连接的值。如果使用的是 MariaDB 客户端，则无需 --enable-cleartext-plugin 选项。

--user 是指要访问的数据库账户。

--password 是指已签名的 IAM 身份验证令牌。

备份还原 Amazon RDS 数据库实例

虽然 Amazon RDS 是一个托管的服务，但是仍然需要备份数据，以便能在数据被损坏的情况下及时恢复数据，也可以在需要的时候复制一个数据库到同一个区域或者其他区域。每个区域的 Amazon RDS 备份存储都由该区域的自动备份和手动数据库快照组成。Amazon RDS 将自动备份产生的快照称为系统快照，将手动备份产生的快照称为手动快照。Amazon RDS 创建数据库实例的存储卷快照，并备份整个数据库实例，而不仅是单个数据库，如分配的存储空间和数据库实例类型，这些是将其还原到活动实例所必需的。

任务一　配置自动备份

Amazon RDS 根据指定的备份保留期保存数据库实例的自动备份。可以将数据库恢复到备份保留期中的任意时间点。如果使用控制台创建数据库实例，那么默认的备份保留期为 7 天。如图 4-7 所示，在每天特定的时间段（13:00—13:30UTC），Amazon RDS 会为数据库创建自动备份，这个时间段被称为“备份时段”。在备份时段，Amazon RDS 创建并保存数据库实例的自动备份。如果创建数据库实例时未指定首选备份时段，那么 Amazon RDS 将分配 30min 的默认备份时段。此时段是从每个 Amazon Web Services 区域的 8h 时间段中随机选择出来的。

在使用 Amazon RDS API 或 Amazon Web Services CLI 创建数据库实例时，如果未设置备份保留期，则默认备份保留期为 1 天，即自动备份会在 1 天后被删除。创建数据库实例后，还可以修改备份保留期。可以将备份保留期设置为在 0~35 天之间。如果要禁用自动备份，可将备份保留期设置为 0。

对于 MySQL 数据库引擎，由于类似 MyISAM 的存储引擎不支持可靠的崩溃恢复，因此如果发生崩溃，则可能会损坏表。Amazon RDS 仅支持将自动备份用于 InnoDB 存储引擎，因此，建议使用 InnoDB 存储引擎。要将现有的 MyISAM 表转换为 InnoDB 表，可以使用 ALTER TABLE 命令：ALTER TABLE table_name ENGINE=innodb, ALGORITHM=COPY。

备份
为数据库创建时间点快照
启用自动备份
启用备份后，系统将在特定时段内自动创建数据库的备份。
请注意，自动备份目前仅支持用于 InnoDB 存储引擎。如果您使用的是 MyISAM，请参考此处的详细信息。
备份保留期 信息
选择 RDS 应为此实例保留自动备份的天数。
7 天
备份窗口 信息
选择您需要的要由 Amazon RDS 创建的数据库的自动备份时间段。
选择窗口
无首选项
开始时间 13 : 00 UTC
持续时间 0.5 小时

图 4-7 在管理控制台创建数据库实例时的自动备份设置

因为创建备份需要暂停所有磁盘操作，此时 Amazon RDS 实例和数据库将脱机，对数据库的访问请求可能会被延迟响应，甚至在超时后失败，所以应选择一个对用户影响最小的时间段进行自动备份操作。北京的时区是 UTC+8，如果选择在北京时间凌晨 03:00—04:00 进行备份，那么对应的 UTC 时间段是 19:00—20:00。

下面的命令将把备份时段修改为 UTC 时间 19:00—20:00，保留期修改为 3 天：

```
aws rds modify-db-instance \
    --db-instance-identifier mydbinstance \
    --backup-retention-period 3 \
    --preferred-backup-window 19:00-20:00
```

如果想要禁用自动备份，则可以将备份保留期设置为 0。以下示例立即禁用了自动备份：

```
aws rds modify-db-instance \
    --db-instance-identifier mydbinstance \
    --backup-retention-period 0 \
    --apply-immediately
```

如果数据库实例尚未启用自动备份，则可以将备份保留期设置为非零正值来启用。在启用自动备份后，Amazon RDS 实例和数据库将脱机并立即创建备份。

使用 Amazon Web Services CLI modify-db-instance 命令禁用或启用自动备份时，包括以下参数：

--db-instance-identifier：数据库实例标识。

--backup-retention-period：备份保留期。

--preferred-backup-window：备份时段。

--apply-immediately：立即启用。

可以在管理控制台中的数据库快照页面查看与保留的自动备份关联的各个快照。如图 4-8 所示，在管理控制台的快照页面选中“系统”选项卡，在页面搜索框中输入关键字可查看相关数据库实例的系统快照，系统快照的名称以“rds:”为前缀。

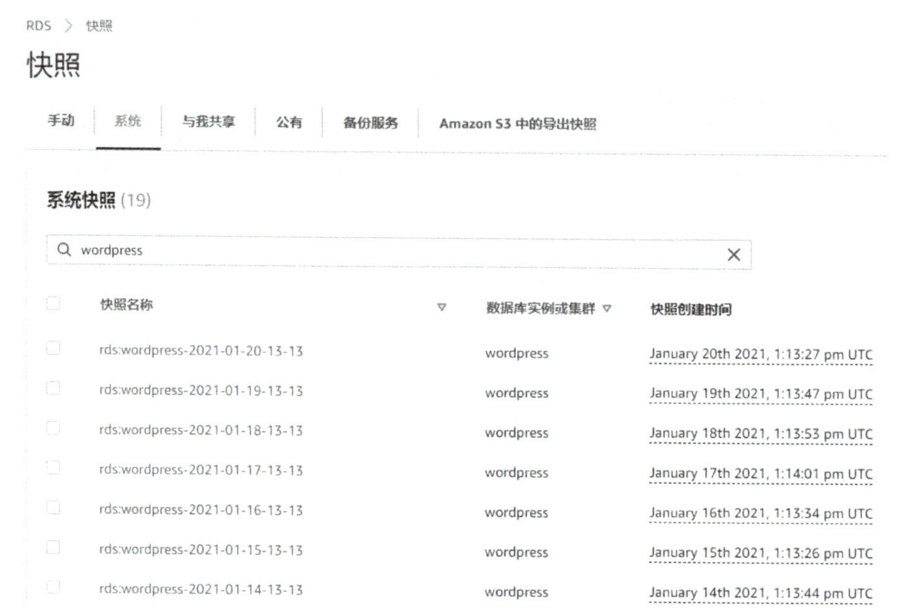

图 4-8 在管理控制台查看数据库实例的系统快照

也可以使用 AmazonWebServices CLI 描述命令 describe-db-instance-automated-backups 来查看与保留的自动备份关联的各个快照：

```
aws rds describe-db-instance-automated-backups \
    --db-instance-identifier mydbinstance
```

可以直接根据这些保留的自动备份快照之一还原数据库实例，还可以将保留的自动备份还原到某个时间点。

任务二 创建手动快照

在自动备份之外，还可以在需要的时候手动创建快照。在单可用区数据库实例上创建该数据库的快照会导致 I/O 短暂性停止，可持续数秒至数分钟，具体取决于数据库实例类型和实例大小。对于多可用区部署的 MariaDB、MySQL、Oracle 和 PostgreSQL 数据库实例，创建快照时不会暂停主数据库上的 I/O 活动，因为是从备用数据库获取备份的。而对于多可用区部署的 SQL Server 数据库实例，创建快照期间将短时间暂停 I/O 活动。

创建数据库快照时，需要识别出将要备份的数据库实例，然后为数据库快照命名，以便稍后从此快照还原。以下示例将给名为 mydbinstance 的数据库实例创建名为 mydbsnapshot 的数据库快照：

```
aws rds create-db-snapshot \
--db-instance-identifier mydbinstance \
    --db-snapshot-identifier mydbsnapshot
```

创建快照大概需要几分钟，可以使用下面的命令检查快照的状态：

```
aws rds describe-db-snapshot \
    --db-snapshot-identifier mydbsnapshot
```

在管理控制台的数据库快照页面选中“手动”选项卡，也可查看手动快照。图 4-9 为数据库实例 wordpress 的手动快照 wordpress-manual-snapshot。可以直接从手动快照还原数据库实例，本项目的任务三将介绍如何还原数据库。

图 4-9　在管理控制台查看数据库实例的手动快照

自动备份在备份保留期后会自动删除。与自动备份不同，手动快照不受备份保留期的限制，不会过期。如果希望在备份保留期后仍然保留自动备份，那么必须把自动备份复制成手动快照。Amazon RDS 不会自动删除手动快照，如果不再需要手动快照，那么用户需要自己手动删除。如果需要对数据进行长期的备份，则建议将快照数据导出到 Amazon S3。

任务三　还原数据库

当需要还原数据时，不管是用自动备份的系统快照，还是用手动快照，都无法从数据库快照还原到现有数据库实例，而必须基于快照创建一个新的数据库。还原数据库实例时，需要提供用于还原的数据库快照的名称，以及还原后所新建的数据库实例的名称。

如果由于误操作损坏了数据库实例中的数据，那么可以通过图 4-8 和图 4-9 中的快照来还原数据。比如，根据数据损坏的时间和快照创建时间决定基于之前创建的手动快照来创建一个新的数据库以恢复数据，创建的新数据库名为 wordpress-db-restore，需要执行下面的命令：

```
aws rds restore-db-instance-from-db-snapshot \
--db-instance-identifier wordpress-db-restore \
     --db-snapshot-identifier wordpress-manual-snapshot
```

默认情况下，还原数据库实例时，默认安全组与还原的实例相关联。因此，如果要将 WordPress 博客平台的数据库连接到新的数据库实例，还需要指定与实例关联的自定义安全组。可以在 restore-db-instance-from-db-snapshot 命令中包括 --vpc-security-group-ids 选项来指定要与实例关联的自定义安全组。如果使用的是 Amazon RDS 管理控制台，则可以直接选择与实例关联的自定义安全组“wordpress_sg”。

已启用自动备份的数据库实例可以还原至备份保留期内的任何时间点。要将数据库实例还原到指定时间，可使用 AmazonWebServices CLI 命令 restore-db-instance-to-point-in-time 创建新的数据库实例：

```
aws rds restore-db-instance-to-point-in-time \
    --source-db-instance-identifier mysourcedbinstance \
    --target-db-instance-identifier mytargetdbinstance \
    --restore-time 2021-01-13T23:45:00.000Z
```

这样就可以基于时间点（2021-01-13T23:45:00，UTC 时间）的源数据库 mysourcedbinstance 创建一个新的名为 mytargetdbinstance 的数据库。在数据库创建完成后，注意修改还原数据库实例的安全组，然后切换应用的数据库连接。

监控 Amazon RDS 数据库实例

Amazon RDS 是一个托管的服务，它提供了多个指标，以便用户可以监控数据库实例的运行状况。Amazon RDS 发布一些指标给 Amazon CloudWatch 服务，可使用 RDS 控制台和 CloudWatch 查看数据库实例指标的详细信息。

打开亚马逊云科技管理控制台，选择 RDS 服务后，进入 Amazon RDS 服务的界面，在左侧导航中选择“数据库”，并选择需要了解其信息的数据库实例的名称以显示其详细信息。如图 4-10 所示，选择“监控”选项卡，便可显示从 Amazon CloudWatch 获得的数据库实例指标的摘要。每个指标均包括一个图形，用于图形化显示特定时间范围内监控的指标。

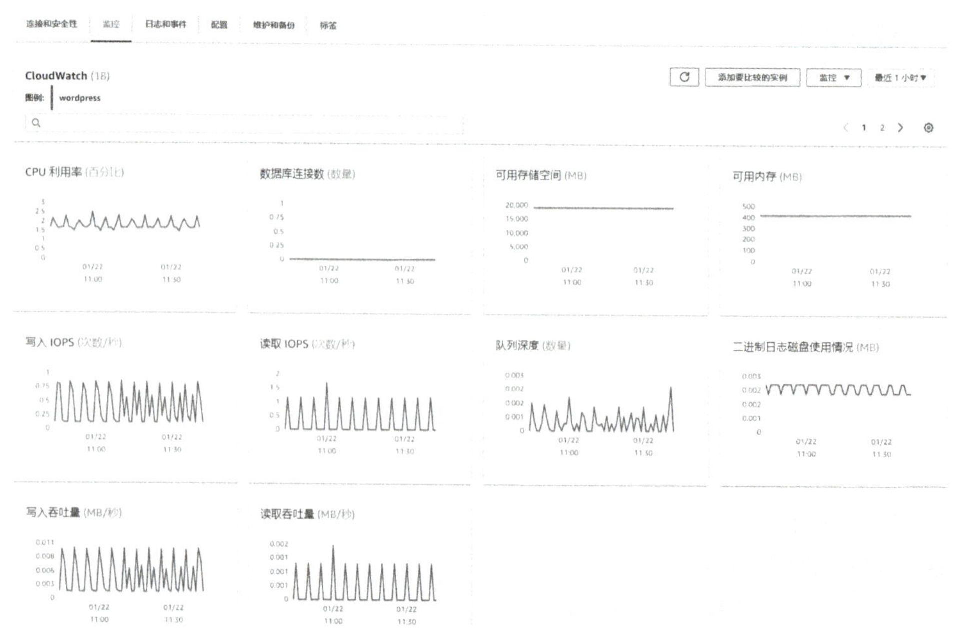

图 4-10　在管理控制台查看数据库实例的监控指标

Amazon Cloud Watch 是一个指标存储库。此存储库可从 Amazon RDS 收集原始数据，并将数据处理为易读的近乎实时的指标。从 CloudWatch 监控 RDS 数据库的重要指标见表 4-1。

表 4-1　从 CloudWatch 监控 RDS 数据库的重要指标

名称	描述
可用存储空间（FreeStorageSpace）	可用的存储容量，单位为字节。确保有足够的存储容量
CPU 利用率（CPUUtilization）	CPU 利用率以百分比显示。高利用率可能意味着 CPU 性能瓶颈
可用内存（FreeableMemory）	可用内存容量，单位为字节。内存不足会导致性能问题
磁盘队列深度（DiskQueueDepth）	磁盘的等待请求数量。一个长队列意味着数据库遇到了 I/O 性能瓶颈

用户应对这些指标给予特别的关注，以确保数据库不会为应用程序带来性能问题。

任务一　使用 Amazon Web Services CLI 查看指标

Amazon RDS 与 CloudWatch 指标集成可提供多种数据库实例指标。还可以使用 Amazon Web Services CLI 查看 CloudWatch 指标。

1）使用 list-metrics 列出特定的指标，--namespace 参数指定命名空间为 RDS，--dimensions 参数指定维度为某数据库实例标识符。下面的示例使用 list-metrics 命令显示数据库实例标识符为 inventory-db 的 RDS 实例的指标。

```
    aws cloudwatch list-metrics \
    --namespace AWS/RDS \
    --dimensions Name=DBInstanceIdentifier,Value=inventory-db
Output:
{
"Metrics": [
        {
"Namespace": "AWS/RDS",
"Dimension": [
                    {
"Name"="DBInstanceIdentifier",
                          "Value"="inventory-db"
                  }
                ],
"MetricsName": "BinLogDiskUsage"
        },
{
"Namespace": "AWS/RDS",
"Dimension": [
                  {
"Name"="DBInstanceIdentifier",
                          "Value"="inventory-db"
                  }
```

```
            ],
"MetricsName": "DatabaseConnections"
        }// 此处省略多个指标
    ]
}
```

以上只截取了输出中的两种指标，输出中的指标还有 FreeStorageSpace、FreeableMemory、LVMReadIOPS、LVMWriteIOPS、WriteIOPS、NetworkTransmitThroughput、NetworkReceiveThroughput、SwapUsage、ReadLatency、WriteThroughput、ReadThroughput、WriteLatency、DiskQueue Depth、ReadIOPS、CPUUtilization、BurstBalance、CPUCreditBalance、CPUCreditUsage、CPUSurplusCreditBalance、CPUSurplusCreditsCharged。

2）将返回的指标与 get-metric-data 或 get-metric-statistics 一起使用以获取统计数据。下面的示例使用 get-metric-statistics 命令获取数据库实例标识符为 inventory-db 的 RDS 实例的 CPU 利用率。--start-time 参数指定开始时间，--end-time 参数指定结束时间，--period 参数指定返回数据点的粒度。

```
aws cloudwatch get-metric-statistics \
--metric-name CPUUtilization \
--start-time 2021-11-18T23:18:00Z \
--end-time 2021-11-19T23:18:00Z \
--period 3600 \
--namespace AWS/RDS\
--statistics Maximum \
--dimensions Name=DBInstanceIdentifier,Value=inventory-db
Output:
{
"Datapoints": [
    {
    "Timestamp": "2021-11-18T23:18:00Z",
    "Maximum": 46.88,
    "Unit": "Percent"
    },
    {
    "Timestamp": "2021-11-19T00:18:00Z",
    "Maximum": 48.16,
    "Unit": "Percent"
    },
    {
    "Timestamp": "2021-11-19T01:18:00Z",
    "Maximum": 49.18,
    "Unit": "Percent"
    },
    // 此处省略 20 个数据点 ...,
    {
    "Timestamp": "2021-11-19T23:18:00Z",
    "Maximum": 46.88,
    "Unit": "Percent"
```

```
    }
  ],
  "Label": "CPUUtilization"
}
```

任务二　使用 Amazon Web Services CLI 设置警报

为了确保数据库不会为应用程序带来性能问题，建议通过创建警报的方式持续监控 RDS 的重要指标。可以创建在警报改变状态时发送 Amazon SNS 消息的 CloudWatch 警报，监控指定时间段内的某个指标，定义超过一定阈值后产生警报。可以使用 Amazon Web Services CLI 设置 CloudWatch 警报。

以下示例使用 put-metric-alarm 命令在 RDS 数据库实例的 CPU 利用率超过 70% 时发送 Amazon SNS 电子邮件消息：

```
aws cloudwatch put-metric-alarm \
--alarm-name cpu-mon \
--alarm-description "Alarm when CPU exceeds 70 percent"\
--metric-name CPUUtilization \
--namespace AWS/RDS\
--statistic Average \
--period 300 \
--threshold 70 \
--comparison-operator GreaterThanThreshold  \
--dimensions Name=DBInstanceIdentifier,Value=inventory-db\
--evaluation-periods 2 \
--alarm-actions arn:aws:sns:us-east-1:111122223333:MyTopic \
--unit Percent
```

此命令执行的前提是已创建 Amazon SNS 主题，电子邮件地址在接收通知之前已经通过验证。当警报进入警报状态时，才会发送电子邮件。如果成功，则此命令将返回提示。如果已存在同名警报，则新警报将覆盖该警报。

案 例

使用 DMS 将本地数据库迁移到 Amazon RDS

Amazon Database Migration Service（Amazon DMS）可帮助人们快速并安全地将数据库迁移至亚马逊云科技。源数据库在迁移过程中可继续正常运行，从而最大限度地减少依赖该数据库的应用程序的停机时间。

Amazon DMS 可以在广泛使用的开源商业数据库之间迁移数据。该服务支持同构迁移（如从 Oracle 迁移至 Oracle），以及不同数据库平台之间的异构迁移（如从 Oracle 迁移至 Amazon Aurora 或从 Microsoft SQL Server 迁移至 MySQL）。Amazon Schema Conversion Tool（Amazon SCT）可将源数据库架构和大部分数据库代码（包括视图、存储过程和函数）自动转换为与目标数据库兼容的格式，从而使异构数据库的迁移可以预测。无法自动转换的对象将被明确标注，以便为其手动转换格式以完成迁移。Amazon DMS 还允许人们从受支持的任意源位置（包括 Amazon Aurora、PostgreSQL、MySQL、MariaDB、Oracle Database、

SAP ASE、SQL Server、IBM DB2 LUW 和 MongoDB）将数据流式传输到 Amazon Redshift、Amazon DynamoDB 和 Amazon S3，以便在 PB 级数据仓库中对数据进行整合和轻松分析。DMS 还可用于连续数据复制，且高度可用。

使用 Amazon DMS 迁移数据，源数据库可以是本地数据库，也可以位于 Amazon RDS 或 EC2 中，而目标数据库可以位于 Amazon RDS 或 EC2 中。

小张的源数据库是托管在 Amazon EC2 上的 MariaDB 数据库，数据库名称为 cafe_db。在本案例中，小张将 Amazon EC2 上自我管理的 MariaDB 数据库迁移到完全托管的 Amazon RDS 数据库。本案例共有如下五个任务。

1. 在 Amazon RDS 中创建 MySQL 数据库实例

在本任务中，小张将在 Amazon RDS 中创建一个 MySQL 数据库实例。使用 AWS DMS 将现有数据复制到该实例后，该实例将作为主数据库。

导航到 Amazon RDS 控制台，在主页上单击“创建数据库”按钮，将启动数据库创建向导。

1）在引擎选项部分选择 MySQL 作为引擎类型，然后选择要使用的 MySQL 版本。注意，AWS DMS 仅支持 MySQL 版本 5.5、5.6 和 5.7。

2）在模板部分选择“免费套餐”。

3）在设置部分为数据库实例指定名称，并设置主用户名和密码。如图 4-11 所示，小张将数据库实例标识符设置为 my-database，并指定用户名 admin 及密码。不要自动生成此密码，应确保记下密码。

图 4-11 Amazon RDS 数据库实例创建向导 - 设置部分

4）在实例配置部分，小张开启“包括上一代类”开关，选择适用于测试或小型应用程序的小型实例类型 db.t2.micro，如图 4-12 所示。

图 4-12　Amazon RDS 数据库实例创建向导 – 实例配置部分

5）配置 Amazon RDS 数据库的存储选项，使用默认设置即可。默认的存储类型和存储大小为通用型 SSD（gp2），200GB。

6）在连接部分指定数据库所在的 VPC 以及数据库实例的网络子网和安全组。由于是从 Amazon EC2 上的自我管理数据库迁移的，因此小张使用与现有数据库相同的 Amazon VPC，然后为数据库实例创建一个新的安全组，此处小张创建了名为 mysql-database 的安全组，如图 4-13 所示。

图 4-13　Amazon RDS 数据库实例创建向导 – 连接部分

7）对于其他配置选项，包括备份、监视、维护和自动升级的设置，使用默认设置。

8）单击“创建数据库”按钮以创建数据库实例。当 Amazon RDS 正在配置基础架构并初始化数据库时，数据库的状态为“正在创建”。当数据库准备好使用时，其状态为“可用”。

9）数据库实例创建好后，在数据库实例详情页面的连接和安全性选项卡下复制终端节点，如 my-database.******.rds.amazonaws.com，如图 4-14 所示，供后续步骤使用。

图 4-14　Amazon RDS 数据库实例 – 连接和安全性

2. 在 AWS DMS 中创建一个复制实例

AWS DMS 的复制实例是一个 Amazon EC2 实例，用于在 AWS DMS 中承载复制任务。在本任务中，小张将在 AWS DMS 中创建一个复制实例来承载复制任务，该任务将数据从现有数据库迁移到 Amazon RDS 完全托管的数据库中。小张还更新了一个安全组，以允许从该复制实例访问 Amazon RDS 中的 MySQL 数据库实例。

要创建复制实例，可转到 AWS DMS 控制台，单击左侧控制面板中的“复制实例”。在复制实例页面单击“创建复制实例”按钮以开启复制实例创建向导，如图 4-15 所示。

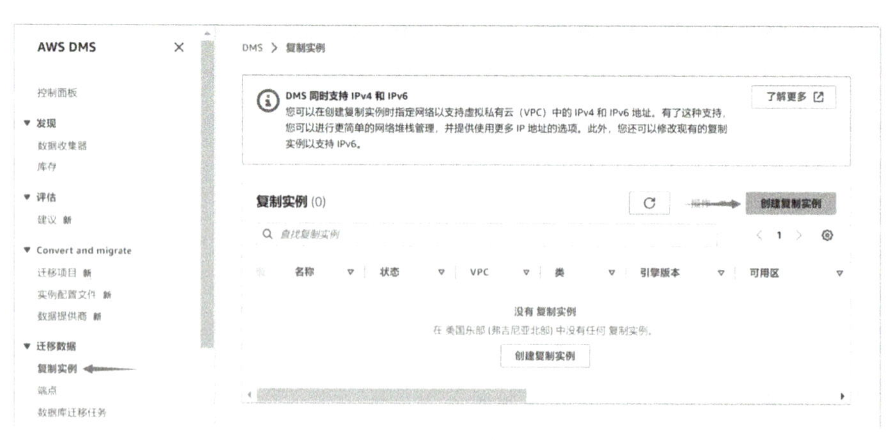

图 4-15　AWS DMS 复制实例页面

1）在复制实例的设置部分为复制实例设置名称和描述，如图 4-16 所示。小张创建的复制实例名称为 myReplicationInstance。

2）在实例配置部分选择实例类。小张仍然选择小型实例。保持默认的 AWS DMS 的引擎版本。如图 4-17 所示，对于最后的 High Availability 选择，如果使用 AWS DMS 使两个数据库在很长一段时间内保持同步，则可能需要使用多可用区设置。这里小张要将数据从现有数据库一次性迁移到 Amazon RDS 中的完全托管数据库，选择单可用区即可，如图 4-17 所示。

设置

名称
名称在您的当前 AWS 区域的所有复制实例中必须是唯一的。
myReplicationInstance
复制实例名称不得以数字值开头

描述性 Amazon 资源名称(ARN) - *可选*
使用易记的名称覆盖默认 DMS ARN。创建后不能修改它。

描述 - *可选*
Replication instance for moving to MySql in RDS
描述必须仅包含 Unicode 字母、数字、空格或以下符号之一: _.:/=+\-@。最多包含 1000 个字符。

图 4-16　AWS DMS 复制实例创建向导 – 设置部分

实例配置 信息

实例类 信息
dms.t2.micro
1 vCPUs　1 GiB Memory
包含上一代实例类

引擎版本
选择要在您的复制实例上运行的 AWS DMS 版本。 AWS DMS release notes
3.4.7
包括测试 DMS 版本

升级到 3.4.7 版本及更高版本
要升级到 AWS DMS 3.4.7 及更高版本，您需要将 AWS DMS 配置为使用 VPC 端点或使用公有路由。此要求适用于 S3、Kinesis、Secrets Manager、DynamoDB、Amazon Redshift 和 OpenSearch Service 的源和目标端点。 了解更多
查看端点

High Availability　信息
多可用区选项是在一个可用区(AZ)部署一个主复制实例，同时在另一个可用区部署一个备用实例。单可用区选项是在一个可用区部署单个复制实例。计费基于 DMS 定价。
开发或测试工作负载(单可用区)

图 4-17　AWS DMS 复制实例创建向导 – 实例配置部分

3）在存储部分，保持默认的存储空间。

4）在连接和安全性部分为复制实例选择 VPC 和子网组。小张设置了 Amazon RDS 数据库的同一 VPC 和子网组，以简化复制实例的网络访问。最后，选择复制实例是否应可公开访问。如果现有数据库与新数据库和复制实例位于同一专有网络中，则不需要公开访问复制实例。如果现有数据库不在同一专有网络中，则应使用 AWS Direct Connect 或 VPN，以允许从专有网络连接到现有数据中心。在大多数情况下，应避免使复制实例可公开访问，以避免潜在的安全问题。

5）接下来，打开连接性和安全性部分的高级设置。对于 VPC 安全组配置，小张为此复制实例新建了一个名为 my-replicationinstance 的安全组。

6）准备好后，单击页面下方的“创建复制实例”按钮以在 AWS DMS 中创建复制实例。AWS 设置和初始化实例时，复制实例为“正在创建”状态。当复制实例准备就绪时，其状态为“可用”，记录下该复制实例的 IP 地址以供后续步骤使用。

7）转到 Amazon EC2 控制台中的安全组部分，小张需要向安全组添加规则，以允许复制实例访问数据库。在安全组部分，找到附加到本案例任务一中创建的 Amazon RDS 数据库实例的安全组 mysql-database，然后选中它。

8）单击“编辑入站规则”按钮，新增入站规则，以允许来自端口 3306 上的 DMS 复制实例安全组的入站流。在源输入框选择复制实例的安全组 my-replicationinstance。单击“保存规则”按钮保存安全组的更新规则，该规则允许本任务创建的复制实例访问数据库实例，如图 4-18 所示。

Name	安全组规则 ID	IP 版本	类型	协议	端口范围	源
-	sgr-0f9aa189b9cf6648a	-	MYSQL/Aurora	TCP	3306	sg-03ff8719a2749110d / my-replicationinstance

图 4-18　允许复制实例访问数据库实例的入站规则

3. 为 AWS DMS 中的复制任务创建源和目标端点

复制任务是使用 AWS DMS 将数据从一个数据库迁移到另一个数据库的作业。在创建复制任务之前，必须为源数据库和目标数据库注册端点。端点描述连接到数据库所需的连接地址、凭据和其他信息。在本任务中，小张将在 Amazon RDS 中为源数据库和目标数据库创建端点。

首先，为目标数据库创建端点。在 AWS DMS 控制台，单击左侧控制面板中的端点，在端点页面单击“创建端点”按钮以创建新端点。

1）在端点创建向导中选择创建目标端点。选择“选择 RDS 数据库实例”复选框，并在下拉列表中选择 Amazon RDS 数据库实例 my-database，如图 4-19 所示。

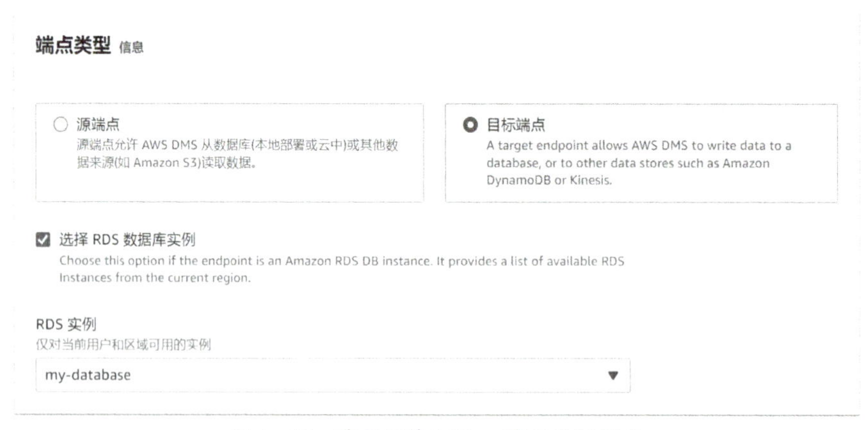

图 4-19　端点创建向导 – 端点类型部分

2）在端点配置部分已自动填写端点标识符、目标引擎。选中“手动提供访问信息”单选按钮后，展开的内容中也已经自动填写 RDS 数据库实例的信息，如服务器名称、端口、用户名，输入连接 RDS 数据库实例的密码即可，如图 4-20 所示。

3）使用 AWS DMS 将数据加载到 My SQL 数据库时需要禁用外键检查，可以通过设置额外的连接属性来完成此操作。展开端点配置底部的端点设置，勾选“使用端点连接属性”复选框，在“额外的连接属性”框中输入 initstmt=SET FOREIGN_KEY_CHECKS=0，如图 4-21 所示。

端点配置

端点标识符 信息
可帮助您识别端点的标签。
my-database

描述性 Amazon 资源名称(ARN) - 可选
使用易记的名称覆盖默认 DMS ARN。创建后不能修改它。
易记的 ARN 名称

目标引擎
此端点连接到的数据库引擎的类型。了解更多
MySQL

端点数据库的访问权限 信息
AWS Secrets Manager
手动提供访问信息

服务器名称
数据提供商的数据服务器名称。
my-database.cy1goky69ahv.us-east-1.rds.amazonaws.com

端口
用于为此端点运行数据库的端口。
3306

用户名 信息
admin

密码 信息
••••••••

安全套接字层(SSL)模式 信息
安全套接字层的实施类型
无

图 4–20 端点创建向导 – 端点配置部分

图 4–21 端点创建向导 – 端点设置部分

4）打开测试端点连接部分以测试连接，从而确保其配置正确。选择要使用的 VPC 和复制实例，然后单击“运行测试”按钮，几秒钟后应该会看到状态为 successful，如图 4–22 所示。这表示小张正确配置了安全组和端点。

5）要保存端点，可单击下方右侧的“创建端点”按钮。

再次按照相同的步骤为源数据库创建源端点，如图 4–23 所示。与目标端点不同，这里需要自己填写端点配置，如端点标识符、源引擎、服务器名称、端口和用户名等，如图 4–24 所示。由于小张的源数据库托管在 Amazon EC2 上，需要允许来自复制实例安全组的流量进入源数据库安全组。

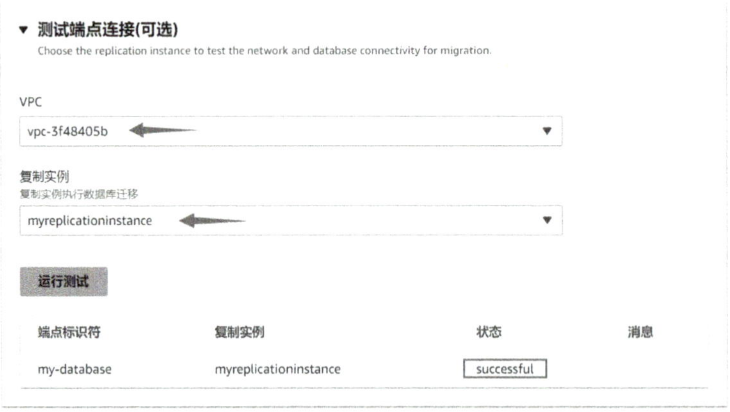

▼ **测试端点连接(可选)**

Choose the replication instance to test the network and database connectivity for migration.

VPC

vpc-3f48405b

复制实例

复制实例执行数据库迁移

myreplicationinstance

运行测试

端点标识符	复制实例	状态	消息
my-database	myreplicationinstance	successful	

图 4–22　端点创建向导 – 测试端点连接部分

图 4–23　端点创建向导 – 端点类型：源端点

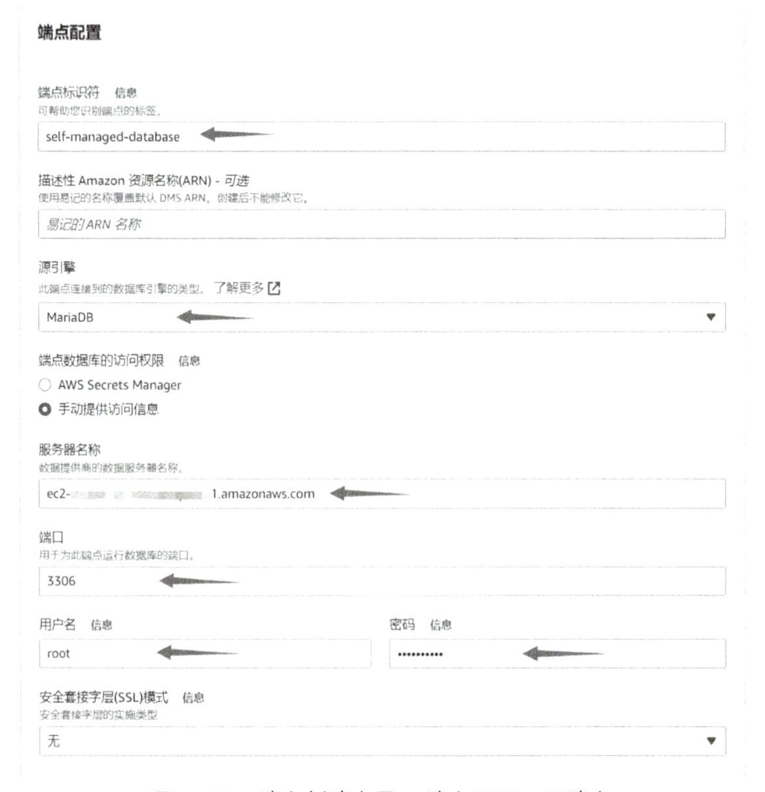

图 4–24　端点创建向导 – 端点配置：源端点

在本任务中，小张配置了两个端点：一个用于源数据库，另一个用于目标数据库。小张确保已经测试了两个端点，并且可以成功连接到这两个数据库，如图 4-22 所示和图 4-25 所示。

端点标识符	复制实例	状态	消息
self-managed-database	myreplicationinstance	successful	

图 4-25　端点创建向导 – 测试源端点连接成功

4. 在 AWS DMS 中创建复制任务

复制任务负责将数据从源数据库迁移到目标数据库。小张要使用复制任务将数据从现有数据库移动到 Amazon RDS 中新创建的数据库。

导航到 AWS DMS 控制台的数据库迁移任务部分。单击“创建任务”按钮以创建新的复制任务。

1）在任务配置部分设置复制任务的参数。小张将任务标识符指定为 my-migration，并选择本案例任务二中创建的复制实例。然后选择本案例任务三中创建好的源数据库端点和目标数据库端点，如图 4-26 所示。对于迁移类型，选择迁移现有数据并复制正在进行的更改。有两种迁移类型：

- 迁移现有数据，执行一次性过程，将数据从源数据库复制到目标数据库。
- 复制正在进行的更改，将所有正在进行的操作从源数据库复制到目标数据库。

如果要将应用程序从使用自管理数据库迁移到使用完全管理的数据库，则需要同时使用这两种类型。第一种类型复制数据库中的所有数据，第二种类型确保将所有其他更新复制到新数据库，直到将应用程序切换到使用新数据库为止。

图 4-26　数据库迁移任务配置部分

2）在表映射部分展开“选择规则”选项，单击“添加新选择规则”按钮，输入要复制的架构和表的名称，可以使用 % 作为通配符来复制多个表或架构。小张在此处填写的源名称为 cafe_db，源表名称为 %，表示复制数据库 cafe_db 下的所有表，如图 4-27 所示。

▼ **选择规则**

选择要在迁移任务中包含或排除的架构和/或表。

添加新选择规则

▼ 其中 **架构名称** 类似于 'cafe_db' 和 **源表名称** 类似于 '%', include

架构

输入架构

源名称
使用 % 字符作为通配符

cafe_db

源表名称
使用 % 字符作为通配符

%

操作
选择"包含"以迁移您的选定对象，或选择"排除"以在迁移过程中忽略它们。

包括

源筛选条件 信息

添加列筛选条件

图 4-27　数据库迁移任务选择规则部分

3）准备就绪后，单击“创建任务”按钮以启动复制任务。创建任务后，任务将显示在“数据库迁移任务”页面，状态为“正在创建”。任务创建完成后，还会经历“准备就绪”“正在启动”“正在运行”三个状态，现有数据迁移完成后将显示“加载完成”，如图 4-28 所示。单击任务标识符，可以查看该任务的详细信息和表统计数据，如图 4-29 所示。

在本任务中，小张在 AWS DMS 中创建了一个复制任务，以迁移现有数据到 Amazon RDS 中的新数据库。小张可连接到 Amazon RDS 数据库实例，查看从自管理的 Amazon EC2 上的数据库迁移到完全托管的 RDS 数据库中的数据。

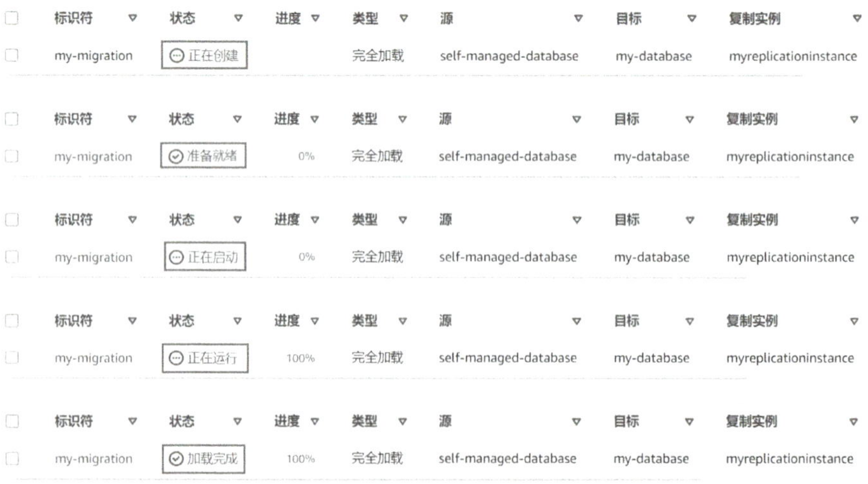

标识符	状态	进度	类型	源	目标	复制实例
my-migration	正在创建		完全加载	self-managed-database	my-database	myreplicationinstance

标识符	状态	进度	类型	源	目标	复制实例
my-migration	准备就绪	0%	完全加载	self-managed-database	my-database	myreplicationinstance

标识符	状态	进度	类型	源	目标	复制实例
my-migration	正在启动	0%	完全加载	self-managed-database	my-database	myreplicationinstance

标识符	状态	进度	类型	源	目标	复制实例
my-migration	正在运行	100%	完全加载	self-managed-database	my-database	myreplicationinstance

标识符	状态	进度	类型	源	目标	复制实例
my-migration	加载完成	100%	完全加载	self-managed-database	my-database	myreplicationinstance

图 4-28　数据库迁移任务状态

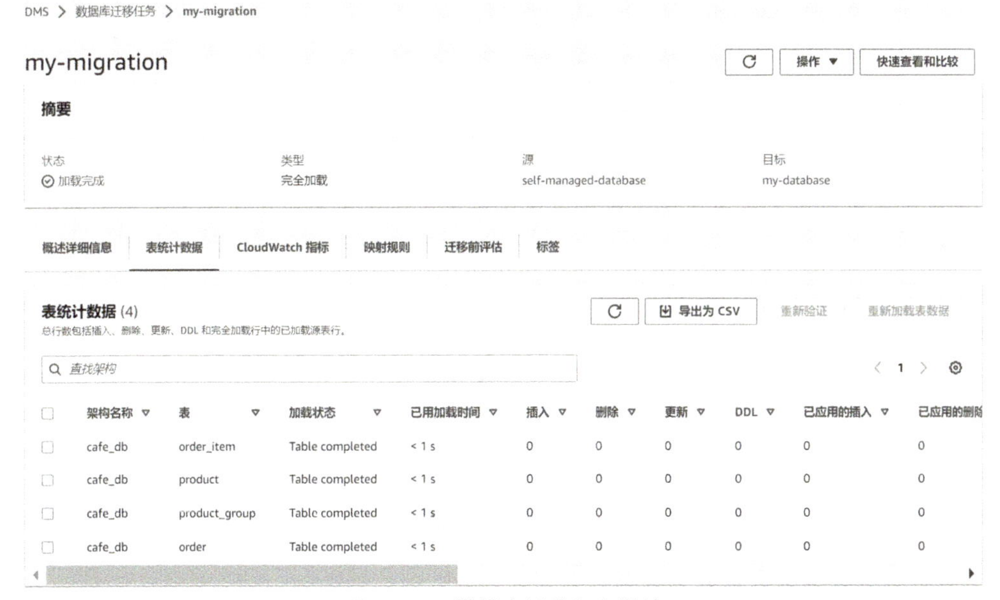

图 4-29　数据库迁移任务详情

5. 完成迁移并清理创建的资源

小张已经在 Amazon RDS 中创建了一个新的 MySQL 数据库，还创建了一个迁移任务，将数据从源数据库复制到新数据库。在最后一个任务中，小张将清理 AWS DMS 资源。在进行彻底地测试并确保数据的准确性之后切换到使用主数据库，就可以删除 AWS DMS 基础设施了。

首先停止并删除数据库迁移任务。导航到 AWS DMS 控制台的数据库迁移任务部分。勾选要删除的任务，然后在右上角的“操作”（Actions）下拉菜单中选择“删除”命令，若任务还在进行，可先选择停止任务。

接下来导航到 AWS DMS 控制台的端点部分。选择源端点和目标端点，在右上角的“操作”下拉菜单中选择“删除”命令，AWS DMS 端点列表如图 4-30 所示。

DMS > 端点

端点 (2)　　操作　创建端点

查找端点　　修改　测试连接　删除

名称	类型	状态	引擎	服务器名称	端口
my-database	目标	活跃	MySQL	my-database…amazonaws.com	3306
self-managed-database	源	活跃	MariaDB	ec2….amazonaws.com	3306

图 4-30　AWS DMS 端点列表

然后转到 AWS DMS 控制台的复制实例部分。如果复制实例未用于任何其他复制任务，可先选择，然后删除。

最后需要终止源数据库，因为它不再被使用。如果源数据库正在 Amazon EC2 上运行，则可按照正确的过程终止它。

习题

一、单选题

1. 一家公司希望将其本地 Oracle 数据库迁移到 Amazon Aurora MySQL，则下面的哪个过程描述了高级步骤？（　　）
   A）使用 AWS Database Migration Service（AWS DMS）从 Oracle 数据库迁移到 Amazon Aurora MySQL
   B）使用 AWS DMS 迁移数据，然后使用 AWS Schema Conversion Tool（AWS SCT）转换架构
   C）使用 AWS SCT 转换架构，然后使用 AWS DMS 迁移数据
   D）使用 AWS SCT 同步转换架构并迁移数据
2. 如何垂直扩展 Amazon RDS 数据库？（　　）
   A）通过添加只读副本
   B）通过创建专用的读写节点
   C）通过对数据库进行分片
   D）通过更改实例类

二、多选题

1. 哪些示例是 Amazon RDS 的合适用例？（　　）
   A）每秒数千次分布式并发写入次数
   B）需要数据库强制执行语法规则的应用程序
   C）需要对数据进行复杂连接的应用程序
   D）PB 级数据仓库
2. 一家小公司正在决定将哪种服务用于其在线培训网站的注册系统，选择包括 Amazon EC2 上的 MySQL、Amazon RDS 中的 MySQL 和 Amazon Dynamo DB，那么下面哪种用例组合建议使用 Amazon RDS?（　　）
   A）注册系统必须高度可用
   B）此类数据已高度结构化
   C）学员、课程和注册数据存储在许多不同的表中
   D）该公司不想管理数据库补丁

三、判断题

1. Amazon RDS 不是一种托管服务。（　　）
2. Amazon RDS 可自动修补数据库软件并备份用户的数据库，从而按用户定义的保留期存储备份，并且实现时间点恢复。（　　）
3. 通常情况下，数据库实例被部署在私有子网中，并且只能由指定的应用程序实例直接访问。（　　）
4. 如果想在将来更改数据库实例大小，那么 Amazon RDS 可以轻松做到这一点，且不会导致停机。（　　）

单元五

监控与审计

单元情景

小张所在公司的所有系统都已经部署在亚马逊云科技的云上了，公司授权小张对所有的资源进行管理和运维。随着亚马逊云科技上EC2主机和其他应用的逐渐增多，经常会出现如计算、存储资源不足、EC2意外宕机、服务异常中断等问题。小张发现依靠传统的运维方法逐项去检查排除故障非常耗时耗力，他通过自己的学习，了解到亚马逊云科技服务中的有些服务（如Amazon CloudWatch、CloudTrail服务等）可以帮助管理员对云上资源的使用进行监控和审计，特别是可以从Amazon EC2收集原始数据，并将数据处理为易读的近乎实时的指标来帮助用户了解应用程序或服务的执行情况。为了实现对亚马逊云科技的资源更好地监控和管理，小张决定深入学习和掌握Amazon CloudWatch及CloudTrail的使用，实现应用状态的自动监控和警报，以高效地完成自己工作中的重复性管理运维任务。

单元概要

本单元将介绍如何使用CloudWatch及CloudTrail服务对亚马逊云科技的资源进行监控和审计，包括构建监控面板以实现对EC2的CPU的使用率、对EBS存储的读/写监控，配置CloudWatch警报实现对云上某一资源的监控以及CloudWatch日志和事件的应用，最后学习如何使用Amazon CloudTrail功能来帮助用户查看最近的亚马逊云科技账户活动并检查一个具体的事件。

学习目标

- 了解Amazon CloudWatch和CloudTrail服务。
- 掌握如何使用CloudWatch构建监控面板。
- 掌握如何配置CloudWatch警报服务。
- 掌握如何使用CloudWatch Logs收集日志。
- 掌握如何使用CloudWatch事件服务。
- 掌握如何使用CloudTrail查看事件。

Amazon CloudWatch 是一种监控服务。亚马逊云科技服务（如 Amazon EC2）将指标放在存储库中，用户可以根据这些指标（包括用户自己定义的一些指标）来检索统计数据。在 CloudWatch 控制台中使用指标计算统计数据，然后以图形化的方式显示数据。同时，在满足特定条件时，用户可以配置警报操作以停止、启动或终止 Amazon EC2 实例。考虑到亚马逊云科技资源存储在具有高可用的数据中心设施中，每个数据中心设施应位于称为区域的特定地理区域以提供额外的可扩展性和可靠性，使用 CloudWatch 可以将单独存储在区域的指标进行收集，实现跨区域功能来聚合来自不同区域的统计数据。

在了解了 CloudWatch 基本的作用之后，小张在动手实施见任务前，需要先了解关于 CloudWatch 中的一些基本概念，以方便后续的操作和实施，见表 5-1。

表 5-1　CloudWatch 中的一些基本概念

序号	概念名称	说明
1	命名空间	CloudWatch 指标的容器；不同命名空间中的指标彼此独立，来自不同应用程序的指标不会被错误地聚合到相同的统计信息中；命名空间通常使用以下命名约定：AWS/service。例如，Amazon EC2 使用 AWS/EC2 命名空间
2	指标	指标是 CloudWatch 中的基本概念。指标表示一个发布到 CloudWatch 并且按时间排序的数据点集。可将指标视为要监控的变量，而数据点代表该变量随时间变化的值。例如，特定 EC2 实例的 CPU 使用率是 Amazon EC2 提供的一个指标。数据点本身可来自用户从中收集数据的任何应用程序或业务活动 默认情况下，许多亚马逊云科技服务都提供资源（如 Amazon EC2 实例、Amazon EBS 卷和 Amazon RDS 数据库实例）的免费指标。通过付费，可以为某些资源（如 Amazon EC2 实例）启用详细监控，或者发布自己的应用程序指标。对于自定义指标，可以按任意顺序和所选择的任何速率添加数据点。指标仅存在于创建它们的区域中。指标无法删除，但如果在 15 个月后没有向指标发布新数据，那么这些指标将自动过期。依据滚动机制，15 个月之前的数据点将过期；当新的数据点进入时，15 个月之前的数据将被丢弃
3	时间戳	每个指标数据点都必须与一个时间戳关联。时间戳最长可以为过去的两周和将来的 2h。如果不提供时间戳，那么 CloudWatch 会根据收到数据点的时间创建一个时间戳
4	指标保留	CloudWatch 将保留指标数据： 时间段短于 60s 的数据点的可用时间为 3h，这些数据点是高精度自定义指标 时间段为 60s（1min）的数据点可用 15 天 时间段为 300s（5min）的数据点可用 63 天 时间段为 3600s（1h）的数据点可用 455 天（15 个月） 最初以较短时间段发布的数据点汇总在一起，可实现长期存储。例如，如果使用 1min 的时间段收集数据，那么数据以 1min 的精度保持 15 天可用。15 天之后，此数据仍可用，但汇总在一起，只能以 5min 的精度检索。63 天之后，数据进一步汇总，以 1h 的精度提供
5	维度	维度是一个名称 / 值对，它是指标标识的一部分。用户可以为一个指标分配最多 10 个维度。每个指标都包含用于描述该指标的特定特征，用户可以将维度理解为这些特征的类别
6	维度组合	将维度的每种唯一组合视为一个单独的指标，即使指标具有相同的名称也是如此。当检索统计数据时，为命名空间、指标名称和维度参数指定创建指标时使用的相同值
7	精度	每个指标均为以下类型之一：标准精度，数据粒度为 1min；高精度，数据粒度为 1s 亚马逊云科技生成的指标在默认情况下为标准精度。在发布自定义指标时，用户可以将其定义为标准精度或高精度。发布高精度指标时，CloudWatch 使用 1s 的精度来存储指标，用户可以按照 1s、5s、10s、30s 及 60s 的任意倍数的时间段读取和检索 高精度指标让用户对应用程序的亚分钟级活动有着更详细的直观认识
8	统计数据	CloudWatch 所提供的统计数据基于用户的自定义数据或者其他亚马逊云科技的服务为 CloudWatch 提供指标数据点。聚合通过使用命名空间、指标名称、维度以及数据点度量单位在用户指定的时间段内完成

（续）

序号	概念名称	说明
9	度量单位	所有统计数据都有度量单位。单位包括 Bytes、Seconds、Count 和 Percent
10	时间段	时间段是与特定 Amazon CloudWatch 统计信息关联的时间的长度。每项统计信息都代表在指定时间段内对收集的指标数据的聚合。时间段以秒为单位定义，时间段的有效值为 1、5、10、30 或 60 的任意倍数
11	聚合统计	Amazon CloudWatch 根据在检索统计数据时指定的时间段长度聚合统计数据，可以根据需要发布包含相同或类似时间戳的任意数量的数据点。CloudWatch 会根据指定的时间段长度对其进行聚合。CloudWatch 不会跨区域自动聚合数据，但可以使用指标数学来聚合来自不同区域的指标
12	百分位数	百分位数指示某个值在数据集中的相对位置。例如，第 95 个百分位数表示 95% 的数据低于此值，5% 的数据高于此值。百分位数可帮助用户更好地了解指标数据的分布情况
13	警报	警报代表用户自动发起操作。警报在指定的时间段内监控单个指标，并根据指标值相对于阈值的变化情况执行一项或多项指定操作。操作是向 Amazon SNS 主题或 Auto Scaling 策略发送的通知。警报仅在出现持续状态变化时才会调用操作。CloudWatch 警报不会仅因为其处于特定状态而调用操作。该状态必须已改变并在指定的若干个时间段内保持不变。在创建警报时，应选择高于或等于指标分辨率的警报监控周期。例如，对 Amazon EC2 进行的基本监控每隔 5min 提供一次实例指标。为基本监控指标设置警报时，选择的时间段至少应为 300s（5min）。对 Amazon EC2 的详细监控提供解析为 1min 的实例的指标。当为详细监控指标设置警报时，选择的时间段至少为 60s（1min）

在了解表 5-1 中的基本概念后，小张准备着手实施构建一个监控面板，对亚马逊云科技上 EC2 云主机的 CPU、EBS 磁盘的读写以及亚马逊云科技上 ELB 的请求次数进行监控，方便自己及时地了解该资源的运行状况，方便实现更好的运维。

使用 CloudWatch 构建监控面板

小张利用自己的管理账户登录亚马逊云科技管理控制台，地址如下 https://aws.amazon.com/cn/console/。在成功登录后，小张通过以下 4 个任务来实现自己的实践操作。

任务一 创建控制面板

在利用 IAM 用户登录管理控制台后，如图 5-1 所示，在管理控制台顶部的搜索框中输入“CloudWatch”，在下拉列表中找到对应的“CloudWatch”选项后单击进入。

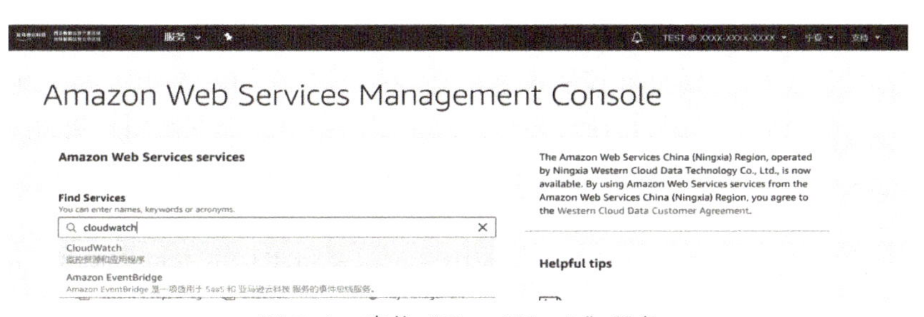

图 5-1 查找“CloudWatch”服务

进入“CloudWatch”服务页面后，打开 CloudWatch 导航窗口，单击“控制面板”选项，进入图 5-2 所示的界面。

图 5-2　CloudWatch 控制面板

在图 5-2 所示的界面中单击“创建控制面板”按钮，在弹出的对话框中输入要定义的控制面板的名字，例如“my-first-cloudwatch-dashboard”（如图 5-3 所示），单击“创建控制面板”按钮，新建控制面板样例如图 5-4 所示。

图 5-3　定义控制面板名称

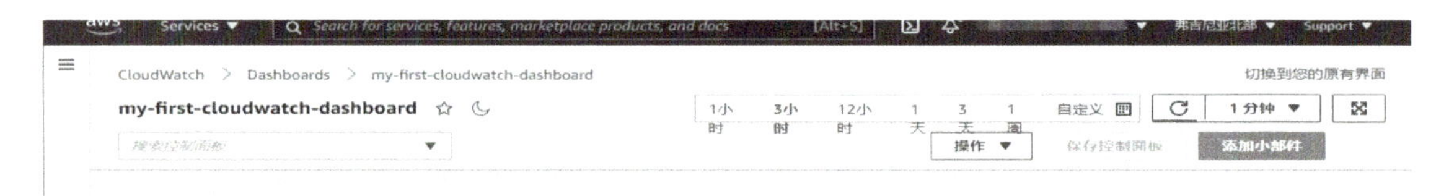

图 5-4　新建控制面板样例

任务二　添加对实例 CPU 使用监控

成功创建监控面板后，可以通过单击图 5-4 顶部的“添加小部件”按钮将需要监控的亚马逊云科技资源添加至监控面板，在弹出的“Add widget”（添加小部件）页面中，选择合适的数据呈现方式（数据源主要基于两种方式：①指标数据；②根据 CloudWatch Logs Insights 查询到的日志数据）。CloudWatch 控制面板的监控指标样式如图 5-5 所示。目前，Amazon CloudWatch 可以将收到的指标数据通过多种方式呈现给用户，以方便用户更直观地了解指标的变化，这里小张选择“线形图”以及指标数据作为监控的数据源。向控制面板添加监控指标小部件如图 5-6 所示。

如图 5-7 所示，在“添加指标图表”页面中，可以通过指标下方的“N. Virginia”下拉框选择要监控的“区域指标”，默认显示的是“us-east-1”中的资源指标。

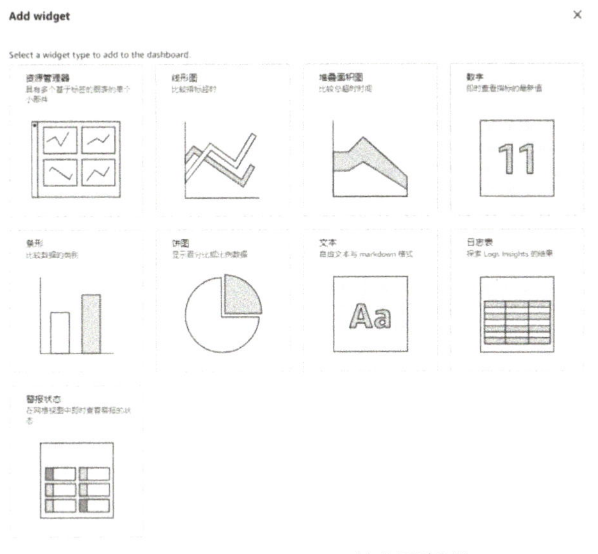

图 5-5　CloudWatch 控制面板的监控指标样式

图 5-6　向控制面板添加监控指标小部件

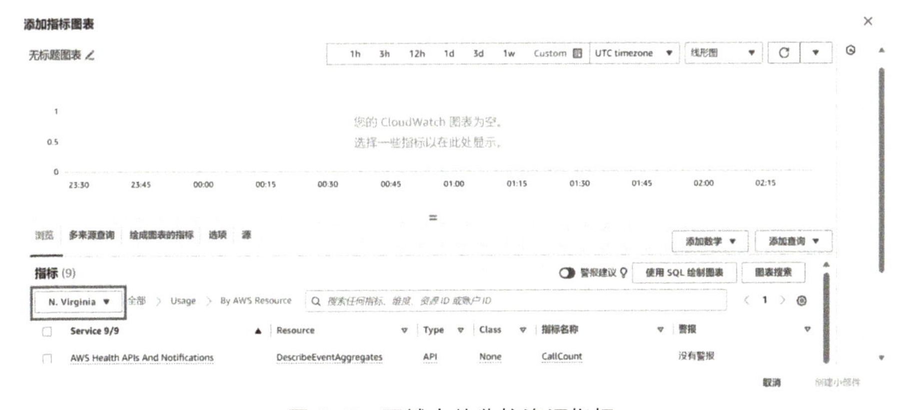

图 5-7　区域中的监控资源指标

选择“EC2”后，可以看到 CloudWatch 又根据“EC2”的资源分为若干类，可以通过“每个实例的指标”搜索框筛选“EC2”中的资源监控指标选项，如图 5-8 所示。

如图 5-8 所示，在指标栏中可以看到当前列出了 68 项关于实例的具体指标，可以通过下拉右侧滚动条逐条查看，也可以通过“每个实例的指标”搜索框输入具体的指标名称进行查找，或者通过指标的关键字进行模糊查找。本案例中使用的是“CPUUtilization”指标。

在图 5-9 所示的查找结果中会列出当前所有的实例，这里选择要监控的实例“WebHost”后，单击窗口右上侧的“创建小部件”。在窗口中单击上侧的“保存控制面板”。可以发现已经将对实例“WebHost”的 CPU 指标监控保存至构建的控制面板中（如图 5-10 所示，X 轴为时间、Y 轴为 CPU 使用率）。

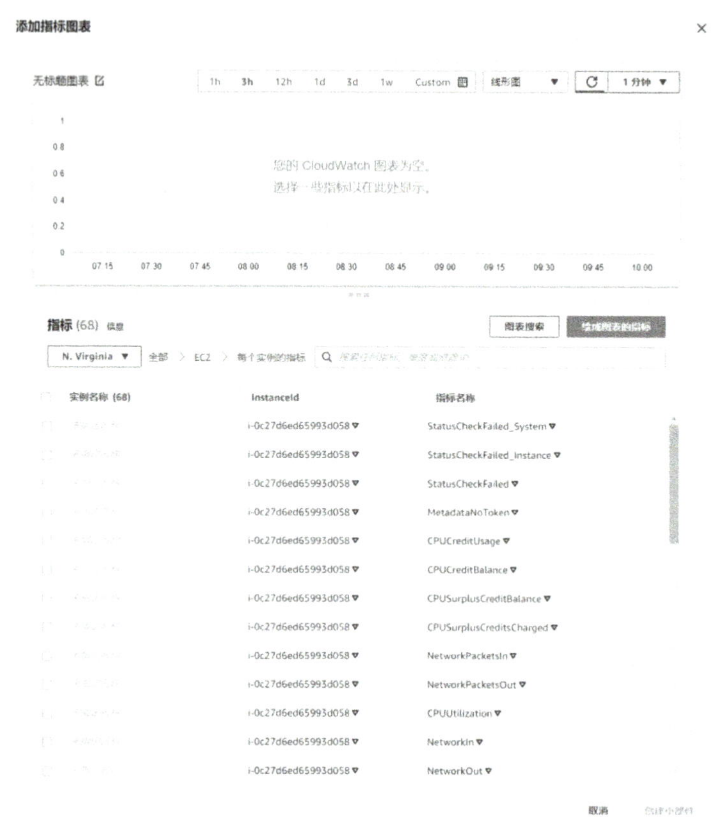

图 5-8　筛选“EC2”中的资源监控指标选项

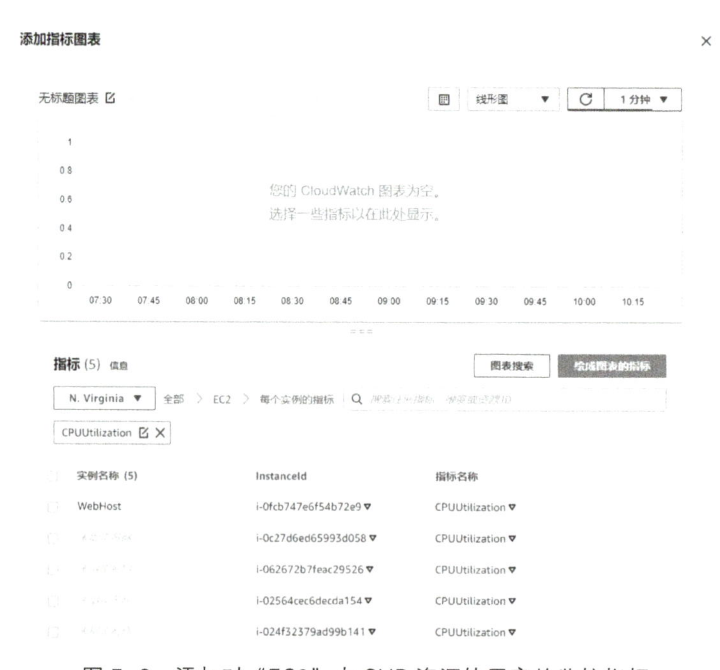

图 5-9　添加对“EC2”中 CUP 资源使用率的监控指标

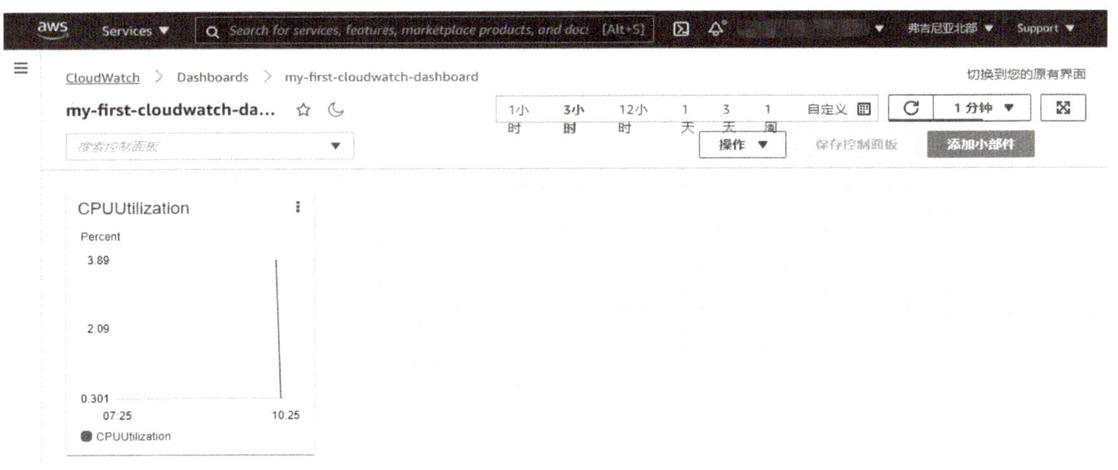

图 5-10　在控制面板中添加对 EC2 中 CUP 资源使用率的监控指标

任务三　添加对 EBS 卷读 / 写的监控

Amazon EBS 卷是一种耐用的数据块级存储设备，将卷附加到实例后，可以像使用其他物理硬盘一样使用它。EBS 卷灵活，可以动态增加大小、修改预配置 IOPS 容量以及更改实际生产卷上的卷类型。用户可以将 EBS 卷用作需要频繁更新的数据的主存储（如实例的系统驱动器或数据库应用程序的存储），还可以将它们用于执行连续磁盘扫描的吞吐量密集型应用程序。在实际的工作中，EBS 卷的最高性能、I/O 操作的大小和数量完成每个操作所需时间之间存在着某种关系。这些因素（性能、I/O 和延迟）相互影响，不同应用程序对各个因素的敏感程度也不同。为了获取 EBS 工作负载优化应用，小张经常需要做一些重复性的工作，并且很容易出现遗漏，在本任务中，将使用 Amazon CloudWatch 服务监控 Amazon EBS 性能指标，用于监控卷运行情况。

在“my-first-cloudwatch-dashboard”监控面板上，单击“添加小部件”按钮，在“Add widget”（添加小部件）页面中，选择合适的数据呈现方式（数据源主要基于两种方式：①指标数据；②根据 CloudWatch Logs Insights 查询到的日志数据）。目前，Amazon CloudWatch 可以将收到的指标数据通过多种方式呈现给用户，方便用户更直观地了解指标的变化。这里小张选择“线形图”以及指标数据作为监控的数据源。

选择“EBS”后，可以看到 CloudWatch 又将每个卷的指标划分为“45”个指标，如图 5-11 所示。

在指标栏中可以看到，当前列出了 45 项关于 EBS 的具体指标。这里小张先选择需要监控的 EBS 的 ID“vol-0f06ff70343eb03e6”，然后选择常用的 4 个指标参数：

1）VolumeReadOps。

2）VolumeWriteOps。

3）VolumeTotalReadTime。

4）VolumeTotalWriteTime。

如图 5-12 所示，单击窗口中的“创建小部件”按钮，在窗口中单击上侧的“保存控制面板”按钮，可以发现已经将对特定 EBS“vol-××××××××”（前面任务中创建的卷）指标的监控保存至构建的控制面板中。

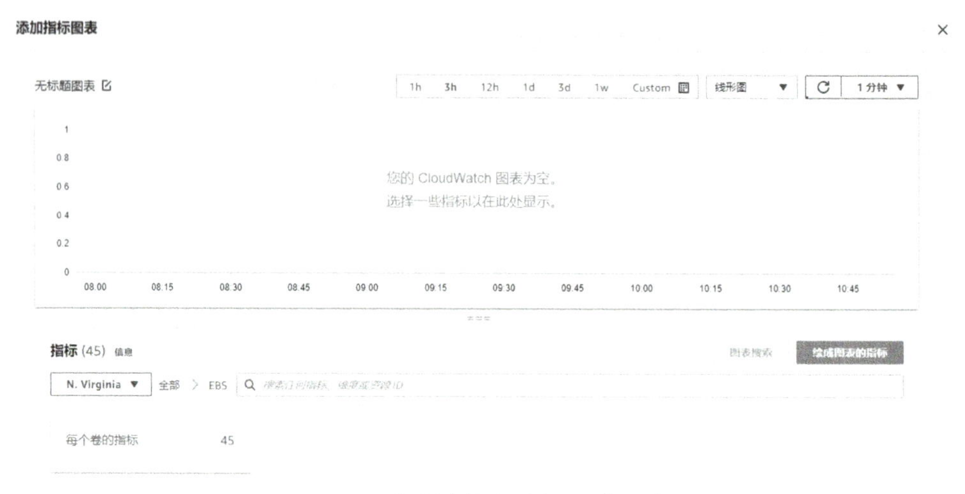

图 5-11　控制台筛选对卷的监控指标

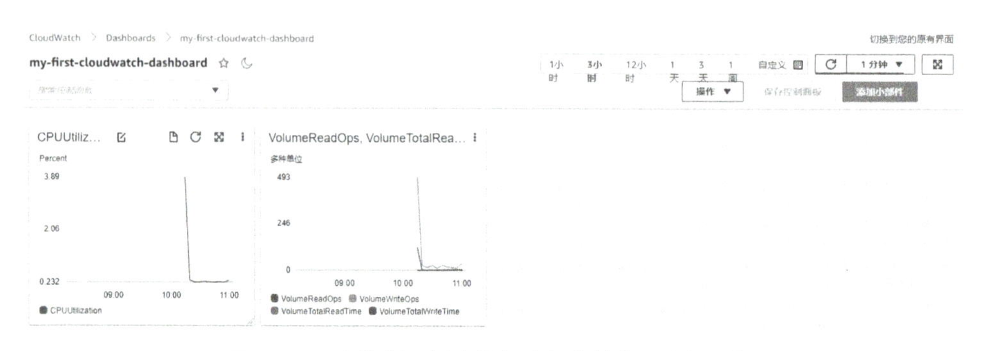

图 5-12　在控制面板中添加选择卷特定的监控指标

任务四　添加对 ELB 指标的监控

负载均衡器作为客户端的单一接触点，可以在多个可用区中的多个目标（如 EC2 实例）间分配应用程序的传入流量，以方便提高应用程序的可用性。小张了解到可使用 ELB 指标来验证系统是否正常运行，例如，可以监控指定的指标，并在指标超出可接受范围时启动某个操作（如向电子邮件地址发送通知）。小张首先学习了 APB 的关键指标，APB 的关键指标及说明见表 5-2。

表 5-2　APB 的关键指标及说明

指标	说明
ActiveConnectionCount	从客户端到负载均衡器以及从负载均衡器到目标的并发活动 TCP 连接的总数
NewConnectionCount	从客户端到负载均衡器以及从负载均衡器到目标建立的新 TCP 连接的总数
ProcessedBytes	负载均衡器通过 IPv4 和 IPv6 处理的总字节数。此计数包括来自客户端和 Lambda 函数的流量，以及来自身份提供程序（IdP）的流量（如果启用了用户身份验证）
RejectedConnection Count	由于负载均衡器达到连接数上限而被拒绝的链接的数量
RequestCount	通过 IPv4 和 IPv6 处理的请求的数量。此计数仅包含具有由负载均衡器目标生成的响应的请求

根据实际的应用，小张决定将“ActiveConnectionCount”和“RequestCount”作为监控的主要指标。在“my-first-cloudwatch-dashboard”监控面板上，单击“添加小部件”按钮，在“Add widget”（添加小部件）页面中，选择合适的数据呈现方式（数据源主要基于两种方式：①指标数据；②根据 CloudWatch Logs Insights 查询到的日志数据）。目前，Amazon CloudWatch 可以将收到的指标数据通过多种方式呈现给用户，方便用户更直观地了解指标的变化。这里小张选择“线形图”以及指标数据作为监控的数据源。

选择“ApplicationELB”后，选择“按 AppELB”指标进行分类，页面中会显示目前亚马逊云科技账户里所有的 ELB。如图 5–13 所示，小张选择通过名称“MyELB”对需要监控的 ELB 进行筛选过滤，然后选择常用的两个指标参数“ActiveConnectionCount”和“RequestCount”。

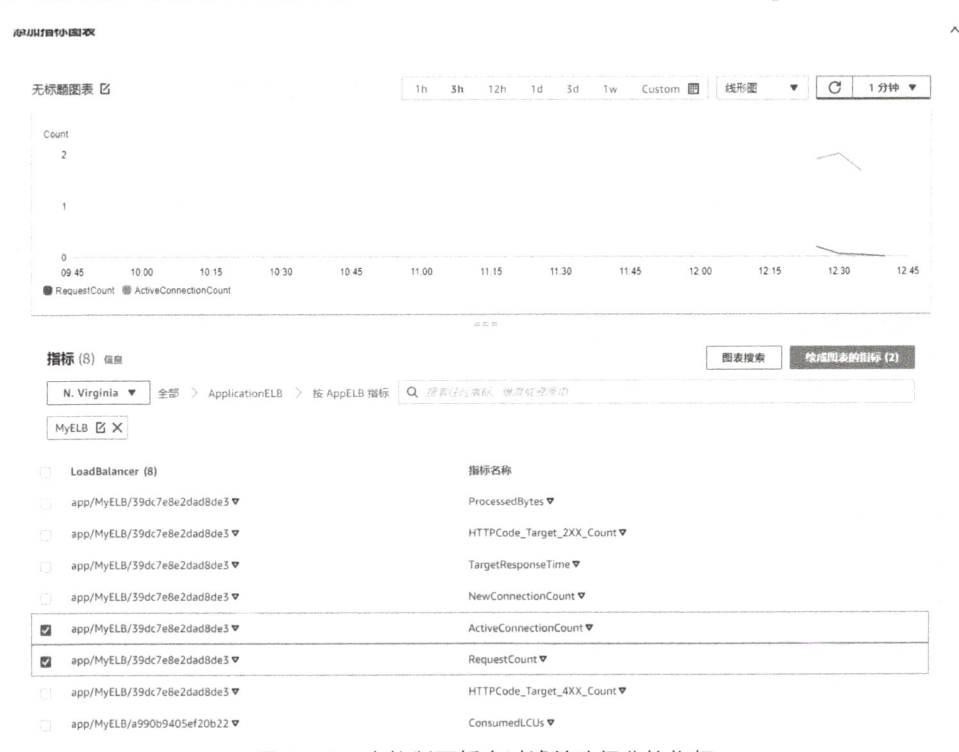

图 5–13　在控制面板中过滤并选择监控指标

单击窗口下方的“创建小部件”，在窗口中单击上侧的“保存控制面板”按钮。如图 5–14 所示，可以发现已经将名称为“MyELB”的 ELB 对应的指标监控保存至构建的控制面板中。

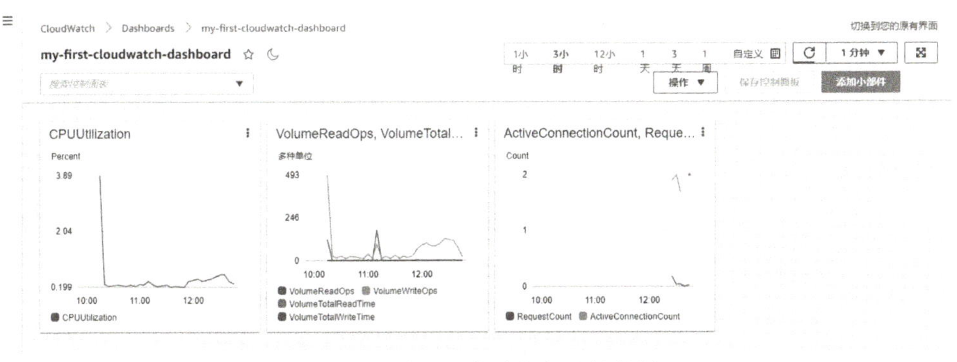

图 5–14　控制面板中指标监控样例

配置 CloudWatch 警报

小张了解到 Amazon CloudWatch 可以在指定的时间段内监控单个指标，并根据指标值相对于阈值的变化情况执行一项或多项指定操作。不仅如此，CloudWatch 还提供了警报机制，除了发出警报通知外，还可以执行一定的操作，例如重启 / 关闭虚拟机等操作。小张准备学习并进行实践测试。下面介绍关于警报的基本概念。

CloudWatch 警报分为指标警报和复合警报，其基本概念如下。

1）指标警报：指标警报监控单个 CloudWatch 指标，或基于 CloudWatch 指标监控数学表达式的结果。警报根据指标或表达式在多个时间段内相对于某阈值的值执行一项或多项操作。操作可以是向 Amazon SNS 主题发送通知、执行 Amazon EC2 操作或 Auto Scaling 操作等。

2）复合警报：复合警报包括一个规则表达式，该表达式考虑用户已创建的其他警报的警报状态。只有当规则的所有条件都得到满足时，复合警报才会进入 ALARM（警报）状态。在复合警报的规则表达式中指定的警报可以包括指标警报和其他复合警报。使用复合警报可以减少警报噪声。用户可以创建多个指标警报，还可以创建复合警报并仅为复合警报设置警报。例如，只有当所有底层指标警报都处于 ALARM（警报）状态时，复合警报才可能进入 ALARM（警报）状态。复合警报可以在其更改状态时发送 Amazon SNS 通知，并在其进入 ALARM 状态时创建 Systems Manager OpsItems，但无法执行 EC2 操作或 Auto Scaling 操作。

用户可向 CloudWatch 控制面板添加警报，并以可视化方式监控它们。当某个警报位于控制面板中时，如果它处于 ALARM 状态，则会变成红色，便于主动监控其状态。为了更好地处理报警，需要进一步了解报警的状态和对报警的评估。指标警报状态及说明见表 5-3。

表 5-3　指标警报状态及说明

指标警报状态	说明
OK	指标或表达式在定义的阈值范围内
ALARM	指标或表达式超出定义的阈值
INSUFFICIENT_DATA	警报刚刚启动，指标不可用，或者指标没有足够的数据以确定警报状态

在创建警报时需要指定 3 个参数（时间段、评估期、触发警报的数据点数），用于 CloudWatch 评估何时更改警报状态，见表 5-4。

表 5-4　创建警报时需要指定的 3 个参数及参数意义

参数名称	参数意义
时间段	为创建警报的各个数据点而对该指标或表达式进行评估的时间长度。它以秒为单位。如果选择 1min 作为周期，则警报每分钟评估一次指标
评估期	确定警报状态时要评估的最近评估期或数据点的数量
触发警报的数据点数	评估期内为使警报变为 ALARM 状态而必须超出阈值的数据点数。超出阈值的数据点不必是连续的，它们只需都在最近的几个（具体数目等于评估期）数据点之内

在了解了基本的概念以后，小张着手进行实践，针对公司特定的一台云主机做测试：如果该云主机在5min内的CPU使用率高于70%，那么让CloudWatch出发的警报机制给出警报，并发送邮件到小张指定的邮箱。

任务一　定义指标和条件

首先需要定义警报的指标和条件，通过以下网址打开CloudWatch控制面板：https://console.aws.amazon.com/cloudwatch/，如图5-15所示，在导航窗格中，选择“警报”下的“警报”菜单，然后单击右侧的“创建警报”按钮。

图5-15　CloudWatch控制面板

如图5-16所示，在“创建警报”界面的“指定指标和条件”区域中单击“选择指标”按钮。

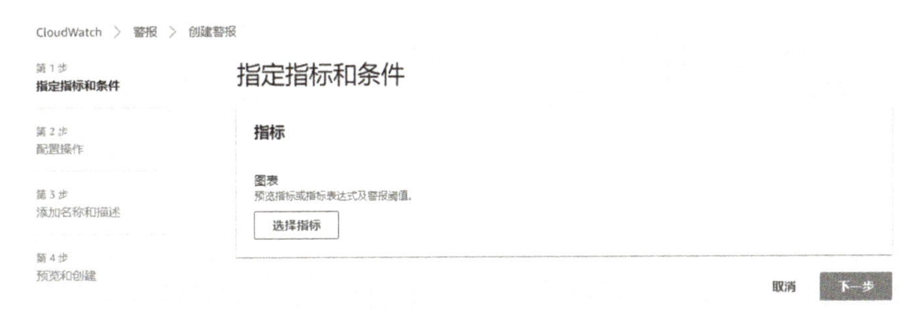

图5-16　“创建警报”界面

如图5-17所示，在“全部指标”选项卡中选择EC2指标，可以看到CloudWatch将EC2指标分成了4个指标类别。

如图5-18所示，选择每个实例的指标，在每个实例的指标下的“搜索任何指标、维度或资源ID”搜索框中输入要监控的EC2的ID“i-0fcb747e6f54b72e9”，查找要监控的实例，在指标名称列中查找CPUUtilization。选中此行左侧的复选框，然后单击“选择指标”按钮。

如图5-19所示，“阈值类型”选择“静态”；将“每当CPUUtilization为”指定为“大于”；在“比”文本框中指定在CPU利用率超过此百分比时触发警报进入ALARM（警报）状态的阈值为“70”；在“其他配置”中，对于触发警报的数据点数，指定必须有多少个评估期（数据点）处于ALARM状态才能触发警报。“要报警的数据点”选项可以保持默认，表示仅会创建一个警报；如果多个连续评估期超出阈值，那么该警报将变为ALARM状态。“缺失数据处理”选项保持默认即可，选择“将缺失的数据作为缺失处理”。最后单击“下一步”按钮。

图 5-17　EC2 指标的 4 个指标类别

图 5-18　特定实例下监控指标筛选

条件

阈值类型

- ◉ 静态　使用值作为阈值
- ○ 异常检测　使用分段作为阈值

每当 CPUUtilization 为...
定义警报条件

- ◉ 大于　> 阈值
- ○ 大于/等于　>= 阈值
- ○ 小于/等于　<= 阈值
- ○ 小于　< 阈值

比...
定义阈值。
70
必须为数字

▼ 其他配置

要报警的数据点
定义评估期间必须超出阈值的数据点数量，以便警报进入 ALARM 状态。
1 ，最大为 1

缺失数据处理
评估警报时如何处理缺失数据
将缺失的数据作为 缺失 处理 ▼

取消　下一步

图 5-19　监控指标阈值条件设定

任务二　配置操作

在“配置操作”页面下，“通知”标签下的“警报状态触发器”选择“警报中”，表示当定义的指标或表达式在规定的阈值范围外时会触发警报，此时会在警报的控制面板出现“警报”提醒，也可以通过 SNS 服务将警报发送至指定的邮箱。如图 5-20 所示，小张选择“选择现有的 SNS 主题”单选按钮，在“发送通知到 ...”中选择已经创建好的主题“InstanceStatusNotification”，最后单击“下一步”按钮。

图 5-20　在“配置操作”界面中选择创建的主题

任务三 添加名称与描述

在“添加名称和描述”界面中填写警报的名称和描述信息，如图 5-21 所示。

图 5-21 为创建的警报添加名称与描述

任务四 预览并创建警报

如图 5-22 所示，对创建的警报预览和确认后，在警报界面可以看到已经创建的警报条目。

图 5-22 查看已创建的警报条目

任务五 警报测试

设置完成后，可以利用客户机（Linux 系统）的 stress 命令或 Windows 系统上的网站压力测试工具对主机进行压力测试。如图 5-23 所示，经过一段时间，当 CPU 使用率持续超过 70% 时，可以看到设置的邮箱中收到警报邮件。

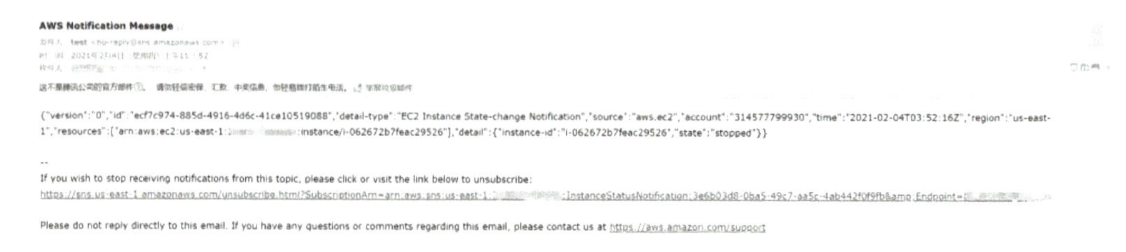

图 5-23 邮箱查收警报信息

使用 CloudWatch Logs 收集日志

CloudWatch Logs 功能可以使用户能够集中管理来自所有系统、应用程序的日志，然后可以轻松查看、搜索特定的错误代码或模式，根据特定字段进行筛选或安全地存档，以供将来分析。借助于 CloudWatch Logs 可以将所有日志（无论其来源如何）看作按时间排序的单一且一致的事件流，当然也可以根据其他维度进行查询和排序，按特定字段分组，使用强大的查询语言创建自定义计算，并在仪表盘中可视化日志数据。

作为亚马逊云科技的一项 Web 服务，在使用中主要表现为以下几个方面：

1）查询日志数据。使用 CloudWatch Logs 可以交互式搜索和分析日志数据的见解。用户可以执行查询，以帮助用户更有效地响应运营问题。CloudWatch Logs 包括一个专门构建的查询语言，带有几个简单但强大的命令，提供示例查询、命令说明、查询自动完成和日志字段发现功能。

2）监控来自 Amazon EC2 实例的日志。可以使用 CloudWatch Logs 通过日志数据监控应用程序和系统。例如，CloudWatch Logs 能够跟踪应用程序日志中的错误数，并在错误率超过指定阈值时发送通知。CloudWatch Logs 使用用户的日志数据进行监控，因此无须更改代码。

3）监控 Amazon CloudTrail 已记录的事件。可以利用 CloudWatch 接收特定 API 活动的通知，捕获 CloudTrail 跟踪的事件并给出通知，以便执行故障排除工作。

4）日志保留。默认情况下，日志将无限期保留且永不过期。可以调整每个日志组的保留策略，选择无限保留，还可以选择 10 年至一天之间的保留期限。

5）归档日志数据。可以使用 CloudWatch Logs 在高持久性存储中存储日志数据。CloudWatch Logs 代理支持用户快速地将已轮换和未轮换的日志文件从主机移动到日志服务。

6）日志 Route 53 DNS 查询。可以使用 CloudWatch Logs 以记录有关 DNS 查询的信息。

7）要使用 CloudWatch Logs 的功能，首先有必要了解 CloudWatch Logs 中的核心术语和概念，详细见表 5-5。

表 5-5　CloudWatch Logs 中的核心术语和概念

核心术语	概念说明
事件	事件是对受监视的应用程序或资源记录的一些活动的记录。CloudWatch Logs 中的事件记录包含两个属性：事件发生时的时间戳和原始事件消息（事件消息须采用 UTF-8 编码）
日志流	日志流是共享同一个源的一系列日志事件。日志流通常旨在表示来自应用程序实例或正在监视的资源的事件序列。例如，日志流可以与特定主机上的 Apache 访问日志相关联。当不再需要日志流时，可使用 aws logs delete-log-stream 命令将其删除
日志组	日志组定义日志保留期、监控和访问控制设置都相同的日志流组。每个日志流都必须属于一个日志组。例如，如果每个主机上的 Apache 访问日志都有一个单独的日志流，那么可以将这些日志流分到一个名为 MyWebsite.com/Apache/access_log 的单独日志组
度量筛器	使用指标筛选条件从已接收的事件中提取指标观察数据，并将它们转换为 CloudWatch 指标中的数据点。指标筛选条件将分配给日志组，分配给日志组的所有筛选条件都将应用于其日志流
保留设置	保留期设置可用于指定日志事件保留在 CloudWatch Logs 中多长时间。过期的日志事件会自动删除。保留期设置也会分配给日志组，分配给日志组的保留期将应用于其日志流

CloudWatch Logs 可以通过配置从 Amazon EC2 实例和本地服务器中进行日志的收集。在本项目的案例中，小张通过配置对 EC2 实例上的日志进行收集。

任务一　为 CloudWatch Logs 配置 IAM 角色

CloudWatch Logs 代理支持 IAM 角色和用户。在配置 Amazon EC2 实例和 CloudWatch Logs 关联前，首先要确保 Amazon EC2 实例具有访问 CloudWatch Logs 的权限，接下来创建 IAM 角色，并且在 EC2 启动时将该角色赋予 EC2。

如图 5-24 所示，首先登录控制台，为 CloudWatch Logs 配置 IAM 角色。

在导航窗格中首先选择角色，然后选择“创建角色”，在“选择受信任实体的类型”下选择“亚马逊云科技产品”，在“选择一个使用案例”下选择案例“EC2”，如图 5-25 所示。

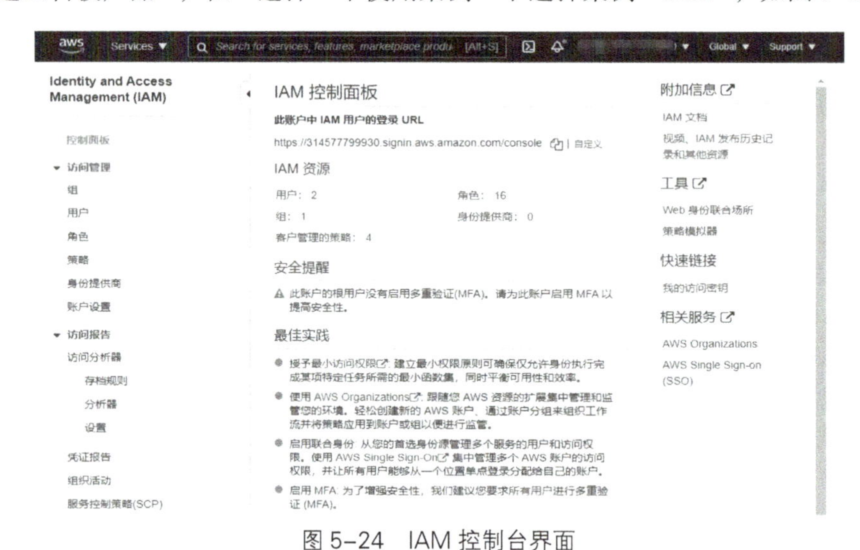

图 5-24　IAM 控制台界面

图 5-25　在 IAM 控制台创建角色

在“Attach 权限策略”下，选择“创建策略”，然后选择 JSON 标签。

如图 5-26 所示，输入相应的 JSON 代码后单击查看策略，输入策略名称“CloudWatchLogs AccessPolicy”和相应的策略描述信息（描述信息可以选填），然后单击页面底部的创建策略，便可以看到成功创建了 CloudWatchLogsAccessPolicy 策略，如图 5-27 所示。该策略允许附加该策略的用户对 CloudWatchLogs 执行“列表、写入、描述”的权限。

图 5-26 在控制台添加策略代码

图 5-27 查看附加策略的用户对 CloudWatchLogs 执行的权限

接下来需要将该策略赋予 IAM 的角色，如图 5-28 所示，在“Attach 权限策略”下的“筛选策略”中找到刚刚创建的策略，确保该策略前面的复选框处于选中状态，单击页面下侧的“下一步：标签”按钮。

创建角色　1　2　3　4

Attach 权限策略

选择一个或多个要附加到新角色的策略。

创建策略

筛选策略　cloudwatchlogs　显示 7 个结果

策略名称	用作
AmazonAPIGatewayPushToCloudWatchLogs	无
AmazonDMSCloudWatchLogsRole	无
AWSAppSyncPushToCloudWatchLogs	无
AWSOpsWorksCloudWatchLogs	无
✔ CloudWatchLogsAccessPolicy	无
CloudWatchLogsFullAccess	无
CloudWatchLogsReadOnlyAccess	无

图 5-28 在控制台选择上一步骤中创建的策略

如图 5-29 所示，在“添加标签（可选）”页面为即将创建的角色添加标签“CloudWatch LogsAccessRole”，单击“下一步：审核”按钮。

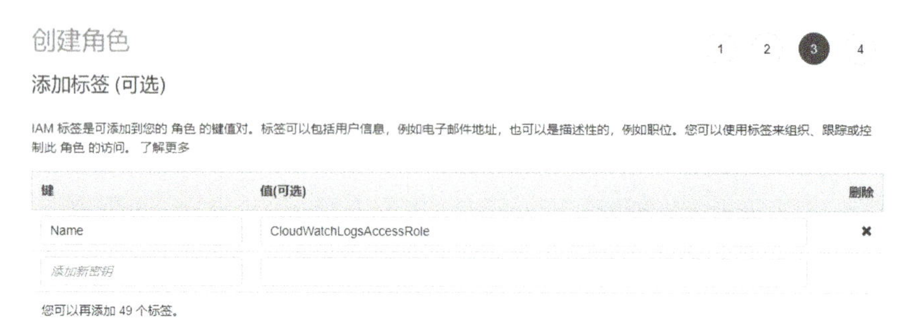

图 5-29　在控制台为即将创建的角色添加标签

如图 5-30 所示，在“审核”页面输入创建角色的名称及描述信息。

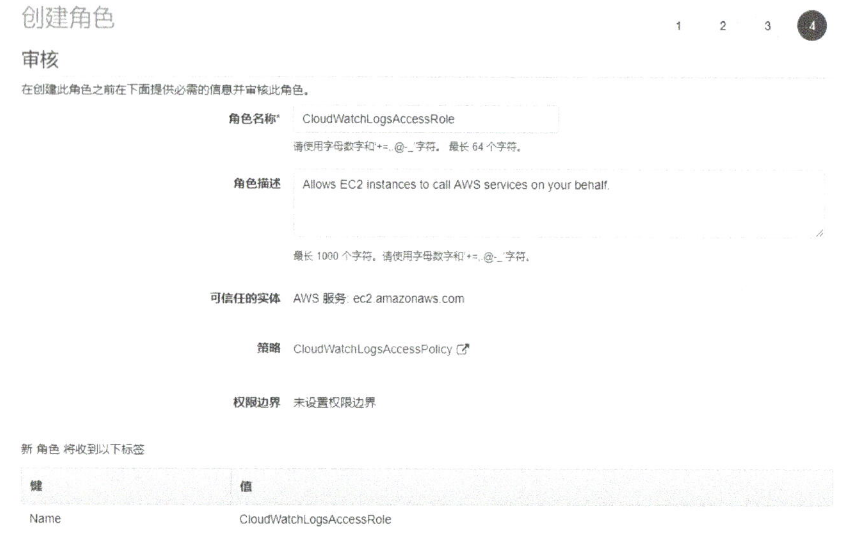

图 5-30　在控制台创建角色

至此，访问 CloudWatchLogs 资源的 IAM 角色已经成功创建，如图 5-31 所示，需要将该角色附件给 EC2 主机。

图 5-31　在控制台将创建的角色附件给 EC2 主机

任务二　安装和配置 CloudWatch Logs

CloudWatch Logs 代理安装程序可在现有 EC2 实例中安装和配置 CloudWatch Logs 代理。安装完成后，日志自动从实例流向安装代理时创建的日志流，接下来对已经存在 EC2 的主机安装 CloudWatch Logs 代理服务，首先连接至 EC2 主机。执行以下命令。

1）更新 Amazon Linux 实例以在软件包存储库中选取最新更改。

```
sudo yum update -y
```

2）安装 awslogs 程序包，如图 5-32 所示。

```
sudo yum install -y awslogs
```

awslogs 程序配置文件为 /etc/awslogs/awslogs.conf。默认情况下，/etc/awslogs/awscli.conf 指向 us-east-1 区域。要将日志推送到其他区域，可以编辑 awscli.conf 文件并指定该区域。

3）启动 awslogs 并在每次系统启动时运行以下命令以启动 awslogs 服务。

```
sudo systemctl start awslogsd && sudo systemctl enable awslogsd.service
```

4）查看 awslogs 服务的运行状态。

```
sudo systemctl status awslogsd
```

以上操作回显如图 5-33、图 5-34 所示。

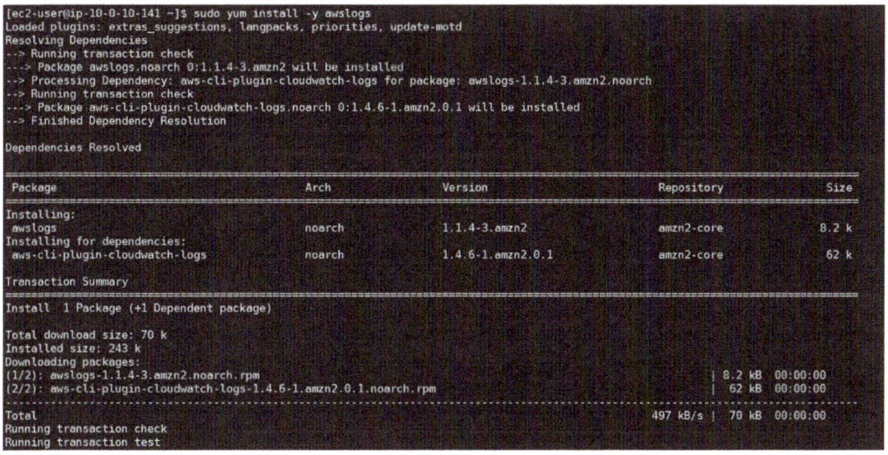

```
[ec2-user@ip-10-0-10-141 ~]$ sudo yum install -y awslogs
Loaded plugins: extras_suggestions, langpacks, priorities, update-motd
Resolving Dependencies
--> Running transaction check
---> Package awslogs.noarch 0:1.1.4-3.amzn2 will be installed
--> Processing Dependency: aws-cli-plugin-cloudwatch-logs for package: awslogs-1.1.4-3.amzn2.noarch
--> Running transaction check
---> Package aws-cli-plugin-cloudwatch-logs.noarch 0:1.4.6-1.amzn2.0.1 will be installed
--> Finished Dependency Resolution

Dependencies Resolved

================================================================================
 Package                         Arch        Version               Repository    Size
================================================================================
Installing:
 awslogs                         noarch      1.1.4-3.amzn2         amzn2-core   8.2 k
Installing for dependencies:
 aws-cli-plugin-cloudwatch-logs  noarch      1.4.6-1.amzn2.0.1     amzn2-core    62 k

Transaction Summary
================================================================================
Install  1 Package (+1 Dependent package)

Total download size: 70 k
Installed size: 243 k
Downloading packages:
(1/2): awslogs-1.1.4-3.amzn2.noarch.rpm                          | 8.2 kB  00:00:00
(2/2): aws-cli-plugin-cloudwatch-logs-1.4.6-1.amzn2.0.1.noarch.rpm |  62 kB  00:00:00
--------------------------------------------------------------------------------
Total                                                  497 kB/s |  70 kB  00:00:00
Running transaction check
Running transaction test
```

图 5-32 在云主机上安装 awslogs 程序包

```
[ec2-user@ip-10-0-10-141 ~]$ ls /etc/awslogs/
awscli.conf  awslogs.conf  config  proxy.conf
[ec2-user@ip-10-0-10-141 ~]$ sudo grep -v "^#" /etc/awslogs/awscli.conf
[plugins]
cwlogs = cwlogs
[default]
region = us-east-1
[ec2-user@ip-10-0-10-141 ~]$
```

图 5-33 查看云主机 /etc/awslogs/awscli.conf 文件内容

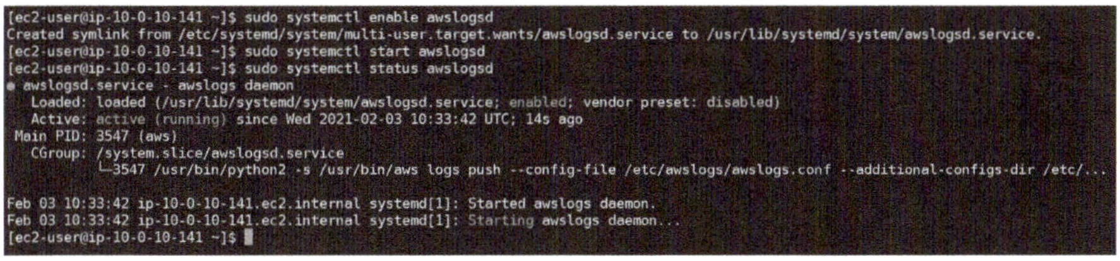

```
[ec2-user@ip-10-0-10-141 ~]$ sudo systemctl enable awslogsd
Created symlink from /etc/systemd/system/multi-user.target.wants/awslogsd.service to /usr/lib/systemd/system/awslogsd.service.
[ec2-user@ip-10-0-10-141 ~]$ sudo systemctl start awslogsd
[ec2-user@ip-10-0-10-141 ~]$ sudo systemctl status awslogsd
● awslogsd.service - awslogs daemon
   Loaded: loaded (/usr/lib/systemd/system/awslogsd.service; enabled; vendor preset: disabled)
   Active: active (running) since Wed 2021-02-03 10:33:42 UTC; 14s ago
 Main PID: 3547 (aws)
   CGroup: /system.slice/awslogsd.service
           └─3547 /usr/bin/python2 -s /usr/bin/aws logs push --config-file /etc/awslogs/awslogs.conf --additional-configs-dir /etc/...

Feb 03 10:33:42 ip-10-0-10-141.ec2.internal systemd[1]: Started awslogs daemon.
Feb 03 10:33:42 ip-10-0-10-141.ec2.internal systemd[1]: Starting awslogs daemon...
[ec2-user@ip-10-0-10-141 ~]$
```

图 5-34 设置 awslogs 服务开机自启并查看该服务状态

任务三 查看创建的日志组和日志流

打开 CloudWatch 的控制台界面，如图 5-35 所示，在页面左侧导航栏中选择“日志”下的“日志组”，在“日志流”中可以看到“/var/log/messages”，单击后可以看到以 EC2 实例 ID 命名的目录。

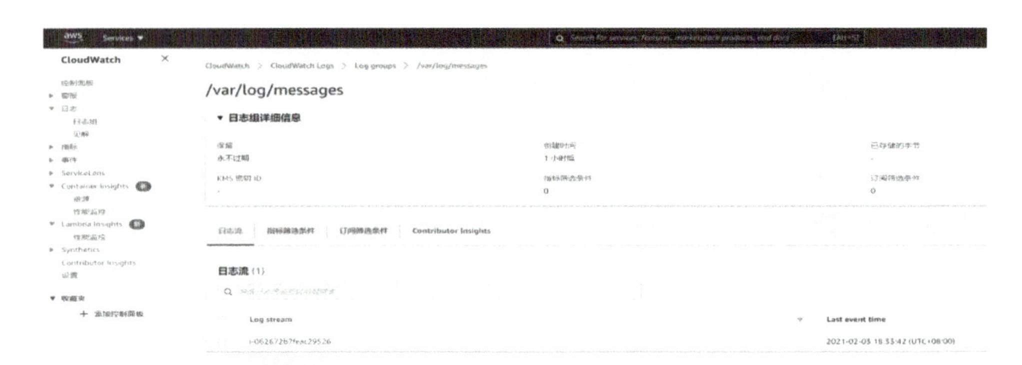

图 5-35　在控制台添加策略代码

进入目录后可以看到 EC2 实例的日志已经发送至 Cloudwatch，并形成日志流，如图 5-36 所示。

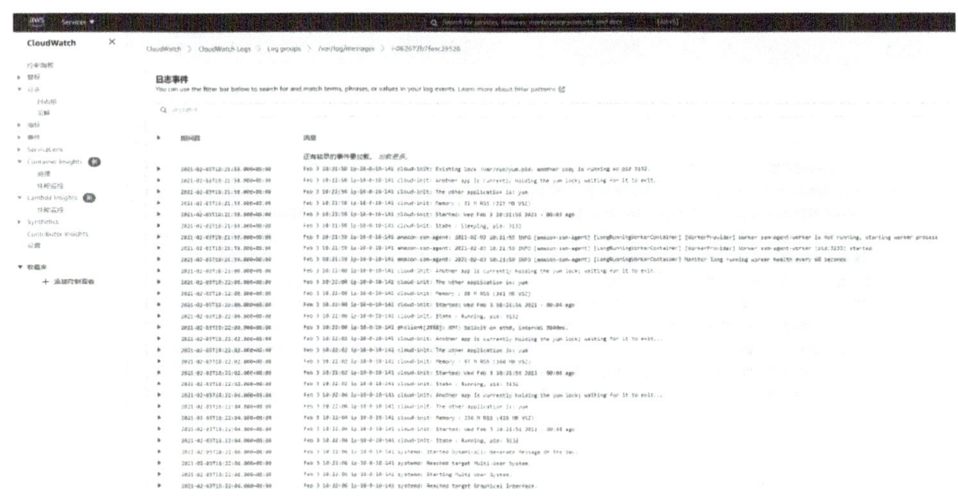

图 5-36　日志流

使用 CloudWatch 事件

Amazon CloudWatch Events 提供近乎实时的系统事件流，这些系统事件描述亚马逊云科技（Amazon Web Service）资源的变化。使用可快速设置的简单规则可以匹配事件并将事件路由到一个或多个目标函数或流。CloudWatch Events 会在发生操作更改时感知到这些更改。CloudWatch Events 将响应这些操作更改并在必要时采取纠正措施，方式是发送消息以响应环境、激活函数、进行更改并捕获状态信息。

在开始使用 CloudWatch Events 之前，应了解以下概念。

1）事件：指示亚马逊云科技环境中的更改。亚马逊云科技资源可以在状态发生变化时生成事件。例如，Amazon EC2 在 EC2 实例的状态从待处理更改为正在运行时生成事件，Amazon EC2 Auto Scaling 在启动或终止实例时生成事件。Amazon CloudTrail 在执行 API 调用时发布事件。用户可以生成自定义应用程序级事件，并将它们发布到 CloudWatch Events。

2）规则：规则匹配传入事件并将其路由到目标进行处理。单个规则可路由到多个目标，所有这些目标将并行处理。规则不按特定顺序处理。这可让组织的不同部门人员能够查找和处理他们感兴趣的事件。

3）目标：目标负责处理事件。目标可包括 Amazon EC2 实例、Amazon Lambda 函数、Kinesis 流、Amazon ECS 任务、Step Functions 状态机、Amazon SNS 主题、Amazon SQS 队列和内置目标。但应注意，规则的目标必须与规则位于同一区域中。

了解了这些基本的概念之后，小张准备利用 CloudWatch 事件服务对公司的一台云主机进行测试，使用 CloudWatch Events 记录 Amazon EC2 实例的状态。该测试主要分为 3 个任务：首先是创建 Amazon Lambda 函数，通过 Lambda 函数以记录 EC2 状态更改事件；其次是创建触发事件的规则；最后对规则进行测试。

任务一　创建 Amazon Lambda 函数

打开 Amazon Lambda 控制台，如图 5-37 所示，在左侧的导航栏中选择“控制面板”或“函数”，在右侧单击“创建函数”按钮。

图 5-37　在控制台查看 Amazon Lambda 功能

如图 5-38 所示，在“创建函数”界面中选择“使用蓝图”选项，输入筛选条件“hello”，然后选择 hello-world 蓝图，最后单击“配置”按钮。

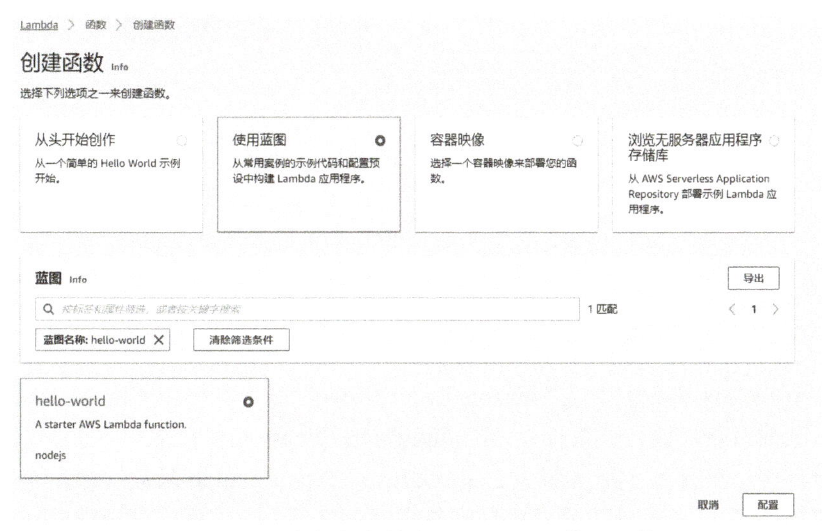

图 5-38　在控制台创建 hello-world 蓝图函数

在控制台创建 LogEC2InstanceStateChange，如图 5-39 所示。

Lambda > 函数 > 创建函数 > 配置蓝图 hello-world

基本信息 Info

函数名称

LogEC2InstanceStateChange

执行角色

选择定义您的函数权限的角色。要创建自定义角色，请转至 IAM 控制台。

创建具有基本 Lambda 权限的新角色

使用现有角色

从 AWS 策略模板创建新角色

角色创建过程可能需要几分钟。请勿删除角色或编辑此角色的信任或权限策略。

Lambda 将创建一个名为 LogEC2InstanceStateChange-role-xd58vo6a 的执行角色，此角色具有将日志上传到 Amazon CloudWatch Logs 的权限。

图 5-39　在控制台创建 LogEC2InstanceStateChange

查看 LogEC2InstanceStateChange 的对应代码，如图 5-40 所示。

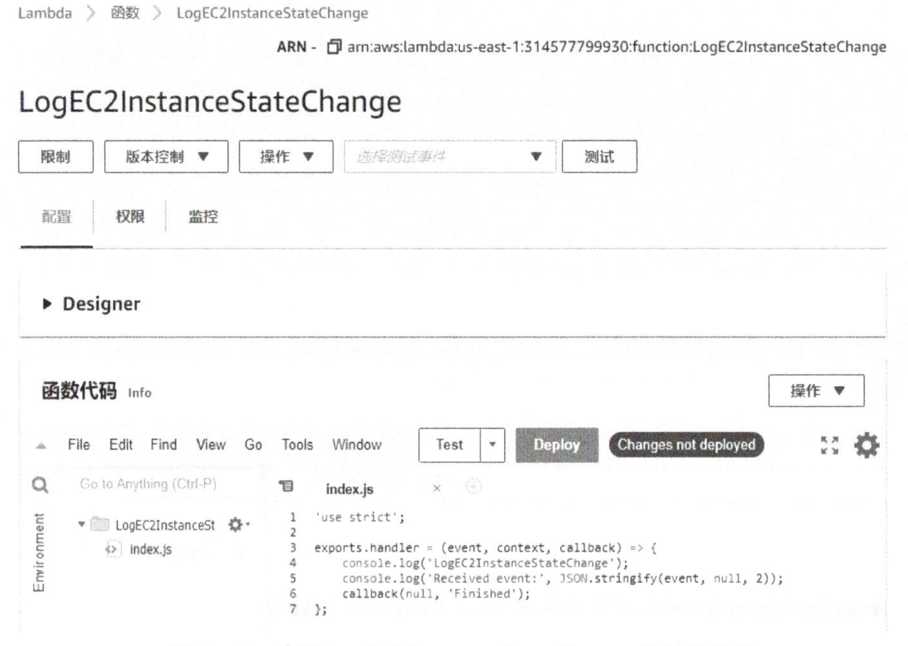

图 5-40　查看 LogEC2InstanceStateChange 的对应代码

任务二　创建事件触发的 CloudWatch Bridge 规则

Cloudwatch Events 现命名为“Amazon EventBridge”，其可提供 Cloudwatch Events 的全部功能，并且已推出新功能，这里仅介绍 Cloudwatch Events 相关功能。本任务选择 EC2 的状态改变作为事件源，事件发生后会触发 LogEC2InstaneStateChange 函数。如图 5-41 所示，在左侧选择“事件”下的“规则”后，在右侧单击“创建规则”按钮。在弹出的界面中，在事件源中选择“事件模式”，设置对应的服务名称为“EC2”，“事件类型”选择“EC2 Instance

State-change”，“特定状态”指定为“running”。在目标中选择“Lambda 函数”，具体函数选择“LogEC2InstanceStateChange”，如图 5-42 所示。

图 5-41　在控制台创建事件规则

图 5-42　在控制台创建事件触发的 CloudWatch Bridge 规则

如图 5-43 所示，配置规则详细信息。这里定义规则名称为“EC2StatueChangeEventRule”，描述为“test of EC2StatueChangeEventRule”，“状态”设置为“已启用”，然后单击“创建规则”按钮。

当规则成功创建后，在图 5-44 所示的列表中可以看到成功创建的名称为“EC2StatueChangeEventRule”的规则。

图 5-43　在控制台创建 EC2StatueChangeEventRule

图 5-44　在控制台查看已创建的 EC2StatueChangeEventRule

任务三　测试规则

本任务通过对运行中的名称为“WebHost”的主机操作以验证“CloudWatch Event”设置的规则。如图 5-45 所示，在实例界面可以看到处于运行状态的名称为“WebHost”的主机，接下来对该实例进行停止操作。

图 5-45　在控制台停止已经启动的实例

当实例停止后，切换至 CloudWatch 界面，单击上一任务中创建的“EC2StatueChange EventRule”规则，可以发现目标中名称为“LogEC2InstanceStateChange”的已匹配事件，如图 5-46 所示。

图 5-46　在控制台查看匹配事件

如图 5-47 所示，在 CloudWatch 界面左侧导航栏中选择“指标”选项，在右侧区域，通过规则名称“EC2StatueChangeEventRule”可以过滤到已经匹配到的指标名称。

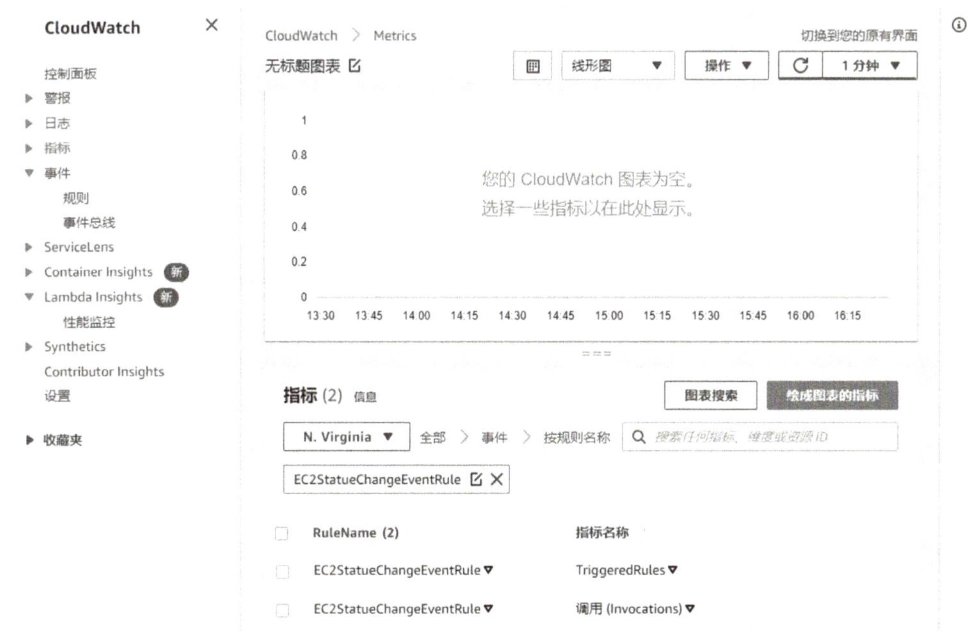

图 5-47　在控制台匹配到的指标名称

若要查看 Lambda 函数的输出，可执行以下操作：如图 5-48 所示，在导航窗格中选择“日志”下的“日志组”选项，选择 Lambda 函数的日志组的名称，选择日志流的名称，以查看启动的实例的函数提供的数据。

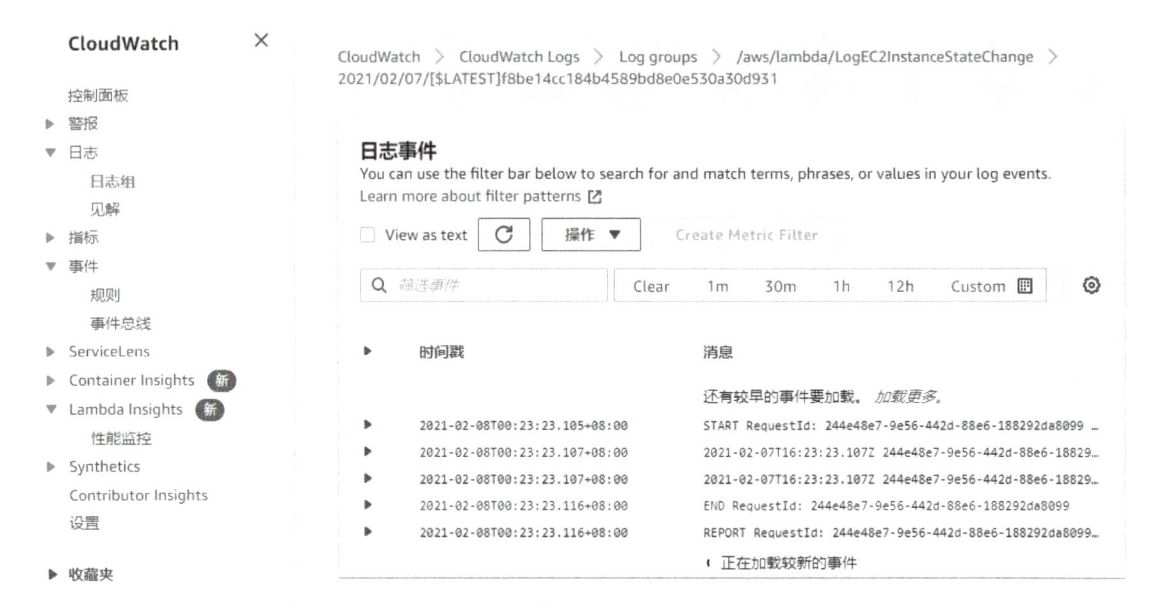

图 5-48　在控制台查看 Lambda 函数的输出

使用 CloudTrail 查看事件

Amazon CloudTrail 是一项亚马逊云科技服务，可帮助对用户的亚马逊云科技账户进行监管、合规性检查、操作审核和风险审核。用户、角色或亚马逊云科技服务执行的操作将记录为 CloudTrail 中的事件。事件包括在亚马逊云科技管理控制台、Amazon Command Line Interface、Amazon SDKs 和 APIs 中执行的操作。在创建亚马逊云科技账户时，将对账户启用 CloudTrail。当亚马逊云科技账户中发生活动时，该活动将记录在 CloudTrail 事件中。用户可以通过转到事件历史记录来轻松查看 CloudTrail 控制台中的最新事件。要持续记录亚马逊云科技账户中的活动和事件，需要创建跟踪。同时可以将 CloudTrail 集成到使用 API 的应用程序、为用户的组织自动创建跟踪、检查创建的跟踪状态和控制用户查看 CloudTrail 事件的方式。

启用 CloudTrail 日志记录后，CloudTrail 将捕获用户账户中的 API 调用，并将日志文件传输到指定的 Amazon S3 存储桶。每个日志文件都可以包含一个或多个记录，具体取决于为满足某个请求而必须执行的操作的数量。

CloudTrail 中的事件是亚马逊云科技账户中的活动的记录。此活动可以是用户、角色或可由 CloudTrail 监控的服务执行的操作。CloudTrail 事件提供通过亚马逊云科技管理控制台、Amazon SDKs、命令行工具和其他亚马逊云科技服务执行的 API 和非 API 账户活动的历史记录。见表 5-6，有 3 种类型的事件可以记录在 CloudTrail 中：管理事件、数据事件和见解事件。默认情况下，跟踪记录管理事件，但不记录数据或见解事件。

表 5-6　可以记录在 CloudTrail 中的 3 种类型的事件

类别	作用	示例
管理事件	提供有关在用户亚马逊云科技账户内的资源上执行的管理操作的信息，这些也称为控制层面操作	配置安全性（如 IAM AttachRolePolicy API 操作） 注册设备（如 Amazon EC2 CreateDefaultVpc API 操作） 配置传送数据的规则（如 Amazon EC2 CreateSubnet API 操作） 设置日志记录（如 Amazon CloudTrail CreateTrail API 操作） 管理事件还包括在用户的账户中发生的非 API 事件。例如，当一个用户登录到另一个用户的账户时，CloudTrail 会记录 ConsoleLogin 事件
数据事件	提供有关在资源上或资源内执行的资源操作的信息，也称为数据层面操作。数据事件通常是高容量活动	Amazon S3 对象级别 API 活动（如 GetObject、DeleteObject 和 PutObject API 操作） Amazon Lambda 函数执行活动（如 Invoke API） Amazon S3 上的 Amazon Outposts 对象级别 API 活动 在创建跟踪时，默认情况下不会记录数据事件。要记录 CloudTrail 数据事件，必须明确地将要为其收集活动的受支持的资源或资源类型添加到跟踪
见解事件	捕获亚马逊云科技账户中的异常活动。如果已启用 Insights events，并且 Cloud Trail 检测到异常活动，那么 Insights events 将记录到跟踪的目标 S3 存储桶中的另一个文件夹或前缀中。在 CloudTrail 控制台上查看 Insights events 时，可以查看见解的类型和事件时间段	与在 CloudTrail 跟踪中捕获的其他类型的事件不同，仅在 CloudTrail 检测到账户的 API 使用情况的更改与账户的典型使用模式有显著差异时，才记录 Insights events。可能生成 Insights events 的活动的示例包括： 亚马逊云科技账户通常每分钟记录不超过 20 次 Amazon S3 deleteBucket API 调用，但账户一开始就平均每分钟记录 100 次 deleteBucket API 调用。在异常活动开始时记录一个见解事件，并记录另一个见解事件以标记异常活动的结束 账户通常每分钟记录 20 次对 Amazon EC2 AuthorizeSecurityGroupIngress API 的调用，但账户开始记录对 AuthorizeSecurityGroupIngress 的零次调用。在异常活动开始时记录一个见解事件，10min 后，当异常活动结束时，将记录另一个见解事件以标记异常活动的结束。默认情况下，在创建跟踪时，Insights events 处于禁用状态

任务一　显示 CloudTrail 事件

登录亚马逊云科技管理控制台，并打开 CloudTrail 控制台。如图 5-49 所示，在导航窗格中，选择“事件历史记录”选项，内容窗格中会出现一个筛选过的事件列表，其中包含最新事件。向下滚动可查看更多事件。

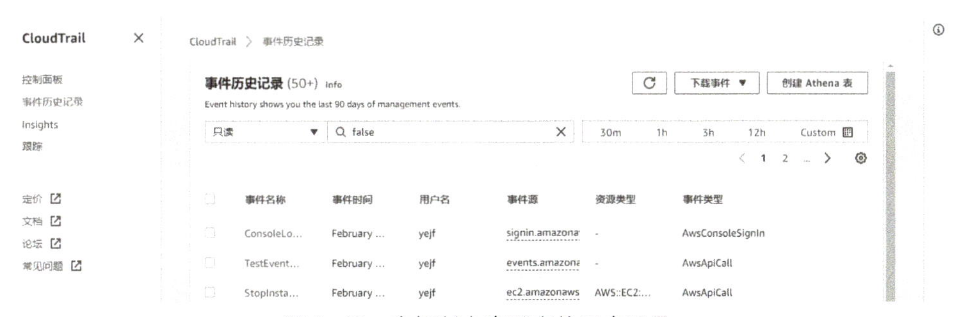

图 5-49　在控制台查看事件历史记录

要比较事件，可通过选择事件历史记录（Event history）表的左侧的边缘填充事件的复选框来选择最多 5 个事件。如图 5-50 所示，在比较事件详细信息（Compare event details）表中可查看所选事件的详细信息。

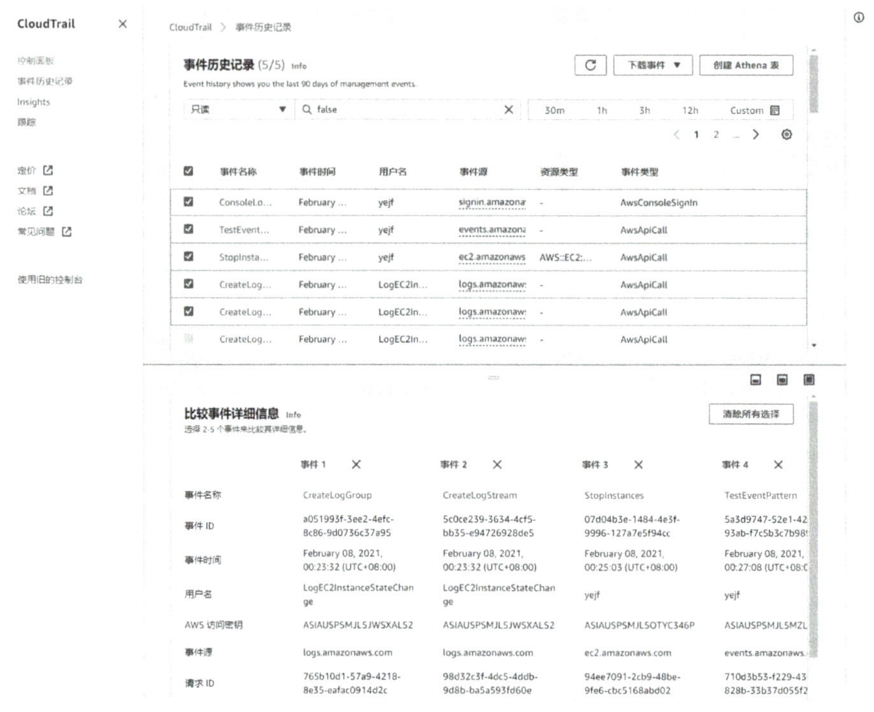

图 5-50　在控制台比较历史事件

任务二　筛选 CloudTrail 事件

事件历史记录（Event history）中的事件默认显示使用属性筛选的条件，排除已显示事件列表中的只读事件。此属性筛选条件名为 Read-only，并设置为 false。也可以删除此筛选条件，同时显示读取和写入事件。如果要仅查看 Read 事件，那么用户可以将筛选值更改为 true。用户还可以按其他属性筛选事件。如图 5-51 所示，可以按时间范围进一步进行筛选。

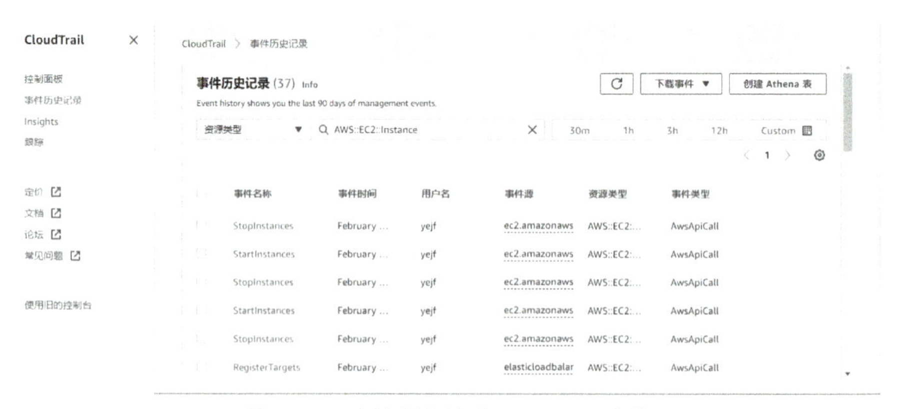

图 5-51　在控制台筛选 CloudTrail 事件

任务三　查看事件的详细信息

用户可通过选择结果列表中的事件以显示其详细信息。事件中引用的资源显示在事件详细信息页面上的资源引用表中，一些引用的资源具有链接。选择该链接可打开此资源的控制台，如图 5-52 所示，滚动到详细信息页面上的事件记录（Event record）以查看 JSON 事件记录，选择页面位置提示中的事件历史记录（Event history）来关闭事件详细信息页面，并返回到事件历史记录（Event history）。

图 5-52　在事件历史记录中查看时间详情

习题

一、单选题

1. AmazonCloudWatch 是用户可以与 AWS 一起使用的几种监控选项之一。CloudWatch 具有的（　　）功能可为用户提供可自定义的主页，用户可以使用它来监控自己的资源单一视图。

   A）一个看法　B）仪表板　C）报告　D）控制台

2. 用户正在实施 AmazonCloudWatch 以监控自己的 AWS 基础架构，那么能用（　　）在 CloudWatch 中执行诸如向 SNS 主题或 AutoScaling 策略发送通知等操作。

   A）事件　B）行动　C）仪表板　D）警报

3. Amazon（　　）实时监控用户在 AWS 中运行的 AWS 资源和应用程序，用户可以收集和跟踪指标以及设置警报，从而根据规则发送通知限定。

   A）CloudWatch　B）Cognito

   C）CloudFront　D）SimpleNotificationService（简单通知服务）

二、多选题

1. Amazon CloudWatch 指标现在支持的函数包括（　　）。

   A）RUNNING_SUM　　B）TIME_SERIES

   C）DATAPOINT_COUNT　　D）GetMetricData API

2. 可以使用 Amazon CloudWatch Logs 监控、存储和访问来自 Amazon Elastic Compute Cloud（Amazon EC2）实例、AWS CloudTrail、Route 53 和其他来源的日志文件，以下属于 Amazon CloudWatch Logs 特征的是（　　）。

   A）记录 Route 53 DNS 查询　　B）监控 AWS CloudTrail 记录的事件

   C）监控来自 Amazon EC2 实例的日志　　D）日志保留

3. Amazon Kinesis Data Streams 是一项云服务，可用于快速、连续地接收和聚合数据。使用的数据类型包括（　　）。

   A）IT 基础架构日志数据　　B）应用程序日志

   C）社交媒体、市场数据馈送　　D）Web 单击流数据

三、判断题

1. Amazon CloudWatch 异常检测应用机器学习算法来连续分析系统和应用程序指标，判断正常基线和异常事件，需要极大的用户干预。（　　）

2. 基于 CloudWatch 异常检测创建警报，该警报会分析过去的指标数据并创建预期值模型。为异常情况检测阈值设置了一个值，CloudWatch 会将此阈值与模型结合使用，以确定指标值的“正常”范围。阈值越高，生成的“正常”值带越细。（　　）

3. CloudWatch 提供了相当基本的功能，不会产生重要的（额外的）AWS 锁定。该服务提供的大部分指标都可以通过可导入其他聚合、可视化工具或服务（许多专门提供 CloudWatch 数据导入的服务）的 API 获取。（　　）

4. CloudTrail 会捕获用户账户中的 API 调用，并将日志文件传输到用户指定的 Amazon S3 存储桶。每个日志文件都可以包含一条或多条记录，具体取决于必须执行多少操作才能满足请求。（　　）

单元六

存储与归档

单元情景

作为某IT公司的运维工程师，小张发现运行公司关键业务的一台云主机磁盘空间已经达到了配额的限制，随着公司业务的持续增长，该云主机磁盘空间容量可能会影响业务的正常运行。小张请示了部门经理同意后，开始着手对该云主机的存储容量实施扩展。接下来小张将通过一系列关于云存储知识学习和动手实践来满足公司的业务需求。

单元概要

通过本单元，读者可了解AWS块存储的特性及使用场景，根据特定的工作场景创建合适大小的块存储并将该块存储附加给指定的实例，并在实例中完成对EBS的文件系统格式化和自动挂载等。

学习目标

- 理解EBS的概念和基本特性。
- 掌握EBS块存储创建的方法。
- 掌握实例中EBS块存储文件系统的格式化及自动挂载。
- 掌握EBS块存储数据的备份与恢复。
- 掌握对象存储S3的使用方法。

AWS 的存储服务主要有 Amazon Elastic Block Store（Amazon EBS）、Amazon Simple Storage Service（Amazon S3）、Amazon Elastic File System（Amazon EFS），每种服务都适用于不同的工作场景。Amazon Elastic Block Store（Amazon EBS）提供了块级存储卷以用于 EC2 实例。EBS 卷的行为类似于原始、未格式化的块储存设备。可以将这些卷作为设备挂载在实例上。用户可以在这些卷上创建文件系统，或者以使用块储存设备（如硬盘）的任何方式使用这些卷。AWS 最佳实践建议为必须能够快速访问且需要长期保存的数据使用 Amazon EBS。EBS 卷特别适合用作文件系统和数据库的主存储，还适用于任何需要细粒度更新及访问原始的、未格式化的块级存储的应用程序。Amazon EBS 非常适合依赖随机读写操作的数据库式应用程序以及执行长期持续读写操作的吞吐量密集型应用程序。Amazon Simple Storage Service（Amazon S3）是一种对象存储服务，提供行业领先的可扩展性、数据可用性、安全性等。这意味着各种规模和行业的客户都可以使用 Amazon S3 来存储并保护各种用例（如数据湖、网站、移动应用程序、备份和还原、存档、企业应用程序、IoT 设备和大数据分析）的数据，容量不限。Amazon S3 提供了易于使用的管理功能，因此可以组织数据并配置精细调整过的使用权限控制，从而满足特定的业务、组织和合规性要求。Amazon S3 可达到 99.999999999%（11 个 9）的持久性，并为全球各地的公司存储数百万个应用程序的数据。Amazon Elastic File System（Amazon EFS）可提供简单、可扩展、完全托管的弹性 NFS 文件系统，以与 AWS 云服务和本地资源配合使用。它可在不中断应用程序的情况下按需扩展到 PB 级，随着添加或删除文件而自动扩展或缩减，无须预置和管理容量，可自适应增长。Amazon EFS 有一个简单的 Web 服务界面，允许快速、轻松地创建和配置文件系统。该服务可为用户管理所有文件存储基础设施。Amazon EFS 支持网络文件系统版本 4（NFS v4.1 和 NFS v4.0）协议，因此当前使用的应用程序和工具可以与 Amazon EFS 无缝融合。多个 Amazon EC2 实例可以同时访问 Amazon EFS 文件系统，为在多个实例或服务器上运行的工作负载和应用程序提供通用数据源。

项目一　使用块存储

小张在了解了 AWS 提供的存储服务的基本概念后，进一步了解到 AWS 可提供两种类型的块级别存储，即 EBS 卷存储和实例存储。衡量存储性能优劣主要有以下几个指标。

1）I/O 特性。磁盘的 I/O，顾名思义就是磁盘的输入 / 输出。输入指的是对磁盘写入数据，输出指的是从磁盘读出数据。通常情况下，在给定卷的配置中，某些 I/O 特性会对 EBS 卷的性能表现造成影响。支持 SSD 的卷（即通用型 SSD（gp2 和 gp3）和预配置 IOPS SSD（io1 和 io2））能够提供一致的性能，无论 I/O 操作是随机的还是顺序的。HDD 卷（即吞吐优化 HDD（st1）和 Cold HDD（sc1））仅当 I/O 操作是大型顺序操作时才能提供最佳性能。

2）IOPS。IOPS 是指每秒内系统能处理的 I/O 请求数量。I/O 请求通常为读或写数据的操作请求。IOPS 是衡量存储性能的关键指标。

3）卷队列长度。卷队列长度是指等待设备处理的 I/O 请求的数量。延迟为 I/O 操作的实际端到端客户端时间，也就是说，从将 I/O 发送到 EBS，再到接收来自 EBS 的确认以表示 I/O

读取或写入完成所经过的时间。不同工作负载的最佳队列长度不同，具体取决于特定应用程序对于 IOPS 和延迟的敏感程度。如果工作负载未提供足够的 I/O 请求来充分利用 EBS 卷的可用性能，则卷可能无法提供预置 IOPS 或吞吐量。事务密集型应用程序对 I/O 延迟的增加很敏感，很适合支持 SSD 的卷。用户可以通过使卷保持较小的队列长度和较高的 IOPS 数量来维持高 IOPS 和低延迟。持续迫使一个卷的 IOPS 高于它能够支持的 IOPS 可能增加 I/O 延迟。

4）I/O 大小和卷吞吐量限制。对于 SSD 卷，如果 I/O 大小非常大，由于达到卷的吞吐量限制，因此 IOPS 数可能会少于预配置数量。对于较小的 I/O 操作，从实例内部进行度量时，可能会看到 IOPS 值高于预配置值。当实例操作系统在将小型 I/O 操作传递到 Amazon EBS 之前将其合并为一个较大的操作时，会发生这种情况。无论采用何种 EBS 卷类型，如果 IOPS 或吞吐量与在配置中的预期不同，那么必须确保 EC2 实例带宽并不是导致这种结果的限制因素。AWS 最佳实践建议，是应始终使用最新一代的 EBS 优化实例（或包含 10Gbit/s 网络连接的实例）以实现最佳性能。

而实例存储是为 EC2 实例主机系统提供的正常的物理磁盘。在大多数情况下，EBS 卷存储是最好的选择，其数据存储独立于 EC2 的生命周期，同时对数据提供了 99.999% 的可用性，而实例存储在需要性能的时候会更合适，并且给出了不同的 EBS 卷存储类型的性能比较，见表 6–1。

表 6-1　EBS 卷存储类型的性能比较

EBS 类型	大小	最大吞吐量（MiB/s）	IOPS	突发 IOPS 性能	价格
物理磁盘	1GiB~1TiB	40~90	100	几百	$
通用 SSD	1GiB~16TiB	128~1000	16000	3000	$$
预配置 IOPS（SSD）	4GiB~64TiB	1000~4000	64000~256000	—	$$$

通过性能的比较分析后，小张认为 EBS 卷作为块存储更适合公司的业务需求。接下来小张准备给公司的云主机创建一个 10GB 大小的额外的 EBS 卷，并将卷挂载给公司的云主机使用。

任务一　创建 EBS 卷

小张登录控制台 https://aws.amazon.com/，在所有服务下的“计算”中单击“EC2”，在打开的 EC2 的控制面板中，在左侧导航栏的“Elastic Block Store”下单击“卷”，此时，AWS 账户中已经创建和使用的卷会在页面右侧的列表中列出，如图 6–1 所示。

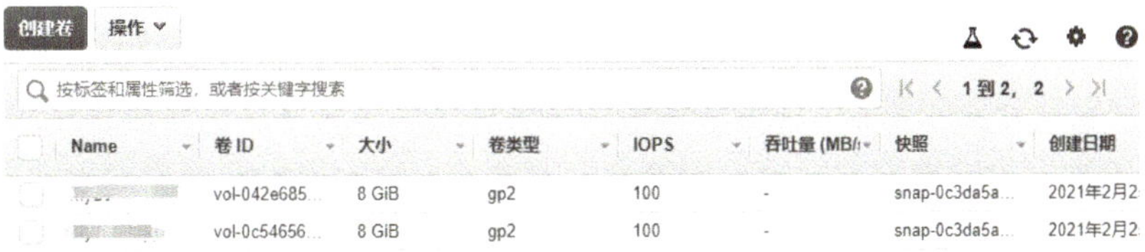

图 6–1　在控制台创建卷存储

在该界面中单击页面左上侧的“创建卷”按钮，在创建卷页面中需要输入相应的参数，卷类型中列出了目前 AWS 支持的所有卷类型：

1）通用性 SSD（gp2）：通用型 SSD（gp2）卷的性能相比 SSD 增强 60%，每个卷从 10000 IOPS 增加到 16000 IOPS，吞吐量从 160MBit/s 增加到 250MBit/s，通常作为 Amazon

EC2 实例的默认 EBS 卷类型。gp2 卷由固态硬盘提供支持，建议用于大多数工作负载。这种改进可以为各种工作负载提供更快的性能，包括虚拟桌面、开发 / 测试环境、低延迟交互式应用程序和启动卷。

2）General Purpose SSD（gp3）：gp3 是适用于 Amazon Elastic Block Store（Amazon EBS）的下一代通用型 SSD 卷。下一代 gp3 卷提供独立预置 IOPS 和吞吐量（与存储容量分开）的功能，能够在无须预置更多容量的情况下为事务密集型工作负载扩展性能。gp3 卷非常适用于需要以低成本提供高性能的各种应用程序，包括 MySQL、Cassandra、虚拟桌面和 Hadoop 分析集群。

3）预配置 IOPS（io1）：预配置 IOPS（io1）的吞吐量从 500MBit/s 增加到 1000MBit/s。这些性能可以轻松地运行需要高性能存储的应用程序，如大型事务数据库、大数据分析和日志处理应用程序。

4）Cold HDD（sc1）：是为不常访问的工作负载设计的最低成本 HDD 卷，适合大量不常访问的数据、面向吞吐量的存储且不能是引导卷，提供最大 250IOPS 和 250MBit/s 的性能。

5）吞吐优化 HDD（st1）：是为频繁访问的吞吐量密集型工作负载设计的低成本 HDD 卷且不能是引导卷。

6）磁介质（standard）：EBS 磁介质卷采用的是普通硬盘（HDD），可以用于数据集较小且数据访问不频繁的工作负载，也可以用于对性能一致性不太注重的工作负载。EBS 磁介质卷平均提供约 100IOPS，能够突增至数百 IOPS，并且支持大小在 1GB~1TB 之间的卷。

创建的卷大小以“GiB”为单位。不同的卷类型，AWS 规定的卷的最大值和最小值不同，“可用区域”选项可以选择创建的卷所在的可用区。一般，创建的卷要和挂载实例所在的可用区保持一致，通过“快照 ID”可以选择基于已有的快照创建卷。

小张在了解了基本参数设置后，根据自己的业务应用，卷类型选择“通用性 SSD（gp2）”，卷的大小设置为 10GiB，可用区域选择实例所在的可用区“us-east-2b”，这里是创建新卷，不选择快照 ID，同时不选择“加密此卷”复选框，添加标签“Name: volume-attach-ec2”后单击“创建卷”按钮，如图 6-2 所示。

卷 > 创建卷
创建卷
卷类型 通用型 SSD (gp2)
大小 (GiB) 10 (最小值 1 GiB，最大值 16384 GiB)
IOPS 100 / 3000 (3 IOPS/GiB 的基准，最小值为 100 IOPS，可突增至 3000 IOPS)
吞吐量 (MB/s) 不适用
可用区域* us-east-2b
快照 ID 选择一个快照
加密 加密此卷
键 (最多 127 个字符) 值 (最多 255 个字符)
Name volume-attach-ec2
添加标签 剩余 49 (最多 50 个标签)
* 必填
取消 创建卷

图 6-2　在控制台设置创建卷的参数

成功创建后，在创建卷页面的列表栏可以查看到刚刚创建的卷，其状态为“available”，如图 6–3 所示。

图 6–3　在控制台查看到刚刚创建的卷

任务二　EBS 卷附加到实例

在上一任务中已经成功创建了一个 EBS 卷，相当于准备好了一个块设备。接下来要使用块设备，需要以下几步骤：

1）将该 EBS 卷附加给同一个可用区的 EC2 实例。

2）通过 EC2 实例对该 EBS 块设备格式化分区。

3）在该 EBS 块设备格式化分区上创建文件系统。

按照以上操作步骤，小张首先将该 EBS 卷附加给 AWS 云上的某一台业务主机（同一可用区域的EC2实例），如图6–4所示，在显示卷列表的页面中单击页面左上角的“操作”选项。通过该选项，可以对 EBS 卷进行操作。

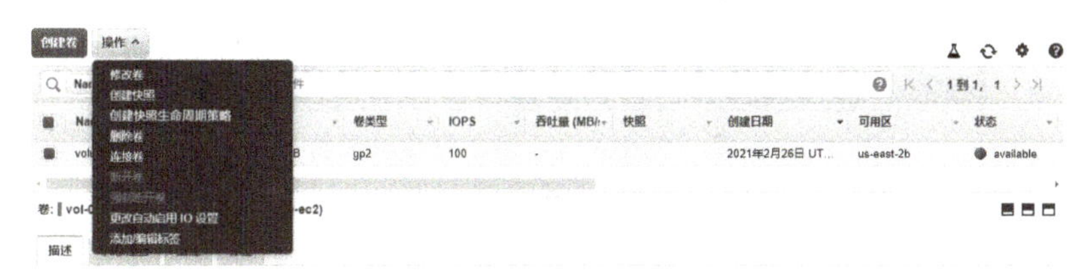

图 6–4　在控制台将创建的卷附加给实例

通过“操作”选项可以将该卷附加给实例或者断开，其他选项解释见下文：

①“修改卷”选项：可以通过该选项修改卷的类型和卷大小。

②“创建快照”选项：通过该选项可以对卷生成快照。

③“创建快照生命周期策略”选项：适用于 EBS 快照的数据生命周期管理器，将帮助用户按计划自动创建和删除 EBS 快照。

④“更改自动启用 IO 设置”选项：启用自动启用 IO 卷属性，如果该卷状态是“受损”，那么该卷会继续通过状态检查。同时用户会收到一个关于该卷具有潜在不一致性的事件的通知，但该卷的 I/O 不会自动启用。这使用户能够检查卷的一致性或随后替换它。

选中上文中创建的卷“volume–attach–ec2”，单击“操作”选项后，选择“连接卷”，选择实例下的文本框，文本框会自动列出与 EBS 卷在同一个可用区的 EC2 实例，在下拉列表中选择连接的目标主机，同时设备对应的文本框中会自动将该块设备附加至 EC2 实例，如图 6–5 所示。

图 6-5　在控制台块设备将 EBS 卷附加至 EC2 实例

当 EBS 卷连接 EC2 实例成功后，如图 6-6 所示，在创建卷页面的列表栏中可以查看到刚刚创建的卷，其状态为“in-use”。

Name	卷 ID	大小	卷类型	IOPS	吞吐量 (MB/-	快照	创建日期	可用区	状态
volume-attac...	vol-00a9149...	10 GiB	gp2	100	-		2021年2月26日 UT...	us-east-2b	in-use

图 6-6　块设备附加至 EC2 实例后在控制台查看其状态

接下来需要对 EBS 卷进行格式化分区和文件系统的划分，小张连接的业务主机是一台 Linux 主机，首先需要使用工具远程连接至主机系统，待成功连接后，执行相应的命令，可以查看到相应的块设备已经连接至云主机，如图 6-7 所示。

```
[ec2-user@ip-10-0-0-52 ~]$ sudo lsblk
NAME    MAJ:MIN RM SIZE RO TYPE MOUNTPOINT
xvda    202:0    0   8G  0 disk
└xvda1 202:1    0   8G  0 part /
xvdf    202:80   0  10G  0 disk
[ec2-user@ip-10-0-0-52 ~]$
```

图 6-7　在云主机终端上查看块设备

如图 6-8 所示，此刻可以查看到块设备，但是该设备目前仍无法使用，必须对其进行分区的划分并格式化为对应的文件系统。这里小张将所有的空间作为一个分区，并将其格式化为“xfs”文件系统，如图 6-9 所示。

```
[ec2-user@ip-10-0-0-52 ~]$ sudo fdisk /dev/xvdf

Changes will remain in memory only, until you decide to write them.
Be careful before using the write command.

Device does not contain a recognized partition table.
Created a new DOS disklabel with disk identifier 0xad907370.

Command (m for help): n
Partition type
   p   primary (0 primary, 0 extended, 4 free)
   e   extended (container for logical partitions)
Select (default p):

Using default response p.
Partition number (1-4, default 1):
First sector (2048-20971519, default 2048):
Last sector, +sectors or +size{K,M,G,T,P} (2048-20971519, default 20971519):

Created a new partition 1 of type 'Linux' and of size 10 GiB.

Command (m for help): w
The partition table has been altered.
Calling ioctl() to re-read partition table.
Syncing disks.

[ec2-user@ip-10-0-0-52 ~]$
```

图 6-8　在云主机终端上对添加的块设备进行分区操作

```
[ec2-user@ip-10-0-0-52 ~]$ sudo lsblk
NAME    MAJ:MIN RM SIZE RO TYPE MOUNTPOINT
xvda    202:0    0   8G  0 disk
└xvda1 202:1    0   8G  0 part /
xvdf    202:80   0  10G  0 disk
└xvdf1 202:81   0  10G  0 part
[ec2-user@ip-10-0-0-52 ~]$ sudo mkfs.xfs /dev/xvdf1
meta-data=/dev/xvdf1             isize=512    agcount=4, agsize=655296 blks
         =                       sectsz=512   attr=2, projid32bit=1
         =                       crc=1        finobt=1, sparse=0
data     =                       bsize=4096   blocks=2621184, imaxpct=25
         =                       sunit=0      swidth=0 blks
naming   =version 2              bsize=4096   ascii-ci=0 ftype=1
log      =internal log           bsize=4096   blocks=2560, version=2
         =                       sectsz=512   sunit=0 blks, lazy-count=1
realtime =none                   extsz=4096   blocks=0, rtextents=0
[ec2-user@ip-10-0-0-52 ~]$ sudo partprobe
[ec2-user@ip-10-0-0-52 ~]$
```

图 6-9 在云主机终端上对添加的块设备格式化

任务三 EBS 卷的使用

为了使用该块设备，小张创建文件夹“/mnt/data”作为设备的挂载点，利用相应的 mount 命令将块设备挂载至挂载点，成功挂载后可以利用命令进行查看验证，如图 6–10 所示。

```
[ec2-user@ip-10-0-0-52 ~]$ sudo mkdir /mnt/data
[ec2-user@ip-10-0-0-52 ~]$ sudo mount /dev/xvdf1 /mnt/data/
[ec2-user@ip-10-0-0-52 ~]$ sudo df -Th
Filesystem     Type      Size  Used Avail Use% Mounted on
devtmpfs       devtmpfs  482M     0  482M   0% /dev
tmpfs          tmpfs     492M     0  492M   0% /dev/shm
tmpfs          tmpfs     492M  472K  492M   1% /run
tmpfs          tmpfs     492M     0  492M   0% /sys/fs/cgroup
/dev/xvda1     xfs       8.0G  1.5G  6.6G  18% /
tmpfs          tmpfs      99M     0   99M   0% /run/user/1000
tmpfs          tmpfs      99M     0   99M   0% /run/user/0
/dev/xvdf1     xfs        10G   43M   10G   1% /mnt/data
[ec2-user@ip-10-0-0-52 ~]$
```

图 6–10 创建挂载点并使用 mount 命令将块设备挂载至云主机的挂载点

以上的挂载为临时挂载，当系统重新启动后，该设备不会自动挂载。要想实现自动挂载，需要将对应的指令写入“fstab”文件，如图 6–11 所示。

```
[ec2-user@ip-10-0-0-52 ~]$ sudo su -
Last login: Thu Feb 25 07:10:49 UTC 2021 on pts/0
[root@ip-10-0-0-52 ~]# echo '/dev/xvdf1 /mnt/data xfs defaults 0 0' >> /etc/fstab
[root@ip-10-0-0-52 ~]# cat /etc/fstab
#
UUID=bc07e2f4-d5ff-494b-adf1-6f6da7608cd6     /           xfs    defaults,noatime  1   1
/dev/xvdf1 /mnt/data xfs defaults 0 0
[root@ip-10-0-0-52 ~]#
```

图 6–11 修改配置文件，云主机启动自动挂载块设备

至此，小张已经成功创建了一个 10GiB 大小的块设备，并将其格式化后成功挂载给公司的业务云主机，后续业务数据可以写入“/mnt/data”下，从而实现写入块存储卷中。

项目二 EBS 卷的快照与恢复

为了保障 EBS 卷数据的安全，通常采用快照的方式对 EBS 卷数据进行备份。快照与备份是存储中两个不同的概念。

1）快照属于增量备份，通过快照将 Amazon EBS 卷上的数据备份到 Amazon S3。由于快照属于增量备份，这意味着仅保存设备上在最新快照之后更改的数据块。由于无须复制数据，因此将最大限度地缩短创建快照所需的时间，并最大程度地节省存储成本。每个快照都包含将数据（拍摄快照时存在的数据）还原到新 EBS 卷所需的所有信息。

2）备份的本质是副本，相当于在某个时间点把数据库里的所有对象内容都复制一份，放到一个特定的文件里（备份文件）。这个文件不是一个数据库，必须先通过还原的方式还原到一个数据库（可以与原数据库名称一致，也可以是一个新的数据库），之后才能访问里面的数据。备份的结果是文件，这个文件可以被复制，或者写入磁带（放到银行里），从而实现离线容灾。备份又分全量备份和增量备份。

快照与备份的区别主要表现在：

1）备份的数据安全性更好：如果原始数据损坏（例如，物理介质损坏或者绕开了快照所在层的管理机制对锁定数据进行了改写），那么快照回滚是无法恢复出正确的数据的，而备份可以。

2）快照的速度比备份快得多：生成快照的速度比备份速度快得多。也是这个原因，为了回避因为备份时间带来的各种问题（如 IO 占用、数据一致性等），很多备份软件都是先生成快照，然后按照快照所记录的对应关系去读取底层数据来生成备份。

3）占用空间不同：备份会占用双倍的存储空间，而快照所占用的存储空间则取决于快照的数量以及数据变动情况。极端情况下，快照可能会只占用不到 1% 的存储空间，也可能会占用数十倍的存储空间。

任务一　EBS 卷创建快照

随着 EBS 卷中数据的增加，为了保证数据的安全，需要对数据进行备份或快照操作。EBS 卷本身提供了快照的功能。小张利用卷的快照功能对现有主机的 EBS 卷上的数据进行保护。首先，小张查看了附加的数据卷上的数据，如图 6-12 所示。

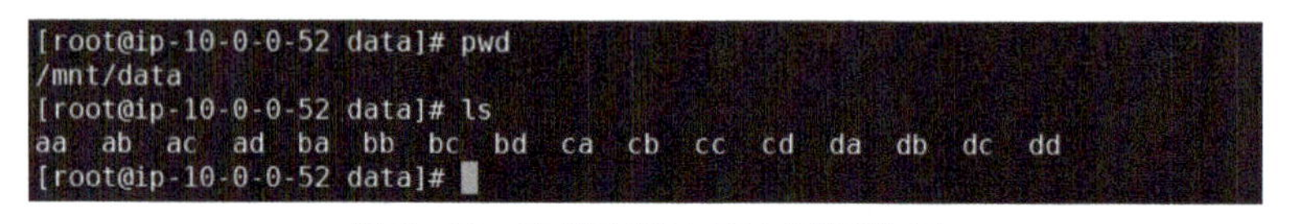

图 6-12　在卷存储上写入测试数据

在 EC2 控制面的左侧导航栏中单击“卷”，在右侧卷列表中选择要备份的卷，这里选择“volume-attach-ec2”。选中后，单击上方的“操作”选项，在下拉菜单中选择“创建快照”。在下一步的页面中可以编辑快照的属性信息，添加描述“snap for volume-attach-ec2”和相应的标签后，单击“创建快照”按钮，如图 6-13 所示。

图 6-13　在控制台对测试卷创建快照

大概 1~2min，快照会被成功创建，单击左侧导航栏中的“Elastic Block Store”下的“快照”选项，在快照列表中可以看到刚刚创建的快照，如图 6-14 所示。

图 6-14　在控制台查看创建的快照

任务二　快照的恢复与验证

假如任务一中数据卷的 EC2 实例发生宕机或崩溃，由于数据为关键数据，因此小张需要利用任务一中数据卷的快照恢复数据并读取数据内容。

小张在 EC2 控制面的左侧导航栏中单击“快照”，在右侧卷列表中选择要恢复的快照，这里选择“snap for volume-attach-ec2”，之后在“操作”选项的下拉菜单中选择操作属性，如图 6-15 所示。

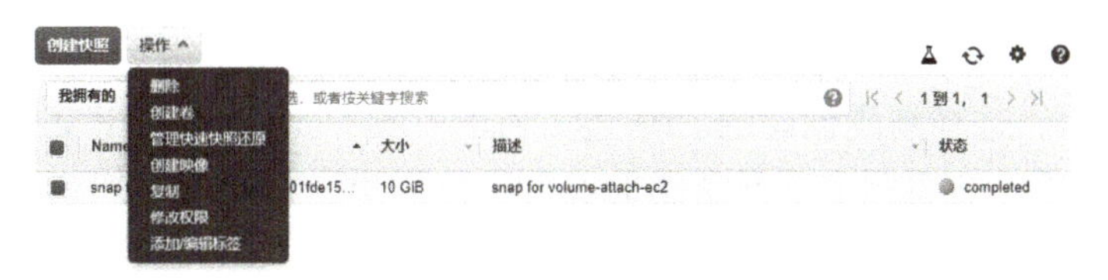

图 6-15　在控制台通过卷快照恢复卷存储

EBS 卷的快照是存储在 S3 上的，通常恢复的过程较慢，“管理快速快照还原”功能能够构建比以前更快、响应度更高的基于 AWS 的系统。更快的启动时间将加速用户 VDI 环境构建，并允许 Auto Scaling 组上线，更快地开始处理流量，即使正在创建快照，也可以在快照上启用快速快照恢复功能。对于根卷的快照，在 EBS 卷类型允许的情况下，可以通过“创建映像”选项将快照转换为 AMI。通过“复制”选项，在创建快照并且已完成到 Amazon S3 的复制（快照状态为 completed 时）后，可将快照从一个 AWS 区域复制到另一个区域，也可在相同区域内复制。Amazon S3 服务器端加密（256 位 AES）可在复制操作的过程中保护传输中的快照数据，快照副本将获得与原始快照 ID 不同的 ID，从而实现数据的共享。

这里使用“创建卷”选项创建新卷，卷类型和大小与源卷保持一致，可用区域选择 EC2 实例所在的可用区域，添加标签“Name:restore of volume-attach-ec2”之后单击“创建卷”按钮，如图 6-16 所示。

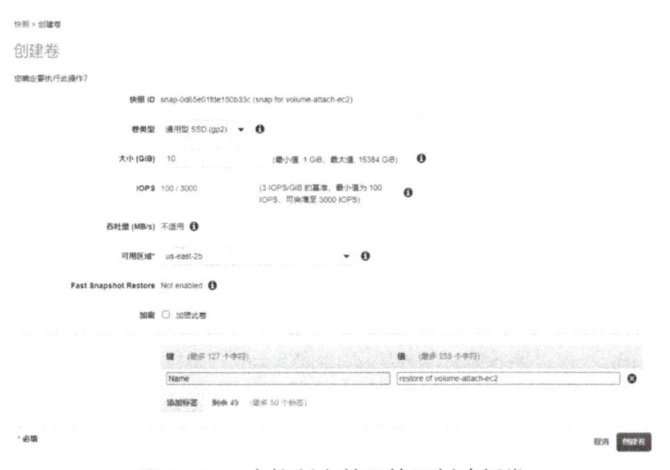

图 6-16　在控制台基于快照创建新卷

当成功创建后，可以在卷列表中看到创建的“EBS 卷”，如图 6–17 所示。

图 6–17 在控制台查看新创建的卷

如图 6–18 所示，选择刚刚创建的 EBS 卷“restore of volume-attach-ec2”，单击“操作”中的“连接卷”选项，在实例中选择新建的实例，然后单击“附加”按钮，在返回的页面中可以发现卷的状态更改为“in-use”。

连接卷

个卷 us-east-2b 中的 vol-00efc6c3888ca3622 (restore of volume-attach-ec2)

实例 i-074462eef28df47d6 在 us-east-2b 中

设备 /dev/sdf

Linux 设备 /dev/sdf through /dev/sdp

注意 较新的 Linux 内核可能会在内部将您的设备重命名为 /dev/xvdf through /dev/xvdp，即使在此处输入的（并且在详细信息中显示的）设备名为 /dev/sdf through /dev/sdp。

取消 附加

图 6–18 在控制台将新创建的卷附加至云主机

小张登录新创建的主机，通过命令可以看到恢复的数据卷已经成功挂载至新建的 EC2 实例。如果要读取卷的内容，则需要创建挂载点，然后将分区挂载到挂载点，通过挂载点可以读取恢复的数据卷中的内容，如图 6–19 所示。

```
[ec2-user@ip-10-0-1-108 ~]$ lsblk
NAME    MAJ:MIN RM SIZE RO TYPE MOUNTPOINT
xvda    202:0    0   8G  0 disk
└─xvda1 202:1    0   8G  0 part /
xvdf    202:80   0  10G  0 disk
└─xvdf1 202:81   0  10G  0 part
[ec2-user@ip-10-0-1-108 ~]$ sudo mkdir /opt/vol
[ec2-user@ip-10-0-1-108 ~]$ sudo mount /dev/xvdf1 /opt/vol
[ec2-user@ip-10-0-1-108 ~]$ df -Th
Filesystem     Type      Size  Used Avail Use% Mounted on
devtmpfs       devtmpfs  482M     0  482M   0% /dev
tmpfs          tmpfs     492M     0  492M   0% /dev/shm
tmpfs          tmpfs     492M  412K  492M   1% /run
tmpfs          tmpfs     492M     0  492M   0% /sys/fs/cgroup
/dev/xvda1     xfs       8.0G  1.6G  6.5G  19% /
tmpfs          tmpfs      99M     0   99M   0% /run/user/1000
/dev/xvdf1     xfs        10G   43M   10G   1% /opt/vol
[ec2-user@ip-10-0-1-108 ~]$ ls /opt/vol/
aa  ab  ac  ad  ba  bb  bc  bd  ca  cb  cc  cd  da  db  dc  dd
[ec2-user@ip-10-0-1-108 ~]$
```

图 6–19 在云主机终端上查看添加的卷存储上的内容

项目三 使用 S3 构建对象存储

Amazon Simple Storage Service（Amazon S3）是一种对象存储服务，各种规模和行业的客户都可以使用 S3 来存储并保护各种用例（如数据湖、网站、移动应用程序、备份和还原、存档、企业应用程序、IoT 设备和大数据分析）的数据，容量不限。S3 的主要概念如下：

1）存储桶。存储桶是 Amazon S3 中用于存储对象的容器。每个数据元都存储在一个存储桶中。例如，如果名为 photos/puppy.jpg 的对象存储在美国西部（俄勒冈）区域的 awsexamplebucket1 存储桶中，则可使用 https://awsexamplebucket1.s3.us-west-2.amazonaws.com/photos/puppy.jpg 对该对象进行寻址。

2）对象。数据元是 Amazon S3 中存储的基础实体。对象由对象数据和元数据组成。数据部分对 Amazon S3 是不透明的。元数据是一组描述对象的名称 - 值对，其中包括一些默认元数据（如上次的修改日期）和标准 HTTP 元数据（如 Content-Type）。

3）键。键是指存储桶中对象的唯一标识符。存储桶内的每个对象都只能有一个键。存储桶、键和版本 ID 的组合唯一地标识各个对象。

4）区域。用户可以选择一个 AWS 区域供 Amazon S3 存储创建的存储桶。可以选择一个区域，以便优化延迟，尽可能降低成本或满足法规要求。在某一区域存储的数据元将一直留在该区域，除非特意将其传输到另一区域。

小张了解到，在公司业务中，为保证数据的安全性，通常要将数据备份到多个设备或者另外一个站点，这样不仅操作烦琐，而且存在数据丢失的风险。小张了解到 AWS 的对象存储 S3 是一个不错的解决方案，便决定将需要备份的数据保存到 AWS 的 S3。根据目前的业务需求，需要实现以下功能：

1）创建一个 S3 存储，用于存储对象数据；
2）为保证数据的可用性，测试对象数据的可用性；
3）在使用的过程中，解决防止数据的覆盖和误删除情况的发生问题；
4）解决存储桶数据对象精细化访问控制的问题；
5）解决不同账户访问的权限问题；
6）存储成本的优化。

任务一 创建存储桶

要向 Amazon S3 上传数据（照片、视频、文档等），必须首先在其中的一个 AWS 区域中创建 S3 存储桶，然后可以将任何数量的对象上传到该存储桶。存储桶和对象均是 AWS 资源，而 Amazon S3 提供 API 来供用户管理资源。例如，小张可以使用 Amazon S3 API 创建存储桶并上传对象。还可以使用 Amazon S3 控制台执行这些操作。该控制台使用 Amazon S3 API 将请求发送到 Amazon S3。

Amazon S3 存储桶的名称是全局唯一的，并且命名空间由所有 AWS 账户共享。这意味着，在创建存储桶之后，任何 AWS 区域中的其他 AWS 账户均不能使用该存储桶的名称，直至删除该存储桶。不应依赖特定的存储桶命名约定来实现可用性或安全验证。

Amazon S3 存储桶命名规则如下：

1）存储桶名称必须介于 3~63 个字符之间。

2）存储桶名称只能由小写字母、数字、句点（.）和连字符（–）组成。

3）存储桶名称必须以字母或数字开头和结尾。

4）存储桶名称不得采用 IP 地址格式（如 192.168.5.4）。

5）存储桶名称在分区中必须唯一。分区是一组区域。AWS 目前有三个分区：aws（标准区域）、aws–cn（中国区域）和 aws–us–gov（AWS GovCloud [美国] 区域）。

6）与 Amazon S3 Transfer Acceleration 一起使用的存储桶名称中不能有句点（.）。

存储桶名称示例见表 6–2。

表 6-2　存储桶名称示例

存储桶名称有效示例，并遵循建议的命名准则	存储桶名称有效示例（不推荐用于静态网站托管以外的其他用途）	存储桶名称无效示例
● docexamplebucket1 ● log-delivery-march-2020 ● my-hosted-content	● docexamplewebsite.com ● www.docexamplewebsite.com ● my.example.s3.bucket	● doc_example_bucket（包含下画线） ● DocExampleBucket（包含大写字母） ● doc-example-bucket-（以连字符结尾）

小张在了解了存储桶的命名规则后，通过以下步骤创建存储桶：

1）登录 AWS 管理控制台，打开 Amazon S3 控制台，选择 Create bucket（创建存储桶），此时将打开 Create bucket（创建存储桶）向导。在 Bucket name（存储桶名称）中输入符合 DNS 标准的存储桶名称“mybucket–for–data”（创建存储桶后便无法再更改其名称），在 Region（区域）中选择希望存储桶驻留的 AWS 区域。通常会选择一个靠近用户的区域，这样可最大限度地减少延迟和成本以及满足法规要求（在某一地区存储的对象将一直留在该地区，除非特意将其转移到其他地区），这里小张选择默认区域。

2）在 Bucket settings for Block Public Access（阻止公有访问的存储桶设置）中选择要应用于存储桶的 Block Public Access（阻止公有访问）设置。建议用户将所有设置保持为启用状态，除非知道需要为自己的使用案例关闭其中一个或多个设置，如托管公共网站。这里为存储桶启用阻止公有访问设置。如果要启用 S3 对象锁定，则可选择 Advanced settings（高级设置），在文本框中输入 enable 并选择 Confirm（确认）。

注：借助 S3 对象锁定，可以使用一次写入、多次读取（WORM）的模式存储对象。可以使用它在固定的时间段内或无限期地阻止删除或覆盖对象。对象锁定可帮助用户满足需要 WORM 存储的法规要求，或只是添加另一个保护层来防止对象被更改和删除。有关对象锁定相关的更多信息，请参阅 AWS 官方网站。

3）图 6–20 所示为在控制台创建存储桶。

使用 AWS 命令行界面（AWS CLI）创建 S3 存储桶的语法如下：

图 6–20　在控制台创建存储桶

```
create-bucket
[--acl <value>]
--bucket <value>
[--create-bucket-configuration <value>]
[--grant-full-control <value>]
[--grant-read <value>]
[--grant-read-acp <value>]
[--grant-write <value>]
[--grant-write-acp <value>]
[--object-lock-enabled-for-bucket | --no-object-lock-enabled-for-bucket]
[--cli-input-json | --cli-input-yaml]
[--generate-cli-skeleton <value>]

aws s3api create-bucket --bucket mybucket-for-data --region us-east-1
```

任务二　上传和使用对象

成功创建了存储桶以后，在上传和使用对象前，小张需要了解存储桶的属性，在 Buckets（存储桶）列表中选择要查看其属性的存储桶的名称。选择属性，在 Properties 页面中可以为存储桶配置表 6-3 所示的属性。

表 6-3　存储桶的属性及其说明

属性	说明
Bucket Versioning（存储桶版本控制）	使用版本控制在一个存储桶中保留对象的多个版本。默认为新存储桶禁用版本控制
Tags（标签）	利用 AWS 成本分配功能，可以使用存储桶标签对存储桶的使用计费添加注释
Default Encryption（默认加密）	启用默认加密可为用户提供自动服务器端加密。Amazon S3 会在将对象保存到磁盘之前对其进行加密，并在下载对象时对其进行解密
Server Access Logging（服务器访问日志记录）	使用服务器访问日志记录可详细地记录对存储桶提出的各种请求。默认情况下，Amazon S3 不会收集服务器访问日志
AWS CloudTrail Data Events（AWS CloudTrail 数据事件）	使用 CloudTrail 记录数据事件。默认跟踪不记录数据事件。记录数据事件会收取额外费用
Event Notifications（事件通知）	启用特定的 Amazon S3 存储桶事件以在每次发生这些事件时向目标发送通知消息
Transfer Acceleration（传输加速）	在客户端与 S3 存储桶之间实现快速、轻松和安全的远距离文件传输
Object Lock（对象锁定）	使用 S3 对象锁定在固定的时间段内或无限期地阻止删除或覆盖对象
Requester Pays（申请方付款）	如果希望申请方（而不是存储桶拥有者）支付请求和数据传输费用，则可启用申请方付款
Static Website Hosting（静态网站托管）	在 Amazon S3 上托管静态网站

小张了解了存储桶的概念和属性后，接下来着手使用存储桶进行对象存储，首先进入 S3 的控制台，在存储桶列表下选择刚刚创建的存储桶“mybucket-for-data”，这里可以单击“上传”按钮上传对象至存储桶，也可以单击“创建文件夹”按钮，使用文件夹对存储桶中的对象分组。在创建文件夹时，S3 会使用指定的名称创建一个对象，后面跟一个斜线（/）。通过控制台向存储桶中上传数据文件，如图 6-21 所示。

图 6-21　通过控制台向存储桶中上传数据文件

单击进入创建的“mytest”文件夹，单击“上传”按钮，选择“添加文件”，选择本地需要上传的文件“test.jpg”，其他上传选项可以进一步设置，Amazon S3 针对不同的使用案例提供多种不同的存储类。在控制台选择存储桶的存储类型如图 6-22 所示。

	存储类	设计目标:	可用区	最小存储持续时间	
●	标准	经常访问的数据	≥ 3	-	-
○	标准 - IA	长期有效且不常访问的数据	≥ 3	30 天	1
○	单区 - IA	长期有效且不常访问的非关键数据	1	30 天	1
○	低冗余	经常访问的非关键数据	≥ 3	-	-
○	智能分层	访问模式发生变化或未知的长期有效的数据	≥ 3	30 天	-
○	Glacier	检索时间在几分钟到几小时的长期数据存档	≥ 3	90 天	-
○	Glacier Deep Archive	检索时间在 12 小时内的长期数据存档	≥ 3	180 天	-

图 6-22　在控制台选择存储桶的存储类型

直接单击“上传”按钮，至此，测试的数据已经成功上传至 S3 存储桶。如图 6-23 所示，可以在控制台上查看上传对象的属性信息。

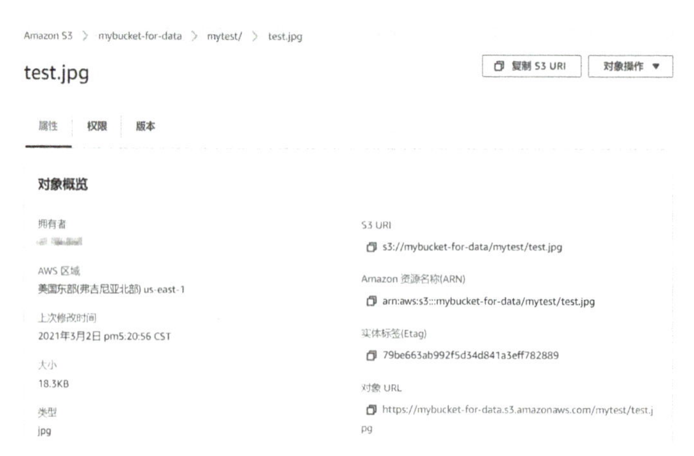

图 6-23　在控制台查看存储桶中上传对象的属性

默认情况下，阻止所有公开访问是开放的，这意味着存储桶中的对象默认是不能被外界访问的。如图 6-24 所示，可以通过关闭阻止公有访问规则及 ACL 控制策略允许存储桶中的对象被其他用户访问，通过对象 URL 访问存储桶中的对象。

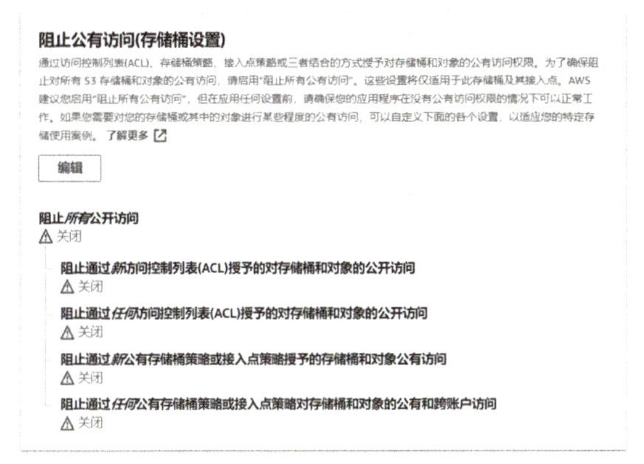

图 6-24　在控制台查看存储桶对象的默认访问策略

任务一　S3 版本控制

Amazon S3 中的版本控制是在相同的存储桶中保留对象的多个变量的方法。对于存储桶中存储的每个对象，都可以使用 S3 版本控制功能来保留、检索和还原它们的版本，这样能够轻松地从用户意外操作和应用程序故障中恢复数据。为存储桶启用版本控制后，如果 Amazon S3 同时收到针对同一对象的多个写入请求，那么会存储所有对象。启用了版本控制的存储桶可以帮助恢复因意外删除或覆盖操作而失去的对象。例如，如果用户删除对象，那么 Amazon S3 会插入删除标记，而不是永久删除该对象。删除标记将成为当前对象版本。如果覆盖对象，则会导致存储桶中出现新的对象版本。用户始终可以恢复以前的版本，可以在控制台开启存储桶的版本控制选项，如图 6-25 所示。

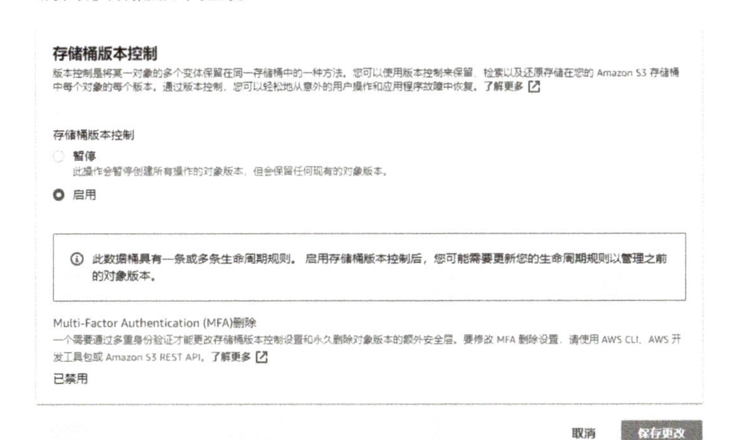

图 6-25　启用存储桶版本控制

任务二 配置存储桶策略

Amazon S3 提供的访问策略可分为基于资源的策略和用户策略两类。附加到资源（如存储桶和对象）的访问策略称为基于资源的策略。例如，存储桶策略和访问控制列表（ACL）就是基于资源的策略。也可以将访问策略附加到账户中的用户，这些策略称为用户策略。

可以阻止公共访问，配置存储桶中的对象允许所有人访问，但在当前的场景下，小张仅希望存储桶中的文件被用户访问，除此之外的其他对象不允许被访问。接下来小张进行实践测试，要求如下：

1）存储桶“mybucket–for–data”中的“dog.jpg”对象允许被公开访问。

2）除此之外，存储桶“mybucket–for–data”中的其他所有对象不能被公开访问。

小张通过配置存储桶策略来实现本任务，首先进入 S3 存储桶控制台，在 S3 存储桶列表中选择要配置的存储桶“mybucket–for–data”，并单击进入，查看存储桶中的文件如图 6–26 所示。

mybucket-for-data

对象 属性 权限 指标 管理 接入点

对象 (3)

对象是 Amazon S3 中存储的基本实体。要允许其他人访问您的对象，您需要明确向其授予权限。了解更多

删除 操作 ▼ 创建文件夹 上传

Find objects by prefix

名称	类型	上次修改时间	大小	存储类
cat.jpg	jpg	2021年3月4日 am10:11:02 CST	23.9KB	标准
dog.jpg	jpg	2021年3月4日 am10:11:03 CST	45.8KB	标准
mytest/	文件夹	-	-	-

图 6–26　查看存储桶中的文件

单击存储桶名称下侧的“权限”标签，在“阻止公有访问（存储桶设置）”选项下单击“编辑”，选择“阻止通过新公有存储桶策略或接入点策略授予的存储桶和对象的公有访问”和“阻止通过任何公有存储桶策略或接入点策略对存储桶和对象的公有和跨账户访问”复选框，如图 6–27 所示。

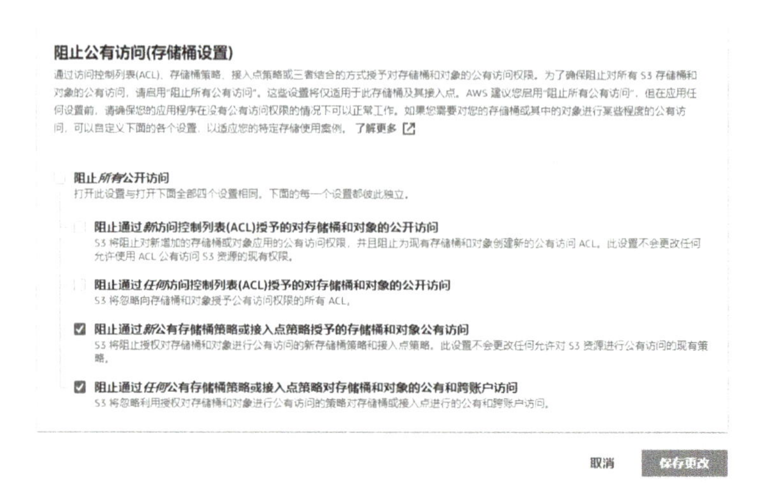

图 6–27　设置存储桶公有访问策略

成功修改后，单击存储桶策略下的“编辑”按钮，在“存储桶策略”中输入以下内容后单击“保存更改”按钮。

```
{
"Id": "Policy1614824114503",
"Version": "2012-10-17",
"Statement": [
    {
"Sid": "Stmt1614824105228",
"Action": [
"s3:GetObject"
      ],
"Effect": "Allow",
"Resource": "arn:aws:s3:::mybucket-for-data/dog.jpg",
"Principal": "*"
    }
  ]
}
```

如图 6–28 和图 6–29 所示，通过对象的 URL 可以在浏览器中进行访问测试，可以发现，除了设定的“dog.jpg”对象可以被正常访问外，其他对象均无法被访问。

mybucket-for-data.s3.amazonaws.com/dog.jpg

图 6–28　通过浏览器访问验证存储桶文件可访问权限

This XML file does not appear to have any style information associated with it. The document tree is shown below.


```
▼<Error>
   <Code>AccessDenied</Code>
   <Message>Access Denied</Message>
   <RequestId>J9THVPBS25043K2B</RequestId>
   <HostId>QZ7+1IILqCdKCwYB47crhQsH+yME9X3wt4d+/1btfNupuhm+z01KGX15WEE0g/FCXpU1JJyY8XM=</HostId>
 </Error>
```


图 6–29　通过浏览器访问验证存储桶文件不可访问权限

任务三　生命周期管理

要管理 S3 中的对象，以便在数据对象的整个生命周期中经济、高效地存储对象，可以通过配置 Amazon S3 生命周期来实现。Amazon S3 生命周期配置是一组规则，用于定义 Amazon S3 应用于一组对象的操作，有两种类型的操作：

转换操作：定义对象转换为另一个使用 Amazon S3 存储类的时间。例如，可以选择在对象创建 30 天后将其转换为 S3 标准——IA 存储类，或在对象创建一年后将其存档到 S3 Glacier 存储类。

过期操作：定义对象的过期时间。Amazon S3 将代表用户删除过期的对象。生命周期过期成本取决于选择过期对象的时间。

管理对象存储生命周期需要明确定义 Amazon S3 中存储的生命周期配置规则。通常情况下基于以下场景：

1）如果将定期日志上传到一个存储桶，那么应用程序可能需要使用这些日志一个星期或一个月，之后可能需要删除这些日志。

2）在限定的时间段内可能需要经常访问某些文档。自此之后，这些文档很少被访问。有时可能不需要对这些文档进行实时访问，但是用户的组织或法规可能要求用户将它们存档一段特定的时间，之后删除这些文档。

3）为了存档而将一些类型的数据上传到 Amazon S3。例如，可以存档数字媒体、财务和健康记录、原始基因组序列数据、长期数据库备份，以及为遵从法规而必须保留的数据。

总之，利用 Amazon S3 生命周期配置规则，可以指示 Amazon S3 将对象转换为较低成本的存储类，或者存档、删除它们。

在 Amazon S3 生命周期配置中，可以定义用于将对象从一个存储类转换为另一个存储类的规则，以节省存储成本。如果不了解对象的访问模式或访问模式不断变化，则可将对象转换为 S3 智能分层存储类，以自动实现成本节省。Amazon S3 支持用于在存储类之间进行转换的瀑布模型，存储桶中的数据存储类规则如图 6-30 所示。

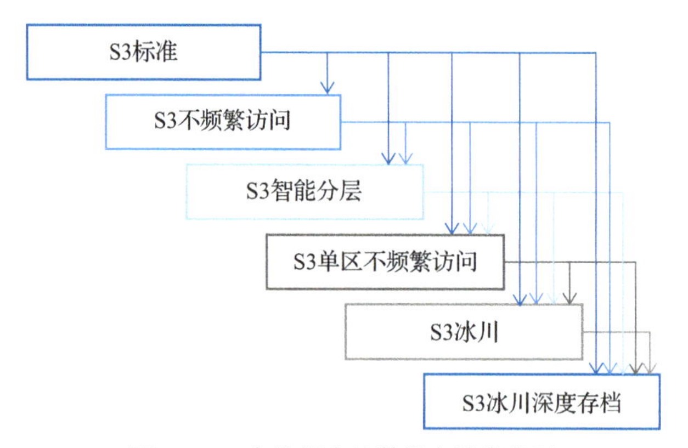

图 6-30　存储桶中的数据存储类规则

小张在了解了以上的基本原则后，使用生命周期配置在对象的生命周期内逐步将存储类降级以减少存储成本。

Amazon S3 生命周期配置指定了应用于存储桶的所有对象规则。该规则指定了以下操作：

- 在对象创建 30 天后将其转换为 S3 标准——IA 存储类。
- 在对象创建 90 天后将其转换为 S3 冰川存储类别。
- 一个过期操作，指示 Amazon S3 在对象创建一年后将其删除。

小张选择创建的存储桶“mybucket-for-data”，选择“管理”标签下的“创建生命周期规则”，如图 6-31 所示。

在弹出的界面中输入生命周期规则名称“TestRule”，“选择规则范围”选择“使用一个或多个筛选条件限制此规则的范围”将规则应用于存储桶的部分对象，也可以选择“此规则将应用于存储桶中的所有对象”。这里选择“此规则将应用于存储桶中的所有对象”选项，如图 6–32 所示。

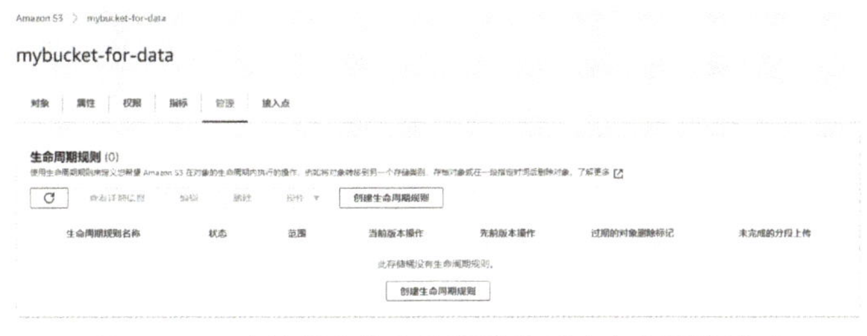

图 6–31　在控制台为存储桶数据创建生命周期规则

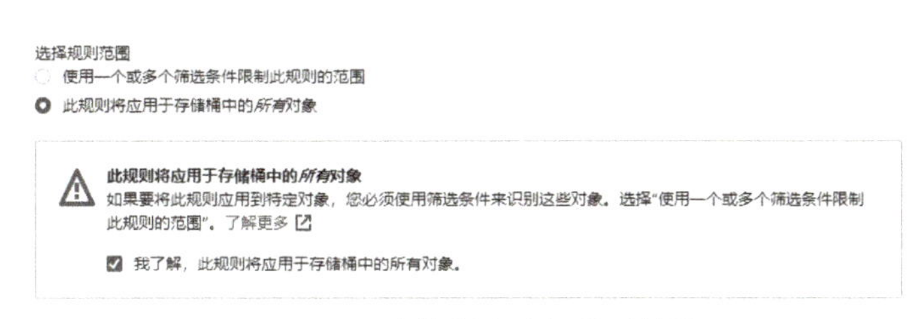

图 6–32　在控制台选择规则范围

如图 6–33 所示，“生命周期规则操作”选择“在存储类之间转移对象的当前版本”，添加相应的转换规则。

生命周期规则操作

选择您希望此规则执行的操作。按请求数量收费。了解更多 或参阅 Amazon S3 定价

- [x] 在存储类之间转移对象的*当前*版本
- [ ] 在存储类之间转移对象的*先前*版本
- [ ] 将*当前的*对象版本设为过期
- [ ] 永久删除对象的*先前*版本
- [ ] 删除过期的删除标记或未完成的分段上传

当生命周期规则存在标签范围限制时，这些操作将不可用。

在存储类之间转移对象的当前版本

存储类转换	创建对象以来的天数	
标准 – IA	30	删除转换
Glacier	90	删除转换

添加转换

将较小的对象转换到 Glacier 或 Glacier Deep Archive 中将增加成本

在创建将较小对象转移到 Glacier 或 Glacier Deep Archive 的生命周期规则之前，考虑转移对象的个数及计划保留对象的时间。这些对象的生命周期请求费用将增加您的成本。了解更多 或参阅 Amazon S3 定价

- [x] 我了解，当转换较小的对象时，此生命周期规则将增加一次性生命周期请求成本。

图 6–33　在控制台设置存储桶数据生命周期规则操作

至此完成存储桶生命周期规则的创建，如图 6–34 所示。

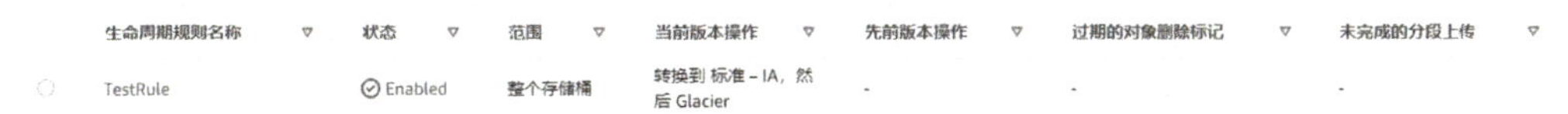

生命周期规则名称	状态	范围	当前版本操作	先前版本操作	过期的对象删除标记	未完成的分段上传
TestRule	Enabled	整个存储桶	转换到 标准 – IA，然后 Glacier	-	-	-

如图 6–34　在控制台查看创建完成的存储桶生命周期规则

使用 S3 托管静态网站

小张所在公司的某个站点是静态网站。静态站点部署在云主机上，小张了解到 Amazon S3 可用于托管静态网站，而无须配置或管理任何 Web 服务器。接下来小张决定着手利用 Amazon S3 来托管公司的静态网站。

任务一　创建存储桶并启动托管

在 AWS 管理控制台中，选择 Services（服务），然后选择“Storage（存储）”下的 S3。托管静态网站首先需要选择合适的区域，这里选择默认区域创建存储桶，如图 6-35 所示。

图 6-35　选择合适区域并为静态网站托管创建存储桶

在 Buckets（存储桶）列表中，选择创建的存储桶“mybucket-for-website”，选择“属性”，在静态网站托管下选择“编辑”选项，在打开的界面中，在“静态网站托管”区域中选择“启用”选项。在“索引文档”中输入索引文档的文件名，通常为 index.html，在“错误文档 - 可选”中输入自定义错误文档文件名（可选），如果未指定自定义错误文档并发生错误，则 Amazon S3 返回默认 HTML 错误文档，重定向规则（可选）保持默认。设置静态网站托管存储桶的参数如图 6-36 所示。

编辑静态网站托管

静态网站托管

使用此存储桶来托管网站或重定向请求。了解更多

静态网站托管

禁用

启用

托管类型

托管静态网站

重定向对某个对象的请求

索引文档

index.html

错误文档 - 可选

重定向规则 - 可选

图 6-36　设置静态网站托管存储桶的参数

任务二　编辑阻止公有访问设置并添加存储桶策略

默认情况下，Amazon S3 阻止对账户和存储桶的公有访问权限。要使用存储桶托管静态网站，可以使用以下步骤进行阻止公有访问设置。

打开 Amazon S3 控制台，选择已配置为静态网站的存储桶的名称“mybucket-for-website”，选择权限。如图 6-37 所示，在“阻止公有访问（存储桶设置）”下进行编辑，清除阻止所有公有访问，然后单击“保存更改”按钮。

在编辑 S3 阻止公有访问设置后，可以添加存储桶策略以授予对存储桶的公有读取访问权限。当授予公有读取访问权限时，Internet 上的任何人都可以访问用户的存储桶。

在存储桶下，选择存储桶的名称，选择属性，在存储桶策略下进行编辑。要授予对网站的公有读取访问权限，复制以下存储桶策略，将其粘贴到存储桶策略编辑器中，单击“保存更改”按钮。

任务三　上传静态网站并测试

上传静态网站代码至存储桶，完成后如图 6-38 所示。

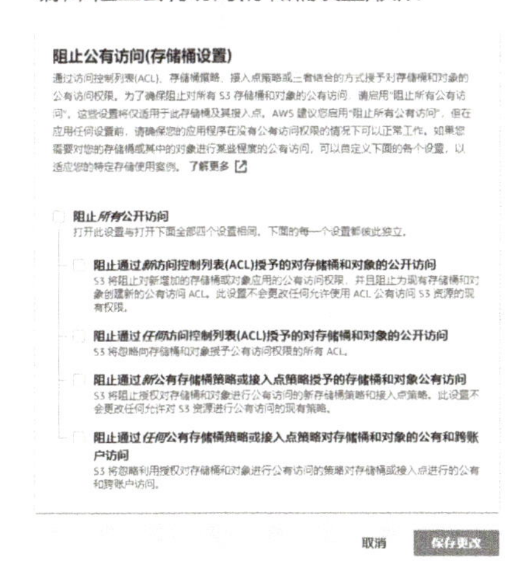

图 6-37　编辑存储桶公有访问权限

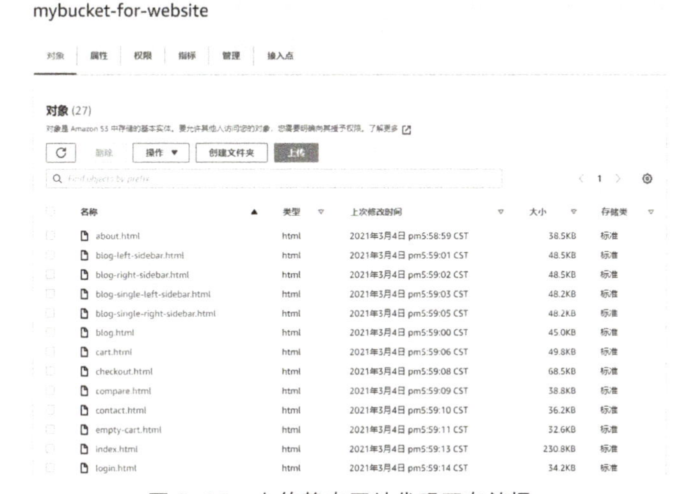

图 6-38　上传静态网站代码至存储桶

在存储桶“mybucket-for-website”中选择“属性”选项，在页面底部的静态网站托管下选择存储桶网站终端节点。复制链接地址到浏览器窗口中打开，可见静态网站页面，如图 6-39 所示。

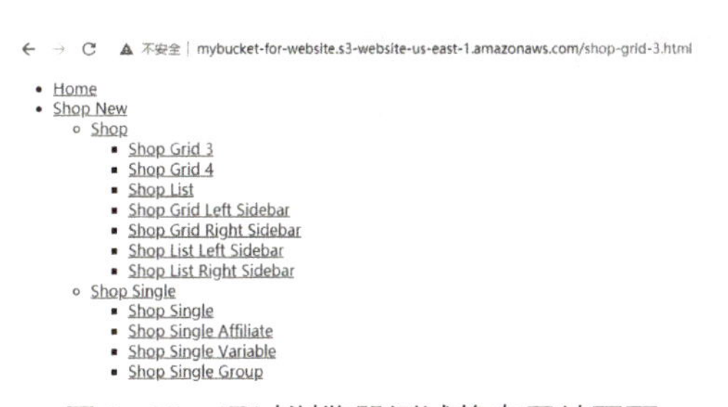

图 6-39　通过浏览器测试静态网站页面

习题

一、单选题

1. 在数据必须可快速访问，以及需要长期持久保存且需要加密解决方案时，推荐使用（　　）存储方式。

   A）S3　　B）EFS　　C）NFS　　D）Amazon Elastic Block Store（Amazon EBS）

2. 关于 Amazon Elastic File System（Amazon EFS）的描述正确的是（　　）。

   A）提供简单、可扩展、有弹性的文件存储，仅供在 AWS 内使用

   B）生成特定于用户的内容

   C）可以被 Amazon EC2 实例使用，能够被多个虚拟机同时访问

   D）托管一个强大的 CDN 来交付包含动态、静态和流媒体内容的完整网站

3. 关于 Amazon S3 Glacier，文件库是（　　）。

   A）确定哪些人能（或者不能）访问存档的规则

   B）对象（照片、视频、文件或文档）

   C）用于存储存档的容器

   D）一种策略，用于确定谁可以访问 Glacier 中存储的内容

4. Amazon S3（　　）复制所有对象。

   A）在可用区内的多个卷上　　B）在同一区域内的多个可用区中

   C）跨多个区域以实现更高的持久性　　D）在多个 S3 存储桶中

5. S3 存储桶的名称在（　　）必须是唯一的。

   A）全球范围内的所有 AWS 账户间　　B）一个区域内

   C）用户的所有 AWS 账户间　　D）用户的 AWS 账户内

二、多选题

1. 以下选项中，（　　）可用作 S3 对象的生命周期策略存储类别。

   A）S3- 标准访问

   B）AWS Storage GatewayS3- 不频繁访问

   C）S3- 低冗余存储

   D）Simple Storage Service Glacier

   E）Amazon Dynamo DB

2. 以下（　　）是 Amazon Elastic Block Store（Amazon EBS）的功能。

   A）Amazon EBS 卷可以针对附加实例上的工作负载透明加密

   B）存储在 Amazon EBS 上的数据是在可用区中自动复制的

   C）当挂载的实例停止时，Amazon EBS 卷中的数据便会丢失

   D）Amazon EBS 数据会自动备份至磁带

三、判断题

1. 当用户在 Amazon S3 创建存储桶时，它会与特定的 AWS 区域关联。（　　）

2. Amazon Simple Storage Service（Amazon S3）是一种适合存储平面文件（如 Microsoft Word 文档、照片等）的对象存储。（　　）

3. 默认情况下，公众可查看 Amazon S3 中存储的所有数据。（　　）

单元七

创建自动化的部署

单元情景

随着公司规模的不断扩大，采用的云服务越来越多，配置在云端的系统越来越复杂。最近，公司打算对系统进行一次升级，考虑到升级可能带来的一些不确定因素会影响系统的正常运行，公司希望小张能再搭一套一模一样的系统，在上面进行升级的测试，在确保满足系统的升级目标（功能、性能、可靠性、安全性、成本等）时才着手对原系统升级。这可难倒小张了，一方面原有系统配置过程较为复杂，涉及的命令和参数较多，再搭一套系统的工作量非常大，另一方面经过一段时间后，当初某些配置的记录已经丢失了，很难还原出和现有系统一样的配置。

单元概要

构建大规模计算环境需要耗费大量的时间和精力，手动操作相同的步骤来配置每个环境容易出现的错误，这一挑战的解决方案是通过创建模板或自动化脚本来执行这些步骤。只要模板和脚本编写正确，它就会比手动配置更加可靠且是可再现的。本单元将介绍如何创建实例的启动模板，以及通过 AWS CloudFormation 创建和管理一批相关 AWS 资源的简便方法，并通过有序且可预测的方式对其进行预置和更新。

学习目标

- 学会创建实例的启动模板。
- 学会配置和使用 AWS CloudFormation。
- 学会排查 AWS CloudFormation 的故障。

项目一 创建实例的启动模板

在工作中，小张经常需要频繁地启动实例，如果每次都按照管理控制台的流程一步一步操作，总觉得有些烦琐。特别是其中的有些配置选项，基本上每次都是选择相同的，这个时候如果有预先配置好的模板就好了。AWS 就提供了这样的一个工具，称为启动模板。启动模板中包含了用于启动实例的配置信息，用户可以在启动模板中存储启动参数，而无须在每次启动实例时都指定这些参数。

通过 AWS 管理控制台可以非常方便地创建启动模板，创建的方式主要有两种，下面介绍第一种方法，即通过进入启动模板的界面，直接从头开始创建启动模板，步骤如下：

打开 AWS 控制台，在“计算”板块中选择“EC2”，进入 EC2 服务的界面，再单击导航栏中的“启动模板”选项，进入启动模板向导界面，如图 7-1 所示。

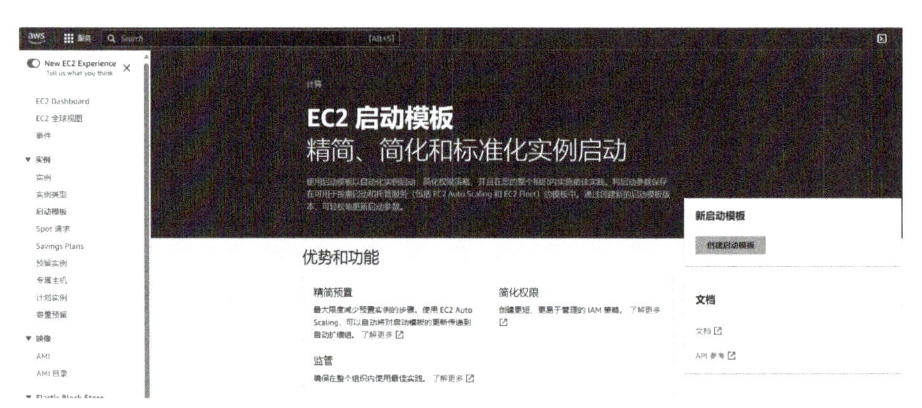

图 7-1　启动模板向导界面

单击“创建启动模板”按钮，即打开创建启动模板界面，这时就可以配置启动模板的各项参数了。整个配置过程非常类似于 EC2 实例的启动过程，用户可以为启动模板配置包括 AMI ID、实例类型、存储、安全组等的各项参数，此处就不再赘述了（注：若用户不想预先配置某项参数，则可以选择不将该参数包括在启动模板中）。配置完毕后，给启动模板起好名字保存即可。此时，可看到图 7-2 所示的启动模板信息界面。

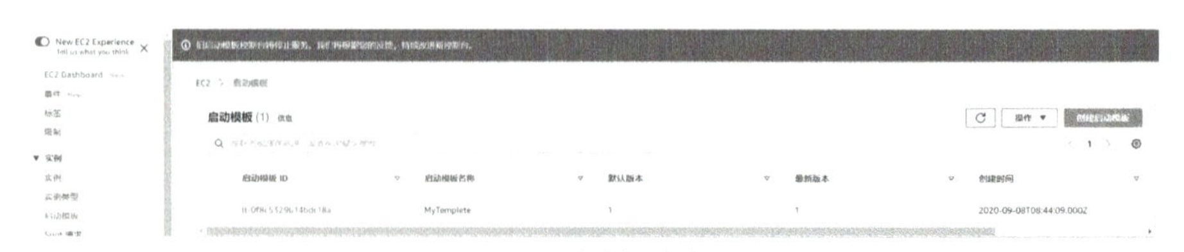

图 7-2　启动模板信息界面

如果已经有一个配置好的 EC2 实例，要以该实例的配置来作为启动模板的配置，则可以选择从实例创建启动模板，这是第二种创建启动模板的方式。

在图 7-3 所示的界面中，选中某个实例后，单击“操作”菜单，选中“从实例创建模板”选项，则立刻打开创建启动模板界面。此时，与该实例的相关参数已预先填入新创建的启动模板中，接下来保存模板即可。

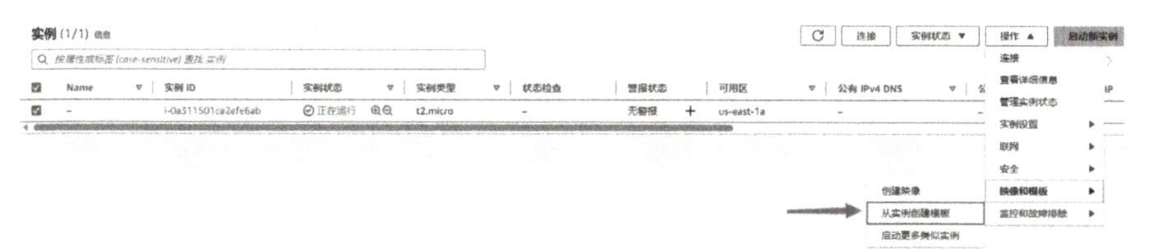

图 7-3　实例显示界面

除此之外，也可以直接使用 CLI 命令来创建启动模板，这里使用 EC2 的 create-launch-template 命令：

```
aws ec2 create-launch-template --launch-template-name Template1--launch-template-data"ImageId=<AMI_ID>","InstanceType=t2.small"
```

launch-template-name 参数表示启动模板的名称；launch-template-data 参数则为具体的各项配置参数，launch-template-data 参数格式较为复杂，详细的各项配置书写方式可进一步参考 AWS CLI 命令行文档，本例配置了实例的镜像 ID 和实例类型。对于 AWS 中的每一个镜像（Image），无论是平台提供的基础镜像，还是用户自定义的镜像，都有一个以“ami-”开头的唯一的 ID，在 AWS 控制台（EC2 界面下的 AMI 目录）中可以找到该区域下所有镜像的 ID。当镜像从一个区域复制到另一个区域后，会在目标区域生成新的镜像 ID。也就是说，内容相同的镜像，无论是平台提供的基础镜像，还是用户自定义的镜像，在不同区域里会分别拥有不同的 ID，这一点需要读者特别留意。

命令运行结果如图 7-4 所示，启动模板 ID 也会显示在输出中，这是该启动模板的唯一标识，后续多项操作会使用到这个 ID。

```
[cloudshell-user@ip-10-2-22-169 ~]$ aws ec2 create-launch-template --launch-template-name Template1  --launch-template-data "ImageId=ami-04823729c75214919","InstanceType=t2.small"
{
    "LaunchTemplate": {
        "LaunchTemplateId": "lt-023cc5752ab3271b7",
        "LaunchTemplateName": "Template1",
        "CreateTime": "2023-07-23T08:03:17+00:00",
        "CreatedBy": "arn:aws:sts::            :assumed-role/voclabs/user498863=Yixing_Deng",
        "DefaultVersionNumber": 1,
        "LatestVersionNumber": 1
    }
}
```

图 7-4　创建启动模板运行结果

启动模板创建好之后，就可以通过它来启动实例了。在 EC2 的 run-instance 命令中，通过设置 launch-template 参数即可完成该项任务，CLI 命令如下：

```
aws ec2 run-instances  --launch-templateLaunchTemplateId=<Template_ID>
```

其中，<Template_ID> 代表启动模板 ID。

如果不想完全按照启动模板的配置来创建实例，某些参数需要临时更改参数，则可以用类似如下的命令：

```
aws ec2 run-instances  --launch-templateLaunchTemplateId=<Template_ID> --instance-type t2.small
```

在以上命令中，启动实例时会用 t2.small 的实例类型替换启动模板中预先配置好的实例类型。

有时可能需要在原有启动模板的基础上修改部分参数，从而形成新的启动模板，但同时全新的启动模板又会产生全新的启动模板 ID，这样不方便记忆与管理。这个时候就可以通过创建同一个启动模板的不同版本的方式，实现同一个启动模板下的不同配置方案，具体操作如下：

在启动模板信息界面，单击“操作”菜单中的“修改模板（创建新版本）”选项，如图 7-5 所示。

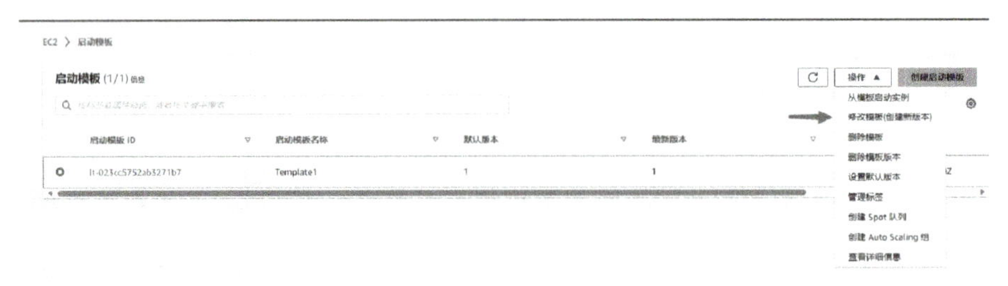

图 7-5　启动模板信息界面

进入修改模板界面，该界面与创建启动模板界面非常类似，原启动模板的配置情况会预先导入，选择需要修改的参数，完成修改后，单击“创建启动模板”按钮即可。此时若回到启动模板信息界面，就可以看到原有启动模板的最新版本号从 1 变成了 2，说明已经成功产生了新的启动模板版本。在创建启动模板的时候，可以根据需要选择不同的版本来创建，CLI 命令如下：

```
aws ec2 run-instances  --launch-templateLaunchTemplateId=<Template_ID>,Version=x
```

也可以直接通过 CLI 命令来创建启动模板的新版本，命令如下：

```
aws ec2 create-launch-template-version \
    --launch-template-id <Template_ID>\
     --source-version x \
    --launch-template-data "ImageId=<AMI_ID>"
```

其中，launch-template-id 参数填入原启动模板的 ID，source-version 参数表示以该启动模板的哪个版本为蓝本进行修改（默认情况下，首次创建的启动模板，版本号为 1），launch-template-data 仍为各项配置参数，此处不再赘述。

使用 CloudFormation 进行自动化部署

云计算可以为企业的发展带来许多可能性。但是，这也引发了有关如何管理其功能和灵活性的问题。比如说，如何方便地重复部署基础架构，如何回退未按计划执行的部署或回收已创建的资源等。AWS CloudFormation 是一项可帮助用户对 AWS 资源进行创建和配置的服务，以便用户能花较少的时间管理这些资源，而将更多的时间花在运行于 AWS 中的应用程序上。用户只需创建一个描述用户所需所有 AWS 资源（如 EC2 实例或 VPC）的模板即可，AWS CloudFormation 将负责创建和配置这些资源。

在进一步学习 CloudFormation 的知识之前，首先需要了解 CloudFormation 中堆栈和模板的含义。在使用 CloudFormation 时，相关资源放置在一个称为“堆栈”的单元进行管理，这样便可以通过创建、更新和删除堆栈来创建、更新和删除一组资源。堆栈中的所有资源均由堆栈的 CloudFormation 模板来定义。模板是用来描述 AWS 资源及其属性的 JSON

或 YAML 格式的文本文件，CloudFormation 将模板作为蓝图以构建 AWS 资源。因此，在 CloudFormation 中创建资源的过程其实并不复杂，先创建好模板，再通过提交模板创建资源堆栈，接下来 CloudFormation 便会自动创建模板中定义的这组资源。

任务一　创建模板

在实践中，CloudFormation 模板以 JSON 格式的文档描述为主，因此本书仅介绍 JSON 格式的 CloudFormation 模板。JSON 的全称是“JavaScript Object Notation”，意思是 JavaScript 对象表示法，它是一种基于文本的独立于语言的轻量级数据交换格式。

JSON 有两种表示结构：对象和数组。

对象结构以“{”开始，以“}”结束。中间部分由 0 或多个以“,”分隔的“key(关键字)/value(值)”对构成，关键字和值之间以“：”分隔，格式如下：

```
{
    key1:value1,
    key2:value2,
    ...
}
```

数组结构以“[”开始，以“]”结束。中间由 0 或多个以“,”分隔的值列表组成，格式如下：

```
[
    {
        key1:value1,
        key2:value2
    },
    {
         key3:value3,
         key4:value4
    }
]
```

有关 JSON 文档的更详细介绍，读者可进一步参考相关文献，这里不再赘述。

下面介绍 CloudFormation 模板的结构及包含的各组成部分：

```
{
"AWSTemplateFormatVersion" : "version date",

"Description" : "JSON string",

"Metadata" : {
    template metadata
  },

"Parameters" : {
    set of parameters
  },
```

```
"Mappings" : {
    set of mappings
  },

"Conditions" : {
    set of conditions
  },

"Transform" : {
    set of transforms
  },

"Resources" : {
    set of resources
  },

"Outputs" : {
    set of outputs
  }
}
```

可以看到，CloudFormation 模板由 9 个部分组成，Resources 部分是其中唯一的必需部分，Resources 部分声明了要包含在堆栈中的 AWS 资源，如 Amazon EC2 实例或 Amazon S3 存储桶等。Resources 的格式如下：

```
"Resources" : {
"Logical ID" : {
"Type" : "Resource type",
"Properties" : {
            Set of properties
        }
    }
}
```

Logical ID 是资源在模板中具有唯一性的名称，必须为字母和数字的组合。当需要在模板的其他部分引用该资源的时候，也会用 Logical ID 来指代该资源。

Type 标识正在声明的资源的类型。每种资源都有自己的类型标识。

每一项资源都包含很多属性，如果需要在模板中事先配置，就可以通过 Properties 这一项来设置。特别是对于许多资源来说，可能会有某些属性，若不事先指定好，就无法创建成功。比如 EC2 实例，在创建时必须为该实例指定一个 Amazon 系统映像 (AMI) ID，这时候就需要在模板的 EC2 资源里把 AMI ID 声明为它的一个属性。下面就是一个简单的只包含了资源部分的 CloudFormation 模板示例 templete1.json：

```
{
"Resources": {
"MyEC2Instance": {
"Type": "AWS::EC2::Instance",
```

```
"Properties": {
"ImageId": "<AMI_ID>",
"InstanceType": "t2.micro"
            }
        }
    }
}
```

该示例声明了一个名字为“MyEC2Instance”的 EC2 资源，并为其指定了所采用的 AMI(<AMI_ID>) 和实例类型。请注意，模板只是一份 JSON 格式的文档，本身并不属于任何区域，但通过其创建堆栈的操作是具体落在某个区域执行的，堆栈里的资源也会在该区域上创建。因此，在配置资源中一些与区域相关的属性时需要特别留意。比如在上面这个模板中，需要为实例指定 ImageId，正如前文所述，哪怕是同一种操作系统镜像，在不同区域下都有其独立的镜像 ID，因此需要确保模板中填入的是该区域下镜像的正确 ID。这也意味着，若在模板中直接指定 ImageId 属性值，则该模板是无法做到跨区域通用的。当用户确实需要模板具有跨区域的自适应性时，就需要考虑使用 Mapping 属性了。

通过模板创建堆栈时，堆栈里模板文档的创建方式很多，初学者可以利用 AWS 控制台提供的模板设计器以一种所见即所得的方式编制模板。打开 AWS 控制台，在“管理工具”板块中选择“CloudFormation”，进入图 7-6 所示的 CloudFormation 服务界面，再单击左侧导航栏中的“设计器”选项，便可进入模板设计器，界面如图 7-7 所示。

图 7-6　CloudFormation 服务界面

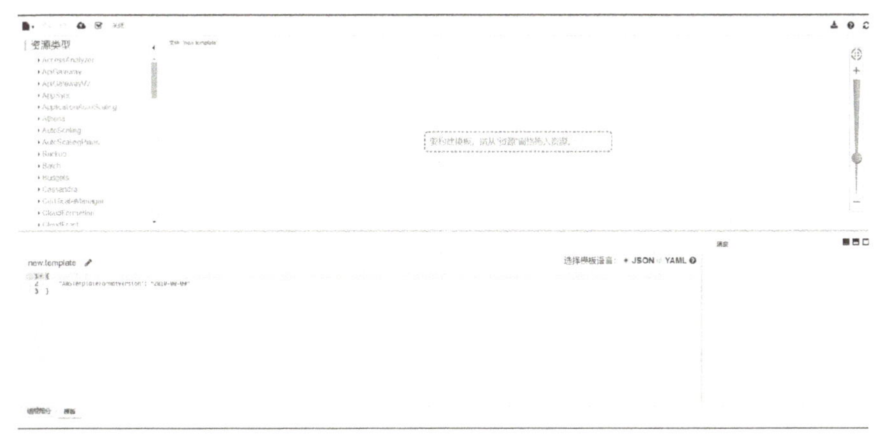

图 7-7　模板设计器界面

设计器的左侧列出了 AWS 中的各类资源，单击其中的某项资源并用鼠标拖动至右侧的 Canvas 窗口，相应的资源便被加入模板中。模板设计器编辑界面如图 7-8 所示，在设计器正下方的模板视图里便可以看到对应的 JSON 或 YAML 格式的文档内容，用户可以直接在这里进一步丰富模板文档的内容。

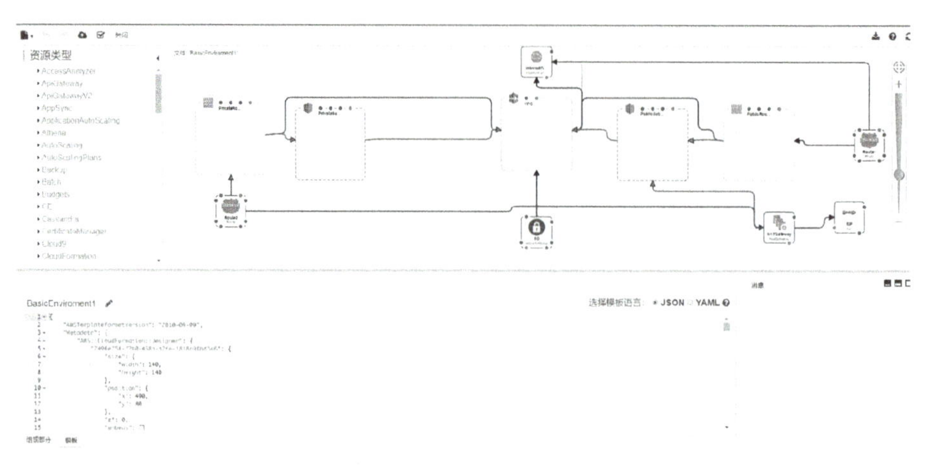

图 7-8 模板设计器编辑界面

当然，对于较为熟悉模板格式的用户来说，在普通的文本编辑器中直接编写模板也是一种不错的选择。写好的模板文档可以先导入模板设计器，然后单击模板设计器左上方的“验证模板”按钮，CloudFormation 会帮助用户在创建堆栈前捕获语法错误和一些语义错误。

任务二 使用模板创建堆栈

模板编写完毕后便可以通过模板创建堆栈，此时可以在设计器中直接单击“创建堆栈”按钮（同时模板会自动存储到 S3 中），也可以先把模板保存好（模板可以保存在本地，也可以保存在 S3 中），再回到 CloudFormation 服务界面，然后单击“创建堆栈”按钮。单击了“创建堆栈”按钮后，会看到图 7-9 所示的界面。

图 7-9 指定模板界面

创建堆栈的流程分为四步。

1）首先指定模板。如果模板存储在 S3 中，则可以在此指定模板的 S3 URL；如果模板存储在本地，则可以选择“上传模板文件”，从本地导入模板（导入后，模板也会自动存储在S3中）。除此之外，如果希望直接创建一个常见的典型堆栈，比如包含LAMP架构所需基础资源的堆栈等，则可以选择使用AWS提供的示例模板，并由此模板创建堆栈。

2）确定好模板后，单击“下一步”按钮，进入“指定堆栈详细信息”界面，如图7-10所示。此时需给堆栈起一个名字。若模板有参数，则会在此界面中让用户输入参数；若无参数，则可直接进入下一步。

图7-10 “指定堆栈详细信息”界面

3）接着进入“配置堆栈选项”界面，用户可以在此配置堆栈的各种属性，基本属性包括标签、IAM权限、通知选项等。下面介绍其中几个比较重要的配置选项。

①堆栈策略：堆栈策略定义可对指定资源执行的更新操作。未配置堆栈策略时，堆栈中的所有资源均可以执行更新操作。配置堆栈策略后，可以防止某些堆栈资源在堆栈更新过程中被意外更新或删除。

②回滚配置：所谓“回滚”，是说对堆栈执行创建或更新流程时，如果其中的某个资源操作失败，则整个流程停止，并取消之前已完成的步骤，释放相关资源。回滚配置允许用户指定在创建和更新堆栈时要监控的CloudFormation警报。CloudFormation会在堆栈创建或更新操作期间以及所有资源部署完毕之后的指定时间段内，一直监控指定的警报。在堆栈操作或监控期间，如果有任何警报进入“警报”状态，CloudFormation就会回滚整个堆栈操作。

③堆栈创建选项：“失败时回滚”选项指定在堆栈创建失败时是否应回滚堆栈。若禁用该项，则堆栈创建到某一步无法继续完成时，之前已成功创建的资源仍会保留下来。通常，在调试模板的时候会禁用这个选项，以免多次创建和回滚，浪费大量的时间。“超时”选项可指定一个时间，如果超过这个时间堆栈还未能完成创建的话，则会因超时而导致堆栈创建失败并回滚该堆栈。若启用“终止保护”选项，则无法直接对堆栈执行删除操作。当然，在堆栈的正常使用期间，还可以通过更改其设置而进行删除。

4）从“配置堆栈选项”界面单击“下一步”按钮，进行最后的审核后单击“创建堆栈”按钮，则可以进入该堆栈中，“堆栈内容”界面如图7-11所示。

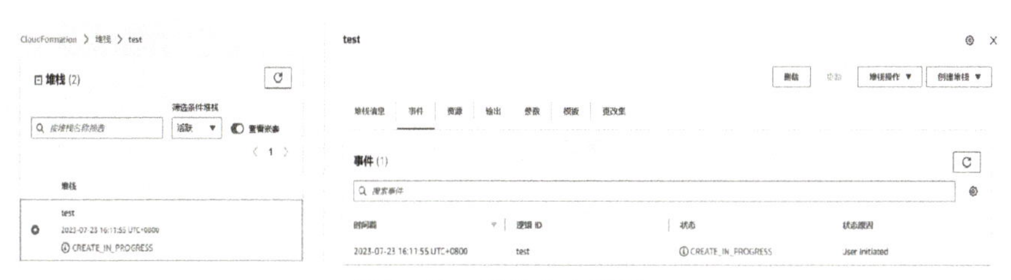

图7-11　堆栈内容界面

在“堆栈内容”界面里可以看到堆栈的各项配置信息和状态。若堆栈创建成功，则堆栈状态会变成 CREATE_COMPLETE。在“事件”选项卡中会显示堆栈及其资源的状态变化情况（若此时堆栈正处于某个创建或更新的流程中，则可以通过单击右侧的刷新按钮看到动态的变化情况）。若创建过程中出现问题，则此处也会显示对哪个资源进行操作的时候出现了问题。如果堆栈允许回滚，则此处也会显示删除已有资源和回滚的过程。“资源”选项卡里会显示此时放置在堆栈里的资源。

在 CLI 命令行界面下创建堆栈也不是一件复杂的事情，创建堆栈的命令格式如下：

```
aws cloudformation create-stack
--stack-name <value>
[--template-body <value>]
[--template-url <value>]
[--parameters <value>]
[--disable-rollback | --no-disable-rollback]
[--rollback-configuration <value>]
[--timeout-in-minutes <value>]
[--notification-arns <value>]
[--capabilities <value>]
[--resource-types <value>]
[--role-arn <value>]
[--on-failure <value>]
[--stack-policy-body <value>]
[--stack-policy-url <value>]
[--tags <value>]
[--client-request-token <value>]
[--enable-termination-protection | --no-enable-termination-protection]
[--cli-input-json <value>]
[--generate-cli-skeleton <value>]
```

其中，stack-name 项是必需的，表示堆栈的名称，其余项均可选。另外，template-body 和 template-url 可用来指定模板文件，两者需选其一进行设置（不能两项同时设置）。template-body 指定本地的模板文件路径，template-url 则指定存储在 S3 当中的模板 URL。实际上，各项的内容基本上与控制台下创建堆栈所涉及的配置项相当，此处不再赘述。例如以下这个 create-stack 命令，就是使用名为“template1.json”的模板创建一个名为“test”的堆栈的。

```
aws cloudformation create-stack --stack-name test --template-body file://template1.json
```

堆栈创建时会返回 ARN 格式的堆栈 ID，如下：

```
{
"StackId": "arn:aws:cloudformation:<AWS_REGION>:<YOUR_ACCOUNT_ID>:stack/test/..."
}
```

接着通过 describe-stacks 命令来查看堆栈创建情况，命令格式如下：

```
aws cloudformation  describe-stacks --stack-name test
```

运行结果如图 7-12 所示。

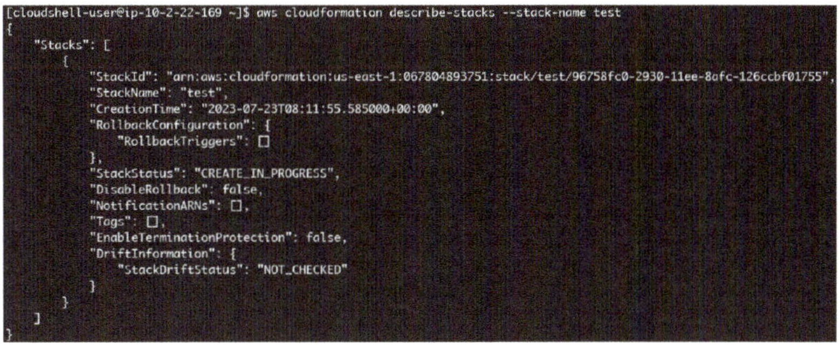

```
[cloudshell-user@ip-10-2-22-169 ~]$ aws cloudformation describe-stacks --stack-name test
{
    "Stacks": [
        {
            "StackId": "arn:aws:cloudformation:us-east-1:067804893751:stack/test/96758fc0-2930-11ee-8afc-126ccbf01755",
            "StackName": "test",
            "CreationTime": "2023-07-23T08:11:55.585000+00:00",
            "RollbackConfiguration": {
                "RollbackTriggers": []
            },
            "StackStatus": "CREATE_IN_PROGRESS",
            "DisableRollback": false,
            "NotificationARNs": [],
            "Tags": [],
            "EnableTerminationProtection": false,
            "DriftInformation": {
                "StackDriftStatus": "NOT_CHECKED"
            }
        }
    ]
}
```

图 7-12　describe-stacks 命令运行结果

任务三　模板进阶

任务一创建的是只包含一项资源的最基础的模板。实际上，模板中还可以包含许多特性和功能，以帮助用户创建适合各种场景的堆栈。接下来挑选模板中的一些常见的内容加以介绍。

1）资源的 DependsOn 属性。很多时候，模板中会包含多项资源，而其中的某些资源在创建时有先后关系，只有某项资源创建完毕后才能创建另一项资源，而模板中的资源项是不分先后顺序的。若要达到这一目的，可以给资源设置 DependsOn 属性，这样该资源就只能在创建 DependsOn 属性中指定的资源之后创建。比如，按照模板 template2.json 创建堆栈时，在 VPC 资源创建完毕后才开始创建实例资源。

```
{
"Resources": {
"MyEC2Instance": {
"Type": "AWS::EC2::Instance",
"Properties": {
"ImageId": "<AMI_ID>",
"InstanceType": "t2.micro"
        },
"DependsOn" : "MyVPC"
    },
"MyVPC": {
"Type": "AWS::EC2::VPC",
"Properties": {
"CidrBlock" : "10.0.0.0/16"
            }
        }
    }
}
```

2）Ref 内部函数。CloudFormation 提供多个内部函数来帮助用户管理其堆栈。其中，最常用的就是 Ref 函数，它可以帮助用户在模板中引用资源和参数。编写模板时，可能经常遇到一个问题：如何从一个元素引用模板中的另一个元素。比如，假如需要 EC2 实例与同一模板中定义的子网相关联，当在模板中无法直接为实例填入 SubnetId 属性时，可以通过 Ref 函数来引用模板中的子网，待堆栈创建起来后，会将创建出的子网的 ID 自动填入创建出的实例的 SubnetId 属性中。

引用的格式如下：

{ "Ref" : "logicalName" }

其中，logicalName 就是需要引用的资源或参数的名称。

对于模板 templete3.json，子网中的 VpcId 属性引用模板里的 MyVPC，而实例的 SubnetId 则引用模板里的 MySubnet。

```
{"Resources" : {
"MyEC2Instance" : {
"Type" : "AWS::EC2::Instance",
"Properties" : {
"SubnetId": { "Ref" : "MySubnet" },
"ImageId" : "<AMI_ID>",
"InstanceType":"t2.micro"
    },
"DependsOn" : "MySubnet"
  },
"MyVPC": {
"Type": "AWS::EC2::VPC",
"Properties": {
"CidrBlock" : "10.0.0.0/16"
                }
},
"MySubnet" : {
"Type" : "AWS::EC2::Subnet",
"Properties" : {
"VpcId" : { "Ref" : "MyVPC" },
"CidrBlock" : "10.0.0.0/24"
},
"DependsOn" : "MyVPC"
}
}
}
```

3）参数（Parameters）。在之前创建的模板 templete3.json 中，实例中有一个属性是 InstanceType，它的定义类型为 t2.micro，这意味着只要使用此模板创建堆栈，那么产生的实例资源都只会是 t2.micro 类型。很多时候，如果希望模板可以灵活一些，在通过模板创建堆栈的时候可以根据需要选择不同的实例类型，参数可以帮助达到这一目的。参数是模板中比较常用的一个部分。定义参数，可以让用户能够在每次创建或更新堆栈时向模板输入自定义值。

参数的格式如下：

```
"Parameters" : {
"ParameterLogicalID" : {
"Type" : "DataType",
"ParameterProperty" : "value"
  }
}
```

ParameterLogicalID 是参数在模板中具有唯一性的名称，必须为字母数字的组合。当需要在模板的其他部分引用该参数的时候，也会用 ParameterLogicalID 来指代该参数。

参数中的 Type 标识正在声明的参数的类型，如 String、Number、List<Number>（一组用逗号分隔的整数或浮点数）、CommaDelimitedList（一组用逗号分隔的文本字符串）等。除此之外，也可以使用一些 AWS 特定的参数类型，如 AWS::EC2::Image::Id（实例 id）、AWS::EC2::KeyPair::KeyName（密钥对的名称）等。

ParameterProperty 部分并非必需的，通常用来进一步约束 Type 的输入。比如可以用 AllowedValues 项描述参数允许值的列表，可以用 Default 项描述在未指定值的情况下 Type 默认的值。下面是针对实例类型定义的一个较为完整的参数，这个参数的类型是字符串，默认值为 t2.micro，只允许输入三种值，即 t2.micro、m1.small、m1.large。换句话说，若输入的参数字符串不是这三种值之一，则堆栈的创建会失败。在之前所用的模板 templete3.json 中，可以加上 Parameters 部分：

```
"Parameters" : {
"InstanceTypeParameter" : {
"Type" : "String",
"Default" : "t2.micro",
"AllowedValues" : ["t2.micro", "m1.small", "m1.large"],
      }
}
```

参数定义完成后，可以在资源中使用 Ref 函数来引用参数，把 MyEC2Instance 资源的 InstanceType 属性设置成如下形式：

```
"InstanceType":{ "Ref" : "InstanceTypeParameter" }
```

下面为加了参数的模板 template4.json：

```
{
"Parameters" : {
"InstanceTypeParameter" : {
"Type" : "String",
"Default" : "t2.micro",
"AllowedValues" : ["t2.micro", "m1.small", "m1.large"]
  }
},
"Resources" : {
"MyEC2Instance" : {
"Type" : "AWS::EC2::Instance",
"Properties" : {
"SubnetId": { "Ref" : "MySubnet" },
"ImageId" : "<AMI_ID>",
"InstanceType":{ "Ref" : "InstanceTypeParameter" }
     },
"DependsOn" : "MySubnet"
  },
"MyVPC": {
"Type": "AWS::EC2::VPC",
```

```
"Properties": {
"CidrBlock" : "10.0.0.0/16"
                  }
},
"MySubnet" : {
"Type" : "AWS::EC2::Subnet",
"Properties" : {
"VpcId" : { "Ref" : "MyVPC" },
"CidrBlock" : "10.0.0.0/24"
},
"DependsOn" : "MyVPC"
}
}
}
```

按照这份模板创建堆栈，并进入“指定堆栈详细信息”界面后，用户可以看到 Instance TypeParameter 这项参数，如图 7–13 所示。此时，若用户不输入参数，则默认使用 t2.micro 类型，用户也可以通过下拉列表在三种 AllowedValues 中选择一个。

图 7–13　带参数输入的“指定堆栈详细信息”界面

如果需要以 CLI 命令的方式来创建带参数的模板，则可以为 create–stack 命令加上 parameters 项。parameters 的数据类型主要包含两项，ParameterKey 和 ParameterValue。ParameterKey 为参数的名称，而 ParameterValue 则为参数的值，如果不指定参数的值，则会采用默认的值（如果模板中有定义的话）。比如说刚才的例子中，带 parameters 项的命令就可以这么写：

```
aws cloudformation create-stack --stack-name xxxx --template-body xxxx --parameters
ParameterKey=InstanceTypeParameter,ParameterValue="t2.micro"
```

如果有多项参数，则可以 ParameterKey=k1,ParameterValue=v1 ParameterKey=k2,Parameter Value=v2 的形式扩展下去。

在实践中，参数还有一个重要的用途。通常来说，对于像凭证这样的敏感信息，是不适宜直接嵌入模板的，这时就可以通过配置参数的方式在创建堆栈时通过输入参数把这些信息传递进来。

4）映射（Mappings）。很多时候，希望模板具有一定的灵活性，即可以针对不同的情况采用不同的值。比如，MyEC2Instance 资源里有 ImageId 属性，用来指定实例所采用的 AMI，未来如果希望将此模板跨区域使用，就会遇到这样的问题：同样的 AMI 类型，在不同区域里其 AMI ID 是不一样的。那么可否让模板在某种程度上有一定的自适应性呢？答案就是使用映射。

映射其实是一个两级键值对，可采用如下的格式：

```
"Mappings" : {
"MappingName" : {
"Key01" : {
"Name" : "Value01"
    },
"Key02" : {
"Name" : "Value02"
    },
"Key03" : {
"Name" : "Value03"
    }
  }
}
```

在下面这段模板文档中，创建了一个名为“RegionMap”的映射，它以类似“us-east-1”这样的区域名称作为第一级的键，镜像的名称则是第二级的键，镜像 ID 为第二级的值。

```
"Mappings" : {
"RegionMap" : {
"us-east-1"      : { "AmazonLinux" : "<AMI_ID_US_EAST_1_AMAZON_LINUX>"},
"us-east-2"      : { "AmazonLinux" : "<AMI_ID_US_EAST_2_AMAZON_LINUX>"},
     }
}
```

在上面的映射中，在 <AMI_ID_US_EAST_1_AMAZON_LINUX> 处输入美国东部（弗吉尼亚北部）区域中 Amazon Linux 2 的镜像 ID，而在 <AMI_ID_US_EAST_2_AMAZON_LINUX> 处可输入美国东部（俄亥俄州）区域中 Amazon Linux 2 的镜像 ID。

假如模板中有对该映射的引用，则可以通过内部函数 Fn::FindInMap 返回与 Mappings 部分声明的双层映射中的键对应的值。Fn::FindInMap 函数的格式如下：

```
{ "Fn::FindInMap" : [ "MapName", "TopLevelKey", "SecondLevelKey"] }
```

如果把此前所用模板中 MyEC2Instance 资源的 ImageId 属性改成如下形式：

```
"ImageId" : { "Fn::FindInMap" : [ "RegionMap", "us-east-1","AmazonLinux"]}
```

则在创建实例时，会检索 RegionMap 这个映射关系，找出第一级 key 是“us-east-1”，第二级 key 是“AmazonLinux”的值，返回“<AMI_ID_US_EAST_1_AMAZON_LINUX>”这个字符串，作为 ImageId 属性的值。初步来看，这样的映射关系还是达不到自适应的效果。如果这里结合使用一个伪参数 AWS::Region，问题就解决了。所谓“伪参数”，是 AWS CloudFormation 预先定义好的参数，不需要在模板中声明，可以直接引用。引用 AWS::Region 的地方可以获得堆栈当前所在区域的值。把 ImageId 属性修改成如下形式：

```
"ImageId" : { "Fn::FindInMap" : [ "RegionMap", { "Ref" : "AWS::Region" },
"AmazonLinux"]}
```

新的 MyEC2Instance 资源描述如下：

```
"MyEC2Instance" : {
"Type" : "AWS::EC2::Instance",
"Properties" : {
"SubnetId": { "Ref" : "MySubnet" },
"ImageId" : { "Fn::FindInMap" : [ "RegionMap", { "Ref" : "AWS::Region" }, "AmazonLinux"]},
"InstanceType":{ "Ref" : "InstanceTypeParameter" }
    },
"DependsOn" : "MySubnet"
  }
```

这样，在创建堆栈中的实例时就可以根据堆栈所在区域自动选择对应的 AMI 来进行。除此之外，还可以编写带有多个值的映射：

```
"RegionMap" : {
"us-east-1"        : {"AmazonLinux" : "<AMI_ID_US_EAST_1_AMAZON_LINUX>", "Ubuntu" : "<AMI_ID_US_EAST_1_UBUNTU>"},
"us-east-2"   : {"AmazonLinux" : "<AMI_ID_US_EAST_2_AMAZON_LINUX>", "Ubuntu" : "<AMI_ID_US_EAST_2_UBUNTU>"}
    }
  }
```

此时，可以设置 SecondLevelKey 为引用参数，设置参数如下：

```
"Parameters" : {
"ImageType": {
"Type": "String",
"AllowedValues": ["AmazonLinux", "Ubuntu"],
        }
  }
```

然后将 ImageId 属性设置为如下形式：

```
"ImageId" : { "Fn::FindInMap" : [ "RegionMap", { "Ref" : "AWS::Region" },  { "Ref" : "ImageType" }]}
```

这样在创建堆栈实例时，还可以选择实例的 AMI 类型。

包含了映射关系的完整的模板 template5.json 如下：

```
{
"Parameters" : {
"InstanceTypeParameter" : {
"Type" : "String",
"Default" : "t2.micro",
"AllowedValues" : ["t2.micro", "m1.small", "m1.large"]
  },
"ImageType": {
"Type": "String",
"AllowedValues": ["AmazonLinux","Ubuntu"]
        }
},
```

```
"Mappings" : {
"RegionMap" : {
"us-east-1"          : {"AmazonLinux" : "<AMI_ID_US_EAST_1_AMAZON_LINUX>", "Ubuntu" :
"<AMI_ID_US_EAST_1_UBUNTU>"},
"us-east-2"    : {"AmazonLinux" : "<AMI_ID_US_EAST_2_AMAZON_LINUX>", "Ubuntu" : "<AMI_
ID_US_EAST_2_UBUNTU>"}
        }
    },
"Resources" : {
"MyEC2Instance" : {
"Type" : "AWS::EC2::Instance",
"Properties" : {
"SubnetId": { "Ref" : "MySubnet" },
"ImageId" : { "Fn::FindInMap" : [ "RegionMap", { "Ref" : "AWS::Region" },{ "Ref" :
"ImageType" }]},
"InstanceType":{ "Ref" : "InstanceTypeParameter" }
        },
"DependsOn" : "MySubnet"
    },
"MyVPC": {
"Type": "AWS::EC2::VPC",
"Properties": {
"CidrBlock" : "10.0.0.0/16"
                    }
},
"MySubnet" : {
"Type" : "AWS::EC2::Subnet",
"Properties" : {
"VpcId" : { "Ref" : "MyVPC" },
"CidrBlock" : "10.0.0.0/24"
},
"DependsOn" : "MyVPC"
}
}
}
```

5）输出（Outputs）。输出是模板中的可选部分，它返回由模板创建的字符串值，用户可以查看这些值（通过控制台或命令行工具）或将这些值导入其他堆栈中，以便创建跨堆栈引用。输出部分的格式如下：

```
"Outputs" : {
"Logical ID" : {
"Description" : "Information about the value",
"Value" : "Value to return",
"Export" : {
"Name" : "Value to export"
        }
    }
}
```

Logical ID 即该输出的标识名称，包含三个部分，其中只有 Value 部分是必需的，其值可以是字符串、参数引用、伪参数、映射值或内部函数。Description 为该输出的描述信息，而 Export 部分则为跨堆栈引用导出的资源输出的名称。下面是一个 Outputs 的例子，要输出的 Value 是通过内部函数 Fn::GetAtt 获得的值。Fn::GetAtt 函数可以返回模板中资源的属性值，此处返回 MyEC2Instance 这项资源的私有 IP 地址。读者可以把以下模板代码加入模板 template5.json 中并再次创建堆栈。

```
"Outputs" : {
"Output1" : {
"Description" : "PrivateIp of instance",
"Value" :  {  "Fn::GetAtt" : [ "MyEC2Instance", "PrivateIp" ]}
    }
  }
```

堆栈创建成功后，可以在堆栈内容界面下的“输出”选项区域里看到输出，如图 7-14 所示。

图 7-14 “堆栈内容”界面

至此，已经向大家介绍了 CloudFormation 模板中的基础和常用的部分。除此之外，模板中还可以包含以下部分：

AWSTemplateFormatVersion：模板格式版本声明，其值必须是文字字符串，最新的模板格式版本是 2010-09-09，并且它也是目前唯一的有效值。

Description：描述模板的文本字符串（长度介于 0~1024 个字节之间），此部分必须始终紧随模板格式版本部分之后。

Metadata：元数据提供有关模板的其他信息的对象。

Conditions：条件部分包含一些声明，以定义在哪些情况下创建或配置实体。用户可以创建一个条件，然后将其与某个资源或输出关联。在创建或更新堆栈时，AWS CloudFormation 先计算模板中的所有条件，然后创建与 true 条件关联的资源，忽略与 false 条件关联的资源。

Transform：转换部分指定 AWS CloudFormation 用于处理模板的一个或多个宏。

任务四　检测堆栈资源变化

即使通过 CloudFormation 来管理资源，用户也可以在 CloudFormation 之外更改这些资源，比如使用创建资源的底层服务直接编辑资源。在 CloudFormation 之外进行的更改有可能会使堆栈更新或删除操作复杂化，很多时候，用户会需要知道堆栈中的资源是否存在 CloudFormation 管理之外的更改，以决定是否采取纠正措施，使堆栈资源再次与其在堆栈模板中的定义同步。CloudFormation 提供了偏差检测这一功能，来帮助识别在 CloudFormation 管理之外进行配置更改的堆栈资源。

以任务三中所用模板创建出的堆栈为例，在堆栈内容界面的“资源”选项卡中，可以看到创建出的实例 MyEC2Instance 的 ID。如果此时到控制台的 EC2 界面中找到这个实例并执行停止该实例的操作，那么接下来可修改实例类型为 t2.small 并重新启动实例。回到“堆栈内容”界面后，选择右上方“堆栈操作”中的“检测偏差”选项，则系统开始执行偏差检测，如图 7–15 所示。接下来选择“查看偏差结果”选项，这时就能看到堆栈的偏差状态显示为“DRIFED”，并且在下方的资源列表中可以看到修改过的资源，其偏差状态显示为“MODIFIED”，如图 7–16 所示。

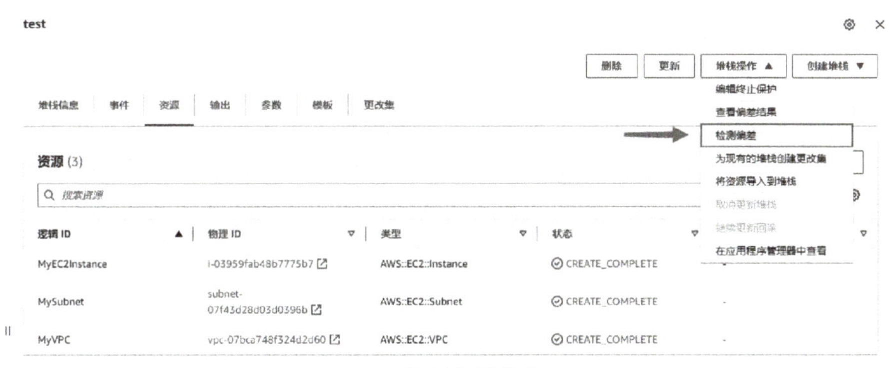

图 7–15　检测偏差操作界面

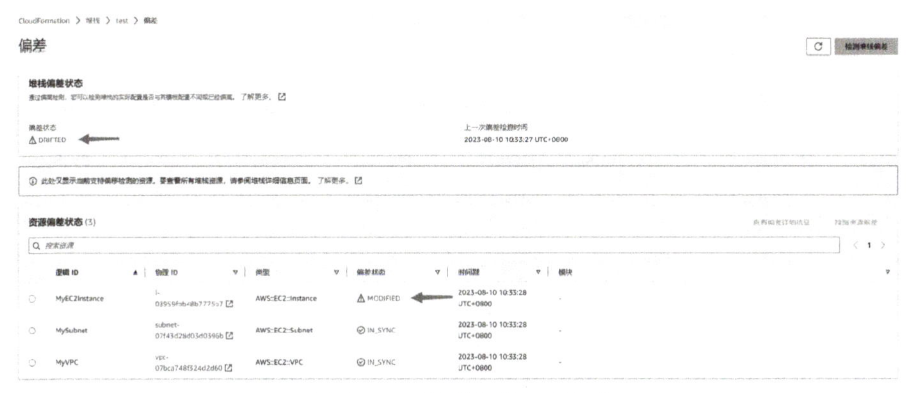

图 7–16　偏差结果显示界面

用 CLI 命令也可以很方便地完成偏差检测，首先执行创建偏差检测命令 detect-stack-drift：

```
aws cloudformation detect-stack-drift --stack-name test
```

然后执行偏差检测结果显示命令 describe-stack-resource-drifts：

```
aws cloudformation describe-stack-resource-drifts --stack-name test
```

显示结果如图 7–17 所示。此时，堆栈中每项资源的偏差状态都会显示出来。

如果仅想显示那些被修改过的资源，则可以给命令加上 stack-resource-drift-status 项，如下：

```
aws cloudformation describe-stack-resource-drifts --stack-name test --stack-
resource-drift-status-filters MODIFIED
```

此时只会显示出堆栈里有被修改过的资源信息了，如图 7–18 所示。

```
[cloudshell-user@ip-10-2-42-93 ~]$ aws cloudformation describe-stack-resource-drifts --stack-name test
{
    "StackResourceDrifts": [
        {
            "StackId": "arn:aws:cloudformation:us-east-1:067804893751:stack/test/9d003c20-3725-11ee-b596-0a5d95e8efd3",
            "LogicalResourceId": "MyEC2Instance",
            "PhysicalResourceId": "i-03959fab48b7775b7",
            "ResourceType": "AWS::EC2::Instance",
            "ExpectedProperties": "{\"ImageId\":\"ami-09538990a0c4fe9be\",\"InstanceType\":\"t2.micro\",\"SubnetId\":\"subnet-07f43d28d03d0396b\"}",
            "ActualProperties": "{\"ImageId\":\"ami-09538990a0c4fe9be\",\"InstanceType\":\"t2.small\",\"SubnetId\":\"subnet-07f43d28d03d0396b\"}",
            "PropertyDifferences": [
                {
                    "PropertyPath": "/InstanceType",
                    "ExpectedValue": "t2.micro",
                    "ActualValue": "t2.small",
                    "DifferenceType": "NOT_EQUAL"
                }
            ],
            "StackResourceDriftStatus": "MODIFIED",
            "Timestamp": "2023-08-10T02:33:28.215000+00:00"
        },
        {
            "StackId": "arn:aws:cloudformation:us-east-1:067804893751:stack/test/9d003c20-3725-11ee-b596-0a5d95e8efd3",
            "LogicalResourceId": "MySubnet",
            "PhysicalResourceId": "subnet-07f43d28d03d0396b",
            "ResourceType": "AWS::EC2::Subnet",
            "ExpectedProperties": "{\"VpcId\":\"vpc-07bca748f324d2d60\",\"CidrBlock\":\"10.0.0.0/24\"}",
            "ActualProperties": "{\"VpcId\":\"vpc-07bca748f324d2d60\",\"CidrBlock\":\"10.0.0.0/24\"}",
            "PropertyDifferences": [],
            "StackResourceDriftStatus": "IN_SYNC",
            "Timestamp": "2023-08-10T02:33:28.704000+00:00"
        },
        {
            "StackId": "arn:aws:cloudformation:us-east-1:067804893751:stack/test/9d003c20-3725-11ee-b596-0a5d95e8efd3",
            "LogicalResourceId": "MyVPC",
            "PhysicalResourceId": "vpc-07bca748f324d2d60",
            "ResourceType": "AWS::EC2::VPC",
            "ExpectedProperties": "{\"CidrBlock\":\"10.0.0.0/16\"}",
            "ActualProperties": "{\"CidrBlock\":\"10.0.0.0/16\"}",
            "PropertyDifferences": [],
            "StackResourceDriftStatus": "IN_SYNC",
            "Timestamp": "2023-08-10T02:33:28.243000+00:00"
        }
    ]
}
```

图 7–17　偏差检测结果显示命令运行结果

```
[cloudshell-user@ip-10-2-42-93 ~]$ aws cloudformation describe-stack-resource-drifts --stack-name test --stack-resource-drift-status-filters MODIFIED
{
    "StackResourceDrifts": [
        {
            "StackId": "arn:aws:cloudformation:us-east-1:067804893751:stack/test/9d003c20-3725-11ee-b596-0a5d95e8efd3",
            "LogicalResourceId": "MyEC2Instance",
            "PhysicalResourceId": "i-03959fab48b7775b7",
            "ResourceType": "AWS::EC2::Instance",
            "ExpectedProperties": "{\"ImageId\":\"ami-09538990a0c4fe9be\",\"InstanceType\":\"t2.micro\",\"SubnetId\":\"subnet-07f43d28d03d0396b\"}",
            "ActualProperties": "{\"ImageId\":\"ami-09538990a0c4fe9be\",\"InstanceType\":\"t2.small\",\"SubnetId\":\"subnet-07f43d28d03d0396b\"}",
            "PropertyDifferences": [
                {
                    "PropertyPath": "/InstanceType",
                    "ExpectedValue": "t2.micro",
                    "ActualValue": "t2.small",
                    "DifferenceType": "NOT_EQUAL"
                }
            ],
            "StackResourceDriftStatus": "MODIFIED",
            "Timestamp": "2023-08-10T02:33:28.215000+00:00"
        }
    ]
}
```

图 7–18　加 stack–resource–drift–status 项的偏差检测结果显示命令运行结果

任务五　更新堆栈

小张使用模板为测试部门创建了一个包含测试环境基础设施的堆栈。在使用过程中，测试部门的同事反馈说，当他们试图和另外一个 VPC 进行 VPC Peering 的时候，发现两个 VPC 的 CIDR 块配置是重叠的，需要更改当前堆栈 VPC 资源的配置。那么是否能够在堆栈已经创建完毕的情况下去更改堆栈内的资源呢？答案是可以的，通过使用更新堆栈的功能即可实现。

CloudFormation 提供了两种方法用于更新堆栈：直接更新、创建并执行更改集。采用直接更新这种方法时，只要提交更改，CloudFormation 就会立即部署更改后的资源。采用创建并执行更改集这种方法时，用户首先创建出包含更改内容的更改集，然后预览 CloudFormation 将对堆栈进行的更改，再决定是否应用这些更改。采用更改集是 AWS 推荐的最佳实践，因此接下来仅介绍采用创建并执行更改集来更新堆栈这种方法。

1）在“堆栈内容”界面中打开“更改集”选项卡，单击“创建更改集”按钮，如图 7–19 所示。

图 7–19 “更改集”选项卡

2）“为 test 创建更改集”界面如图 7–20 所示。第一步为“指定模板”，如果选择“使用当前模板”选项，那么将不对模板本身的内容进行更改，接下来用户仅可以更改堆栈需要输入的参数以及堆栈的一些配置选项。若选择“替换当前模板”选项，那么用户可以提交一个新的模板。而选择“在设计器中编辑模板”选项，则可以在设计器中打开堆栈所用的原有模板，然后在设计器中对模板进行修改。但不管采用后两种方式的哪种，实际上最终都是提交了一份新的模板。后面几步的配置方式和创建堆栈的配置方式基本一样，此处就不赘述了。到了最后一步，单击“创建更改集”，在弹出的界面中为这个更改集起好名字，再单击“创建更改集”，就进入了“更改集”界面。

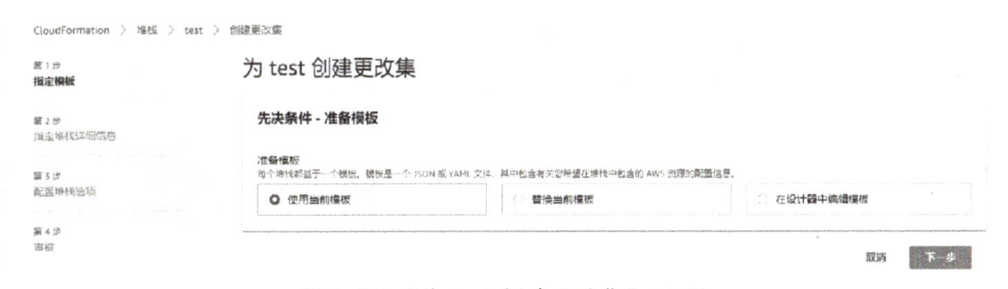

图 7–20 “为 test 创建更改集”界面

3）如图 7–21 所示，在“更改集”界面的下方会显示具体有哪些更改项目及更改会涉及哪些已创建好的资源。应注意，此时并没有真正地执行更新，用户确认清楚后，单击右上角的“执行”按钮，才完成最终的更新。

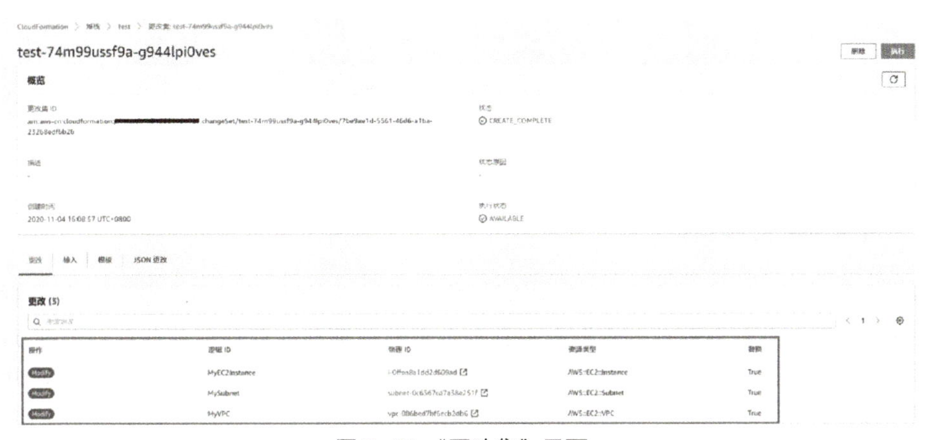

图 7–21 “更改集”界面

若采用 CLI 方式更新堆栈，也是需要先创建出更改集，然后执行更改。创建更改集的命令如下：

```
aws cloudformation create-change-set--stack-name <value>
[--template-body <value>]
[--template-url <value>]
[--use-previous-template | --no-use-previous-template]
[--parameters <value>]
[--capabilities <value>]
[--resource-types <value>]
[--role-arn <value>]
[--rollback-configuration <value>]
[--notification-arns <value>]
[--tags <value>]
--change-set-name <value>
[--client-token <value>]
[--description <value>]
[--change-set-type <value>]
[--resources-to-import <value>]
[--cli-input-json <value>]
[--generate-cli-skeleton <value>]
```

该命令需要配置至少三个参数：第一个是 --stack-name，指定堆栈名称；第二个是 --change-set-name，指定更改集名称；除此之外，还必须在 --template-body 和 --template-url 两个参数中选择一种，用来指定更改后的模板。其余参数基本上就是在管理控制台创建更改集时所涉及的配置项目了，此处不再赘述。

创建完更改集，就可以执行更改操作了，命令如下：

```
aws cloudformation execute-change-set --change-set-name xxxx
```

其中，change-set-name 项需输入的是更改集的 ARN（ARN 的值可从创建更改集命令运行后的输出结果中找到），而不是更改集的名称。创建并执行更改集的命令，运行结果如图 7-22 所示。

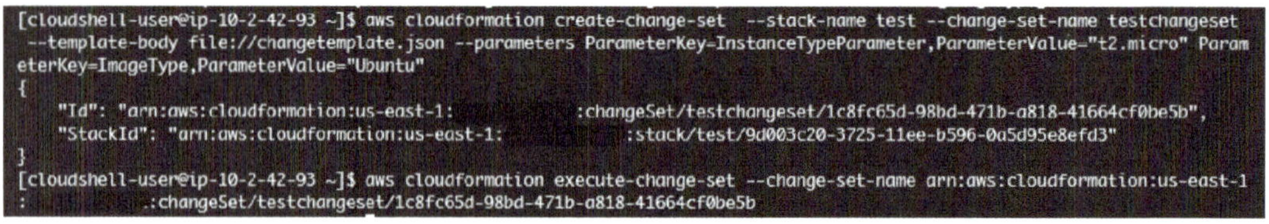

```
[cloudshell-user@ip-10-2-42-93 ~]$ aws cloudformation create-change-set  --stack-name test --change-set-name testchangeset
 --template-body file://changetemplate.json --parameters ParameterKey=InstanceTypeParameter,ParameterValue="t2.micro" Param
eterKey=ImageType,ParameterValue="Ubuntu"
{
    "Id": "arn:aws:cloudformation:us-east-1:            :changeSet/testchangeset/1c8fc65d-98bd-471b-a818-41664cf0be5b",
    "StackId": "arn:aws:cloudformation:us-east-1:            :stack/test/9d003c20-3725-11ee-b596-0a5d95e8efd3"
}
[cloudshell-user@ip-10-2-42-93 ~]$ aws cloudformation execute-change-set --change-set-name arn:aws:cloudformation:us-east-1
:            :changeSet/testchangeset/1c8fc65d-98bd-471b-a818-41664cf0be5b
```

图 7-22　创建并执行更改集运行结果

任务六　堆栈创建故障排除

模板设计器所提供的“验证模板”功能仅能帮助用户检查出模板的语法错误，而不能发现模板内容方面的错误。因此，如果通过模板无法创建堆栈，就需要查看错误消息或日志来帮助详细了解问题所在。当用户在创建堆栈的时候，可以在堆栈界面的“事件”项中看到整个创建过程中发生的各种事件，如果出现资源创建失败，那么也会有所提示。如图 7-23 所示，在创建资源 MyEC2Instance 时出现了创建失败的情况，从“状态原因”栏可以看出模板中给出的 image ID 是错误的。此时用户就可以修改模板，给出正确的配置后重新生成堆栈。

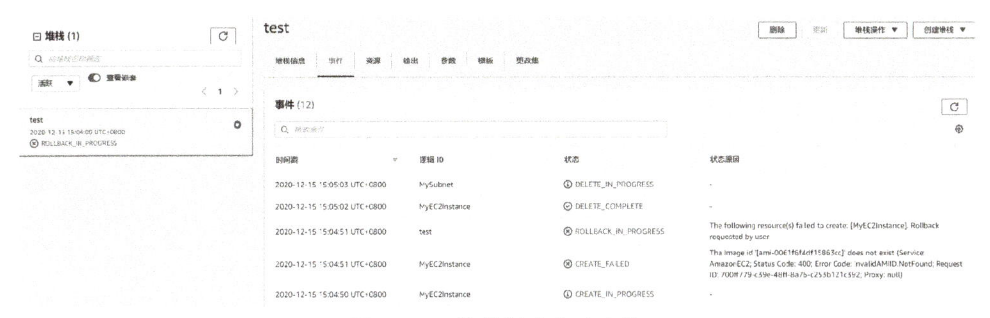

图 7–23　堆栈创建失败事件

案 例

使用 CloudFormation 创建网络基础设施

案例内容：在实践中，小张经常需要快速完成一个 VPC 网络环境的搭建，供开发或测试部门使用。一个典型的 VPC 涉及的 AWS 服务和配置工作量不少，而且遗漏其中的一两项配置任务很可能造成整个 VPC 无法正常工作。小张决定创建一个典型的 VPC 架构的 CloudFormation 模板，如图 7–24 所示。这样未来就可以这个模板为基础，快速部署和删除一个 VPC 环境。

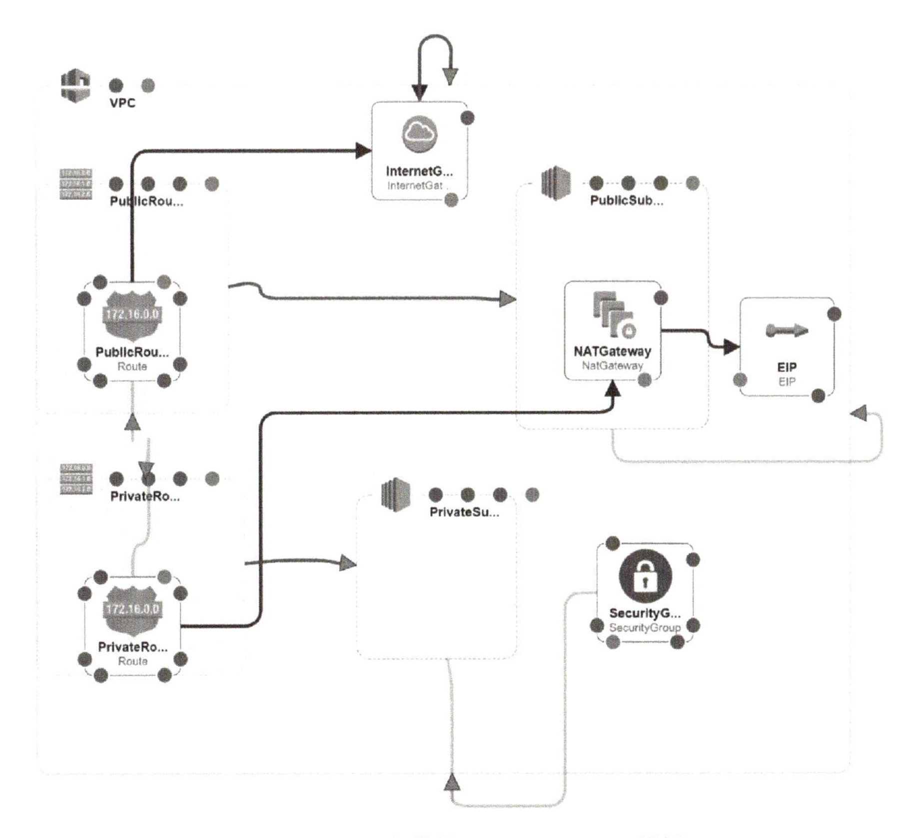

图 7–24　VPC 架构的 CloudFormation 模板

案例实施步骤：

1）配置 VPC 资源，模板 JSON 代码如下：

```
"VPC": {
"Type": "AWS::EC2::VPC",
"Properties": {
"CidrBlock": {
"Ref": "VPCCIDR"
                },
                }
```

其中，CidrBlock 属性采用引用参数的方式，在创建堆栈的时候再输入 CIDR 块的配置，参数代码如下：

```
"Parameters": {
"VPCCIDR": {
"Type": "String"
        }
```

2）配置子网，模板代码如下：

```
"PublicSubnet": {
"Type": "AWS::EC2::Subnet",
"Properties": {
"CidrBlock": {
"Ref": "PublicSubnetCIDR"
                },
"MapPublicIpOnLaunch": "true",
"AvailabilityZone": {
"Fn::Select": [
"0",
                        {
"Fn::GetAZs": ""
                        }
                    ]
                },
"VpcId": {
"Ref": "VPC"
                }
            },
"DependsOn": [
"VPC"
            ]
        },
"PrivateSubnet": {
"Type": "AWS::EC2::Subnet",
"Properties": {
"CidrBlock": {
"Ref": "PrivateSubnetCIDR"
```

```
                    },
     "AvailabilityZone": {
     "Fn::Select": [
     "0",
                              {
     "Fn::GetAZs": ""
                              }
                         ]
                    },
     "VpcId": {
     "Ref": "VPC"
                    }
               },
     "DependsOn": [
     "VPC"
               ]
          }
```

子网的CidrBlock属性和VPC配置差不多，都采用引用参数的方式，分别在Parameters项中加入两个参数：

```
     "PublicSubnetCIDR" : {
     "Type" : "String"
          },
     "PrivateSubnetCIDR" : {
     "Type" : "String"
          }
```

此外，VpcId属性配置子网所属的VPC，AvailabilityZone属性配置子网所在的可用区，此处通过Fn::GetAZs函数获得所在区域可用区列表，并通过Fn::Select函数从列表中选择第一个可用区作为AvailabilityZone属性的值。而在PublicSubnet1中配置的MapPublicIpOnLaunch属性，表示允许在此子网中启动的实例拥有公有IP地址。

3）若要为公有子网里的实例启用Internet访问，则需要配置Internet网关，模板代码如下：

```
     "InternetGateway": {
     "Type": "AWS::EC2::InternetGateway",
     "Properties": {},
     "DependsOn": [
     "VPC"
               ]
          },
     "AttachGateway": {
     "Type": "AWS::EC2::VPCGatewayAttachment",
     "Properties": {
     "VpcId": {
     "Ref": "VPC"
                    },
```

```
"InternetGatewayId": {
"Ref": "InternetGateway"
                }
            }
        }
```

此处需要创建两种资源：一种是 AWS::EC2::InternetGateway 资源，即 Internet 网关本身，需配置其 DependsOn 属性，以便在 VPC 资源创建完毕后再创建 InternetGateway 资源；另一种是 AWS::EC2::VPCGatewayAttachment 资源，它可以将 Internet 网关附加到 VPC 上。

4）若要让私有子网里的实例能连接到 Internet，则需要配置 NAT 网关，模板代码如下：

```
"NATGateway": {
"Type": "AWS::EC2::NatGateway",
"Properties": {
"AllocationId": {
"Fn::GetAtt": [
"EIP",
"AllocationId"
                    ]
                },
"SubnetId": {
"Ref": "PublicSubnet"
                }
            }
        },
"EIP": {
"Type": "AWS::EC2::EIP",
"Properties": {}
        }
```

此处需要创建两种资源：一种是 AWS::EC2::NatGateway 资源，即 NAT 网关本身；另一种是 AWS::EC2::EIP 资源，即一个弹性 IP 地址。对于 NAT 网关而言，需配置其 SubnetId 属性，指定 NAT 网关应处于哪个公有子网中以及 AllocationId 属性，该属性指定与 NAT 网关关联的弹性 IP 地址的分配 ID，此处可以通过 Fn::GetAtt 函数获得随模板创建出的 EIP 资源的分配 ID 值来进行设置。

5）接下来就需要配置路由了，模板代码如下：

```
"PrivateRouteTable": {
"Type": "AWS::EC2::RouteTable",
"Properties": {
"VpcId": {
"Ref": "VPC"
                }
              },
"DependsOn": [
"PrivateSubnet"
            ]
        },
```

```
"PrivateSubnet1RouteTableAssociation": {
"Type": "AWS::EC2::SubnetRouteTableAssociation",
"Properties": {
"RouteTableId": {
"Ref": "PrivateRouteTable"
                },
"SubnetId": {
"Ref": "PrivateSubnet"
                }
              }


        },
"PublicRouteTable": {
"Type": "AWS::EC2::RouteTable",
"Properties": {
"VpcId": {
"Ref": "VPC"
                }
              },
"DependsOn": [
"PublicSubnetTable"
            ]
        },
"PublicSubnet1RouteTableAssociation": {
"Type": "AWS::EC2::SubnetRouteTableAssociation",
"Properties": {
"RouteTableId": {
"Ref": "PublicRouteTable"
                },
"SubnetId": {
"Ref": "PublicSubnet"
                }
              }
        },
"PublicRoute": {
"Type": "AWS::EC2::Route",
"Properties": {
"DestinationCidrBlock": "0.0.0.0/0",
"GatewayId": {
"Ref": "InternetGateway"
                },
"RouteTableId": {
"Ref": "PublicRouteTable"
                }
            },
"DependsOn": [
"PublicRouteTable"
            ]
```

```
        },
    "PrivateRoute": {
    "Type": "AWS::EC2::Route",
    "Properties": {
    "DestinationCidrBlock": "0.0.0.0/0",
    "NatGatewayId": {
    "Ref": "NATGateway"
                    },
    "RouteTableId": {
    "Ref": "PrivateRouteTable"
                    }
              },

    "DependsOn": [
    "PrivateRouteTable"
              ]
        }
```

此处涉及创建三种资源：AWS::EC2::RouteTable 资源即路由表本身，配置其 VpcId 属性为同模板中的 VPC 资源；AWS::EC2::SubnetRouteTableAssociation 资源则可以在路由表与子网之间建立关联，需要分别在其 SubnetId 和 RouteTableId 属性中指定需要关联的子网和路由表；而 AWS::EC2::Route 资源主要用来配置路由。本模板中配置了一个 PublicRoute 和一个 PrivateRoute，通过 RouteTableId 属性将两个 Route 资源分别关联到对应的路由表中。对 PublicRoute 来说，再添加一条到 Internet 网关的路由；而对 PrivateRoute 来说，再添加一条到 NAT 网关的路由。

6）配置安全组，模板代码如下：

```
    "SecurityGroup": {
    "Type": "AWS::EC2::SecurityGroup",
    "DependsOn": "AttachGateway",
    "Properties": {
    "GroupDescription": "Security Group for Instance",
    "VpcId": {
    "Ref": "VPC"
                    },
    "SecurityGroupIngress": [
                         {
    "IpProtocol": "tcp",
    "FromPort": "22",
    "ToPort": "22",
    "CidrIp": "0.0.0.0/0"
                         },
                         {
    "IpProtocol": "tcp",
    "FromPort": "80",
    "ToPort": "80",
    "CidrIp": "0.0.0.0/0"
```

```
                    }
                ]
            }
        }
```

其中，VpcId 属性配置安全组所属的 VPC，SecurityGroupIngress 属性则代表安全组的入站规则（出站规则可以通过 SecurityGroupEgress 配置）。规则用“[”和“]”包起来，里面的每条规则都用“{”和“}”包起来并用逗号隔开，规则内需要配置的几项属性和在管理控制台配置安全组的内容一致。本模板中，安全组定义了 HTTP 和 SSH 访问的入站规则。

至此，本案例创建的完整模板代码如下：

```
{
"AWSTemplateFormatVersion": "2010-09-09",
"Parameters": {
"VPCCIDR": {
"Type": "String"
        },
"PublicSubnetCIDR": {
"Type": "String"
        },
"PrivateSubnetCIDR": {
"Type": "String"
        }
    },
"Resources": {
"VPC": {
"Type": "AWS::EC2::VPC",
"Properties": {
"CidrBlock": {
"Ref": "VPCCIDR"
                }
            }


        },
"PublicSubnet": {
"Type": "AWS::EC2::Subnet",
"Properties": {
"CidrBlock": {
"Ref": "PublicSubnetCIDR"
                },
"MapPublicIpOnLaunch": "true",
"AvailabilityZone": {
"Fn::Select": [
"0",
                        {
"Fn::GetAZs": ""
                        }
                    ]
```

```
                    },
    "VpcId": {
    "Ref": "VPC"
                    }
                },
    "DependsOn": [
    "VPC"
                ]
            },
    "PrivateSubnet": {
    "Type": "AWS::EC2::Subnet",
    "Properties": {
    "CidrBlock": {
    "Ref": "PrivateSubnetCIDR"
                    },
    "AvailabilityZone": {
    "Fn::Select": [
    "0",
                            {
    "Fn::GetAZs": ""
                            }
                        ]
                    },
    "VpcId": {
    "Ref": "VPC"
                    }
                },

    "DependsOn": [
    "VPC"
                ]
            },
    "PrivateRouteTable": {
    "Type": "AWS::EC2::RouteTable",
    "Properties": {
    "VpcId": {
    "Ref": "VPC"
                    }
                },

    "SubnetId": {
    "Ref": "PrivateSubnet"
                    }
                }

            },
    "InternetGateway": {
    "Type": "AWS::EC2::InternetGateway",
```

```
"Properties": {},
"DependsOn": [
"VPC"
                ]
            },
"AttachGateway": {
"Type": "AWS::EC2::VPCGatewayAttachment",
"Properties": {
"VpcId": {
"Ref": "VPC"
                    },
"InternetGatewayId": {
"Ref": "InternetGateway"
                    }
                }
            },
"PublicRouteTable": {
"Type": "AWS::EC2::RouteTable",
"Properties": {
"VpcId": {
"Ref": "VPC"
                    }
                },
"DependsOn": [
"PublicSubnet"
                ]
            },
"PublicSubnet1RouteTableAssociation": {
"Type": "AWS::EC2::SubnetRouteTableAssociation",
"Properties": {
"RouteTableId": {
"Ref": "PublicRouteTable"
                    },
"SubnetId": {
"Ref": "PublicSubnet"
                    }
                }
            },
"PublicRoute": {
"Type": "AWS::EC2::Route",
"Properties": {
"DestinationCidrBlock": "0.0.0.0/0",
"GatewayId": {
"Ref": "InternetGateway"
                    },
"RouteTableId": {
"Ref": "PublicRouteTable"
                    }
```

```
                },

    "DependsOn": [
    "PublicRouteTable"
                ]
            },
    "PrivateRoute": {
    "Type": "AWS::EC2::Route",
    "Properties": {
    "DestinationCidrBlock": "0.0.0.0/0",
    "NatGatewayId": {
    "Ref": "NATGateway"
                    },
    "RouteTableId": {
    "Ref": "PrivateRouteTable"
                    }
                },

    "DependsOn": [
    "PrivateRouteTable"
                ]
            },
    "NATGateway": {
    "Type": "AWS::EC2::NatGateway",
    "Properties": {
    "AllocationId": {
    "Fn::GetAtt": [
    "EIP",
    "AllocationId"
                        ]
                    },
    "SubnetId": {
    "Ref": "PublicSubnet"
                    }
                }
            },
    "EIP": {
    "Type": "AWS::EC2::EIP",
    "Properties": {
                                }
            },
    "SecurityGroup": {
    "Type": "AWS::EC2::SecurityGroup",
    "Properties": {
    "GroupDescription": "Allow SSH to client host",
    "VpcId": {
    "Ref": "VPC"
                    },
```

```
"SecurityGroupIngress": [
                        {
"IpProtocol": "tcp",
"FromPort": "22",
"ToPort": "22",
"CidrIp": "0.0.0.0/0"
                        },
                        {
"IpProtocol": "tcp",
"FromPort": "80",
"ToPort": "80",
"CidrIp": "0.0.0.0/0"
                        }
                    ]
                },

"DependsOn": [
"VPC"
                ]
            }
        }
}
```

习题

一、单选题

1. 下列说法错误的是（　　）。
   A）每一个镜像（Image）都有一个唯一的 ID
   B）同一种镜像在不同区域的 ID 是一样的
   C）可以以现有实例的配置来创建启动模板
   D）同一个启动模板可以有不同的版本
2. 关于 CloudFormation 模板，下列说法中正确的是（　　）。
   A）CloudFormation 模板只有 JSON 一种格式
   B）CloudFormation 模板的组成部分中，Outputs 部分是必须有的
   C）CloudFormation 模板的组成部分中，Resource 部分是必须有的
   D）CloudFormation 模板本质上是一份配置文档
3. 下列说法错误的是（　　）。
   A）未配置堆栈策略时，堆栈中的所有资源默认可以执行更新操作
   B）所谓“回滚”，是指在堆栈创建失败时，把之前完成的步骤取消，并释放资源
   C）偏差检测可用来帮助识别在 CloudFormation 管理之外进行配置更改的堆栈资源
   D）堆栈不能直接更新，必须通过创建更改集来更新

4. Ref 表示一种（　　）关系。
A）引用　　B）先后　　C）映射　　D）参数
5. 下列说法错误的是（　　）。
A）若某项资源必须在另一项资源完成创建后才能进行创建，则应配置 DependsOn 属性
B）若需要在不同区域内分别使用不同 ID 值的 AMI，则需配置 Mapping 属性
C）参数不可以配置默认值
D）最好不要将凭证信息直接写入模板，可以通过参数传入

二、判断题

1. 模板设计器所提供的“验证模板”功能，可以帮助客户发现模板内容方面的问题。（　　）
2. 若不希望创建堆栈失败时已创建好的资源释放掉，可以通过配置“失败时回滚”选项来实现。（　　）
3. “终止保护”选项启用后，堆栈即无法直接删除了。（　　）
4. 可以通过内部函数 Fn::FindInMap 返回与 Mappings 部分声明的双层映射中的键对应的值。（　　）
5. 创建堆栈的 CLI 命令中，template-body 和 template-url 两项可以同时配置。（　　）

单元八

自动化管理工具

单元情景

小张所在的公司拥有许多的AWS EC2实例且使用了多种AWS服务。小张虽然已经掌握了AWS云上运维的基本方法，但是要管理众多的EC2实例及多种AWS服务还是比较困难。他需要一些自动化管理工具来减轻工作负担及工作难度。SSM服务及AWS Config服务可以满足小张的工作需求。Amazon Systems Manager服务可以同时管理多台EC2实例并完成一些自动化管理的操作，例如可以为多台EC2实例自动安装最新的系统补丁、存储多台EC2实例所需使用的参数信息、同时在多台EC2实例上执行命令集等。Amazon Systems Manager服务除了管理云上的EC2实例之外，还可以管理本地的服务器以实现混合云的统一管理。Amazon Config服务可以管理云上资源的配置，并且可以检测出资源配置的合规性，以及有无配置错误。Amazon Config服务还可以查看云上资源配置的历史记录，从而分析出系统中潜在的安全问题。

单元概要

本单元将要介绍SSM服务及AWS Config服务的使用方法，包括使用SSM前的预配置、使用SSM来管理实例、使用Amazon Config查看AWS云上的配置及使用Amazon Config检查配置的合规性。

学习目标

- 了解SSM服务及AWS Config服务。
- 掌握使用SSM前的预配置。
- 掌握使用SSM的Run command功能、Session Manager功能、Patch Manager功能及Parameter Store功能。
- 掌握使用Amazon Config查看AWS云上的配置。
- 掌握使用Amazon Config检查配置的合规性。

使用 SSM 前的预配置

SSM 是一款自动化管理工具，可用于查看和控制 AWS 上的 EC2 实例。使用 SSM 控制台，可以在一组 AWS EC2 实例上定时自动执行操作任务。SSM 扫描托管 EC2 实例并报告检测到的任何策略违规（或采取纠正措施），以保持安全性和合规性。在现实的运维场景中，公司内部都会或多或少地保留一些本地服务器，如何在这种混合云环境中统一管理服务器是一个难题。SSM 可以很好地解决这一难题，它可以实现混合云环境中云上的 EC2 实例与本地服务器的统一自动化管理。

有这么好的自动化运维工具，小张已经迫不及待地想要尝试 SSM 的管理功能，但在使用 SSM 之前，首先需要完成一些预配置。

任务一 赋予用户及 EC2 实例访问 SSM 的权限

在使用 SSM 前，用户账户及被管理的 EC2 实例必须具有访问 SSM 服务的权限，否则将无法正常地使用 SSM 的功能。除了访问 SSM 服务的权限之外，在被管理的 EC2 实例上还需要安装 SSM 代理。SSM 服务实际上是通过安装在 EC2 实例上的代理来实现对实例管理的。在 AWS 提供的常用 AMI 中已经预装了 SSM 的代理，可以在 AWS 文档中查到预装 SSM 代理的 AMI 列表。也就是说，如果使用 AWS 提供的常用 AMI 来创建 EC2 实例，则不需要再安装 SSM 代理。

小张使用具有管理权限的账号来创建用户组，接着赋予该用户组访问 SSM 服务的权限，最后将小张的账号加入该组中。其操作步骤如下：

1）打开 AWS 控制台，打开“服务”下拉列表，在“安全 & 身份”板块中选择“IAM”，进入 IAM 服务的界面，再单击导航窗格中的“组”，然后选择 Create New Group（创建新组）。

2）在设置组名页面中输入组的名称，如 SSMManagerGroup 或其他名称，单击“下一步”按钮。

3）在附加策略页面中找到并选择 AmazonSSMFullAccess 策略，单击“下一步”按钮。

4）在审核页面中检查组的配置有无错误，确认无误后单击“创建组”按钮。

5）单击导航窗格中的“用户”，然后在页面中单击要赋予权限的小张的用户。

6）在用户摘要页面选择“组”导航标签，然后单击“将用户添加到多个组”按钮。

7）选择刚才创建出来的组，在本例中为 SSMManagerGroup 组，然后单击“添加到多个组”按钮。

经过以上操作，小张所使用的用户已经拥有了使用 SSM 服务的权限。为了学习 SSM 的功能，小张一次创建了 4 台 EC2 Linux 实例。这 4 台实例均可以访问互联网。如果创建的 EC2 实例不能访问互联网，则需要为 SSM 创建 VPC 终端节点。在创建实例的“配置实例详细信息”页面内的实例的数量文本框中输入 4，即可同时创建 4 台相同配置的 EC2 实例。为了方便 SSM 管理这些 EC2 实例，在创建实例时为这些实例添加了两个标签。一个标签为 ManagedBy，其值为“SSM”，表示这些实例使用的管理工具为 SSM 服务。另一个标签为 OS，其值为“linux”，表示这些实例的操作系统为 Linux 系统，如图 8-1 所示。

图 8–1　为 EC2 实例添加标签

接下来，小张需要给这些被管理的 EC2 实例赋予访问 SSM 服务的权限，其操作步骤如下：

1）打开 AWS 控制台，打开“服务”下拉列表，在“安全性、身份与合规性”板块中选择“IAM”，进入 IAM 服务的界面，再单击导航窗格中的“角色”，然后单击“创建角色”按钮。

2）在打开的创建角色页面中选择可信任实体的类型为“AWS 服务”，然后在选择使用的案例中选择“EC2”，接着单击页面下方的“下一步”按钮。

3）在附加策略页面中找到并选择 AmazonSSMManagedInstanceCore 策略，单击“下一步”按钮。

4）在添加标签（可选）页面为创建的角色添加标签。这一步骤为可选步骤，不过为了方便以后的管理工作，最好为角色添加标签，填写完成后单击页面下方的“下一步”按钮。

5）最后在审核页面中填写角色的名称及角色的描述信息（角色的描述信息为选填内容）。输入角色的名称，如 SSMManagedInstance 或其他名称。填写完成后单击页面下方的“创建角色”按钮。

6）打开“服务”下拉列表，在“计算”板块中选择“EC2”，进入 EC2 服务的界面。单击导航窗格中的“实例”，然后单击页面中的查询窗口，可以看到“客户端筛选条件”下拉列表。在下拉列表中选择标签 ManagedBy，如图 8–2 所示，然后选择 ManagedBy=SSM，即可筛选出需要的 EC2 实例。选择其中的一个 EC2 实例，打开页面右上方的“操作”下拉菜单，从菜单中选择“安全”，进而在出现的子菜单中选择“修改 IAM 角色”。

图 8–2　通过标签筛选 EC2 实例

7）在修改 IAM 角色的下拉列表中找到新创建的角色 SSMManagedInstance，然后单击“保存”按钮。依次修改其他的 EC2 实例，完成后，这些 EC2 实例就可以访问 SSM 服务了。

小张打开控制台“服务”下拉列表，在“管理与监管”板块中选择“System Manager”，进入 SSM 服务的界面，找到导航窗格中的“节点管理”模块，单击其中的“队列管理器”选项。此时将看到前面赋予权限的 4 台 EC2 实例，如图 8-3 所示。

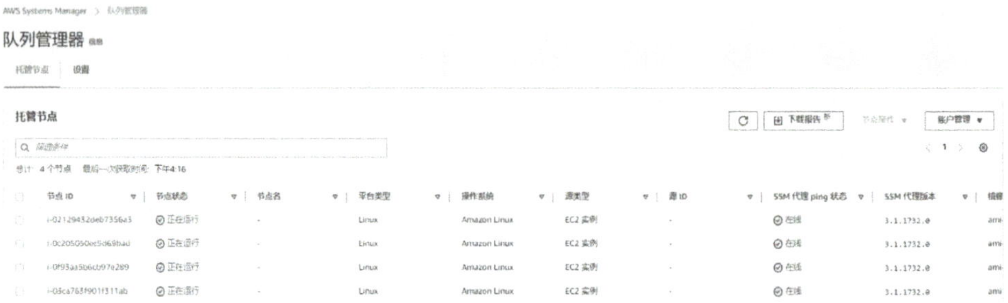

图 8-3　查看 SSM 中托管的实例

SSM 的许多服务都可以自动化运行，为了方便运维人员查看服务执行的情况，可以将服务执行日志存放在 S3 存储桶中。要实现此项功能，被 SSM 管理的 EC2 实例还需要有对 S3 存储桶读取文件及上传文件的权限。小张决定创建一个 S3 存储桶以用于存放日志，其操作步骤如下：

1）打开 AWS 管理控制台，然后选择 S3 服务，单击页面中的“创建存储桶”按钮。

2）在创建存储桶页面中输入存储桶的名称为“ssmoutput-1”，选择 AWS 区域为“美国东部（弗吉尼亚北部）us-east-1”。在此存储桶的“阻止公有访问”选项组中取消“阻止所有公开访问”的设置，并在警告区域中勾选“我了解，当前设置可能会导致此存储桶及其中的对象被公开”复选框。其余选项保持默认即可，最后单击“创建存储桶”按钮。

3）打开 AWS 控制台，然后选择 IAM 服务。进入 IAM 服务的界面，再单击导航窗格中的“策略”，最后单击“创建策略”按钮。

4）选择 JSON 选项卡，并将原定设置文本替换为以下内容，最后单击“下一步：标签”按钮。

```
{
"Version": "2012-10-17",
"Statement": [
        {
"Effect": "Allow",
"Action": [
"s3:GetObject",
"s3:PutObject"
            ],
"Resource": "arn:aws:s3:::ssmoutput-1/*"
        }
    ]
}
```

5）可以按需为该策略添加标签，然后单击“下一步：审核”按钮。

6）在 Name（名称）文本框中输入“SSMInstanceProfileS3Policy”来作为该策略的名称，最后单击“创建策略”按钮。

7）单击导航窗格中的“角色”，然后搜索出前面创建的 SSMManagedInstance 角色。在列表中单击该角色，打开详细信息页面。选择添加权限按钮中的附加权限选项，在打开的页面中搜索并选择“SSMInstanceProfileS3Policy”策略，然后单击“添加权限”按钮。

完成以上操作后，被赋予 SSMManagedInstance 角色的 EC2 实例既可以被 SSM 管理，又能访问 S3 中相应的存储桶。

任务二　混合云环境的本地服务器 SSM 预配置

SSM 是一款功能强大的自动化运维管理工具。它除了可以管理 AWS 云中的 EC2 实例之外，还能管理本地的服务器，实现混合云环境下对服务器的统一管理。接下来，小张准备尝试把本地的服务器托管到 SSM 服务中。为了不影响公司中现有本地服务器的正常工作，小张在 VMware Workstation 中搭建了一台 Centos 8.5 服务器作为测试服务器，在这台服务器上配置访问互联网的环境。

在本项目的上一个任务中，小张已经了解到，要使用 SSM 服务，必须要完成授权 SSM 访问以及 SSM 代理的配置。本地服务器中肯定没有预装 SSM 代理，因此需要手动安装并配置 SSM 代理。小张通过以下的步骤来实现 SSM 服务对本地 Centos 8.5 服务器的管理。

1）打开 SSM 服务界面，找到导航窗格中的“节点管理”模块，单击其中的“混合激活”选项，然后单击页面中的“创建激活”按钮。

2）在“创建激活”对话框中完成激活的相关设置，如图 8–4 所示。

图 8–4　“创建激活”对话框

小张在“激活描述 – 可选”中输入“Activation for on–premises servers”（可选设置）。“实例限制”用于设置需要激活的本地服务器台数，其最大值是 1000 台。如果本地服务器台数超过 1000 台，则需要在账户中开启使用高级实例。小张现在只测试一台本地服务器，因此“实例限制”配置为 1 台。在“IAM 角色”配置中选择“使用系统创建的默认角色”。“激活过期日期”是生成激活码的有效时间，过了这个时间，激活码就会失效，不能再进行激活的操作，但对于已经激活的服务器并没有影响。小张设置的激活时间为 2023/03/15。在“默认实例名

称 - 可选”中输入“on-premises centos”（可选设置）。最后单击页面下方的“创建激活”按钮。此时，系统会生成激活码与激活 ID，如图 8-5 所示。注意，一定要把激活码与激活 ID 妥善地保存起来，关闭了本页面后将无法再次查看它们。

图 8-5　激活码与激活 ID

3）在本地服务器中安装并配置 SSM 代理。小张使用 root 账号打开本地 Centos 8.5 服务器的终端。执行如下命令：

① mkdir /tmp/ssm 。在 tmp 目录中创建 ssm 子目录。

② curl curl https://s3.us-east-1.amazonaws.com/amazon-ssm-us-east-1/latest/linux_amd64/amazon-ssm-agent.rpm -o /tmp/ssm/amazon-ssm-agent.rpm。从 us-east-1 区域上下载 SSM 代理。若要从其他区域下载 SSM 代理，那么更改下载链接中的区域号即可。

③ dnf install -y /tmp/ssm/amazon-ssm-agent.rpm。安装下载的 SSM 代理。

④ amazon-ssm-agent -register -code “A1234567890” -id “fbb410d1-4139-4808-ba47-123456789a” -region “cn-northwest-1” 。使用激活码与激活 ID 配置 SSM 代理。选项 -code 的作用是设置激活码。选项 -id 的作用是设置激活 ID。选项 -region 的作用是设置 aws 区域。命令执行完成的结果如图 8-6 所示。

```
[root@localhost ~]# amazon-ssm-agent -register -code "A                    0" -id "a6c7b
285-30d3-4                    oef" -region "us-east-1"
Error occurred fetching the seelog config file path:  open /etc/amazon/ssm/seelog.xml:
 no such file or directory
Initializing new seelog logger
New Seelog Logger Creation Complete
2023-02-26 20:49:47 WARN Could not read InstanceFingerprint file: InstanceFingerprint
does not exist
2023-02-26 20:49:47 INFO No initial fingerprint detected, generating fingerprint file.
..
2023-02-26 20:49:48 INFO Successfully registered the instance with AWS SSM using Manag
ed instance-id: mi-0038d5b3f4fa6f661
```

图 8-6　配置 SSM 代理命令执行完成的结果

⑤ systemctl start amazon-ssm-agent。启动 SSM 代理。

4）打开 SSM 服务界面中的“队列管理器”页面。此时可以看到本地的 Centos 8.5 实例出现在托管实例列表中，如图 8-7 所示。从列表中可以看到节点名为“on-premises centos”的实例是本地服务器。

图 8-7　本地服务器托管页面

通常来说，希望 SSM 代理在服务器开机的时候自动启动，此时可以使用 systemctl enable amazon-ssm-agent 命令来完成该设定。可以使用 systemctl status amazon-ssm-agent 命令来检查 SSM 代理的状态，使用 systemctl stop amazon-ssm-agent 命令来关闭 SSM 代理。如果要了解 SSM 代理的工作日志信息，则可以在 /var/log/amazon/ssm/ 路径中查看 amazon-ssm-agent.log 与 errors.log 两个文件。

使用 SSM 来管理实例

Systems Manager 服务提供了非常丰富的实用功能，如集中定义托管实例的配置选项和策略、在整个托管实例队列中运行具有速率和错误控制的命令，以及自动完成或计划各种维护和部署任务等。这些功能分为运营管理、应用程序管理、变更管理、节点管理及共享资源几种类型。这些功能可以帮助运维人员批量且安全地运行及管理 EC2 实例，简化管理工作，缩短检测及解决操作问题的时间。小张准备先学习其中比较常用的功能，如会话管理器、运行命令、维护时段、补丁管理器及参数仓库等功能。

任务一 使用 SSM 的会话管理器功能

小张在一次出差中，公司需要在云上服务器中安装一个新的软件。小张这次出差的行程比较短，并没有把自己的笔记本计算机带在身边，只能向别人借了一台笔记本计算机来进行运维的工作。但借来的计算机中并没有安装 PuTTY 等常用的远程 SSH 接入工具，也没有用于登录的密钥对。小张此时想起了 SSM 服务中的会话管理器功能。该功能是基于浏览器的一键式交互 Shell，不需要安装任何的软件及 SSH 密钥对，就可以实现对云中 EC2 实例及本地服务器的跨平台远程访问。要使用会话管理器远程连接本地服务器，需要先把本地服务器升级为高级实例。会话管理器的使用方法非常简单，小张通过以下的步骤就轻松地连接到云中 EC2 实例。

1）打开 SSM 服务界面，找到导航窗格中的“节点管理”模块，单击其中的“会话管理器”选项，然后单击页面中的“启动会话”按钮。

2）在启动会话页面中可以看到目标实例的列表，如果管理的实例很多，则可以用查找的方式找到需要远程连接的 EC2 实例。小张使用实例的 ID 号找到了需要安装软件的 EC2 实例，如图 8-8 所示，然后单击“启动会话”按钮。

图 8-8 启动会话页面

3）此时在当前浏览器中会打开一个新的标签页面，在页面中就可以对远程的 EC2 实例进行命令行配置，如图 8-9 所示。

图 8-9 远程 EC2 会话页面

任务二　使用 SSM 的运行命令功能

小张的公司在 AWS 云上有许多的服务器。有的时候，小张需要在很多台服务器上执行相同的操作，这样会形成很多重复性的操作而使得工作效率不高。SSM 服务的运行命令功能可以在远程批量地完成一些服务器的配置操作。运行命令功能还提供了许多的命令模板，管理员只需要选择相应功能的命令模板，然后输入相关参数，即可完成配置操作。要注意的是，不能在运行的命令中带有纯本文的敏感信息，如登录账号、密码。因为命令内容及运行结果会以明文存储在 S3 存储桶中，所以其他用户如果可以访问该存储桶，就能看到这些敏感信息。

小张需要更新云上所有 SSM 托管 EC2 实例中的 SSM 代理，这个任务就可以使用运行命令功能来完成。其过程如下：

1）打开 SSM 服务界面，找到导航窗格中的“节点管理”模块，单击其中的“运行命令”选项，然后单击页面中的“运行命令”按钮。

2）运行命令页面中设置的内容较多，共分为 8 个部分，分别介绍如下。

①命令文档中提供了预设的命令模板，可以完成许多常用的配置功能。小张想要更新 SSM 代理，则可以在命令文档中找到 AWS–UpdateSSMAgent 模板。AWS 所提供的命令模板较多，可以利用搜索功能来检索所需要的模板，如图 8–10 所示。文档版本保持默认选项即可。

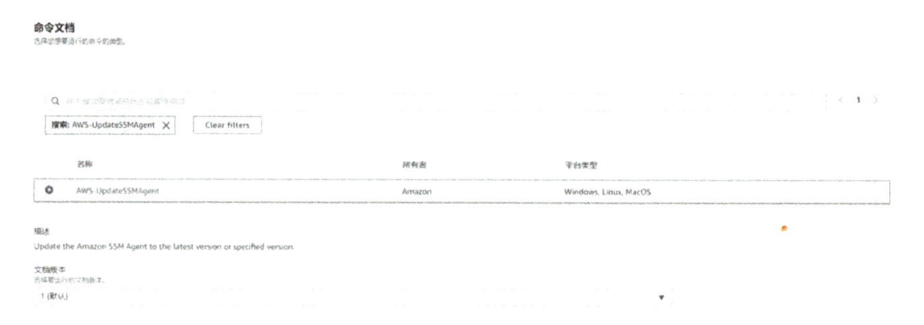

图 8–10　命令文档设置

②根据用户选择的命令模板，系统会给出相应的命令参数。选择更新 SSM 代理模板，系统给出的参数有两项。第一项为指定 SSM 代理的版本号，如果不指定版本号，系统会选择最新的 SSM 代理版本。第二项为是否允许把 SSM 代理降级为低版本。本例中使用系统给出的默认参数即可。命令参数设置如图 8–11 所示。

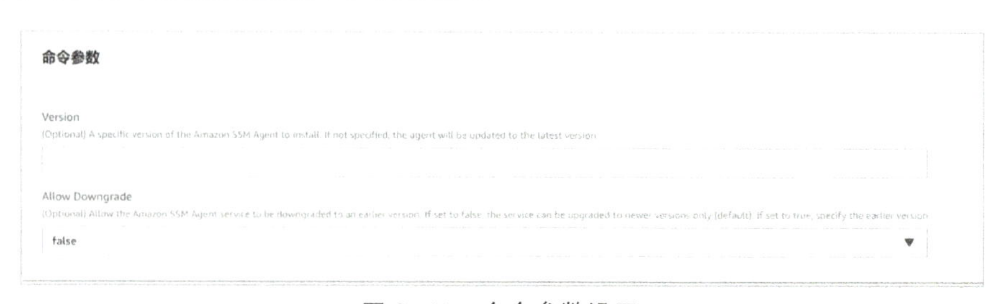

图 8–11　命令参数设置

③命令运行目标有三种选择方式。第一种是指定实例的标签。通过实例的标签筛选出运行命令的目标实例。第二种是手动选择实例。从实例的列表中选出命令运行的目标实例。第三种是选择一个资源组，以资源组为单位来选择命令运行的目标实例。小张在 SSM 预配置中已

经为实例设置了相应的标签，因此这里使用实例的标签来选择目标实例。在文本框中输入标签名“ManagedBy”与标签值“SSM”，然后单击“add”按钮。命令目标设置如图 8-12 所示。

图 8-12　命令目标设置

④其他运行参数配置项。在本例中使用系统默认值。

⑤速率控制选项有两个。一个是命令执行的并发数量，可以用数值或百分比来设置。另一个是命令错误阈值，可以用数值或百分比来设置。本例中使用系统默认值。

⑥输出选项可以选择把输出的结果存储到 S3 存储桶中或者从 CloudWatch 中输出结果。命令输出选项如图 8-13 所示。

图 8-13　命令输出选项

⑦ SNS 通知设置是否使用 Amazon Simple Notification Service（SNS）来发送命令的执行状态。本例中使用系统默认值。

⑧根据以上的配置，系统会自动生成相应的 AWS 命令行界面命令，供用户在命令行界面使用。完成以上选项后，单击“运行”按钮。

3）系统会跳转到命令运行状态页面。在命令状态中可以看到命令已经成功执行，命令执行状态如图 8-14 所示。

命令 ID: 84f932a3-3f25-43d5-af23-297728ab94ac　　Copy to new

命令状态

总体状态	详细状态	# 目标	# 完成	# 错误	# 投交超时
成功	成功	4	4	0	0

目标与输出

实例 ID	实例名称	状态	详细状态	开始时间	完成时间
i-03ca763f901f311ab	ip-172-31-192-241.ec2.internal	成功	成功	Sun, 26 Feb 2023 13:31:46 GMT	Sun, 26 Feb 2023 13:31:46 GMT
i-0f93aa5b6cb97e289	ip-172-31-192-83.ec2.internal	成功	成功	Sun, 26 Feb 2023 13:31:45 GMT	Sun, 26 Feb 2023 13:31:45 GMT
i-0c205050ec5d69bad	ip-172-31-199-123.ec2.internal	成功	成功	Sun, 26 Feb 2023 13:31:45 GMT	Sun, 26 Feb 2023 13:31:45 GMT
i-02129432deb7356a3	ip-172-31-198-64.ec2.internal	成功	成功	Sun, 26 Feb 2023 13:31:45 GMT	Sun, 26 Feb 2023 13:31:45 GMT

图 8-14　命令执行状态

在目标与输出中选择一台 EC2 实例，然后单击“查看输出”按钮，就可以看到命令中的所有步骤在该实例上的运行输出结果，如图 8-15 所示。

图 8–15　命令执行输出

从图 8–15 中可以看到，在此 EC2 实例上下载了最新版本的 SSM 代理，并且系统成功安装了最新的版本的 SSM 代理。

任务三　使用 SSM 的维护时段功能

软件更新除了需要同时在多台服务器上执行之外，它还是一项周期性的任务。通常，每隔一段时间就需要对服务器上的软件进行更新的操作。小张想让系统可以定期地完成一些周期性工作，如软件更新、替换密码及备份重要数据等。SSM 服务的维护时段功能可以满足小张的需求。SSM 服务的维护时段功能类似于 Windows 操作系统中的计划任务工具，允许用户制定任务执行的时间表，还可以指定维护时段在某天之前或之后不运行。

小张想在每周一的凌晨 3：00 更新云上服务器中的 SSM 代理，要通过三个步骤完成。首先要创建维护时段，然后注册维护时段的指定目标，最后定义维护执行的操作。其具体操作步骤如下：

1）打开 SSM 服务界面，找到导航窗格中的“更改管理”模块，单击其中的“维护时段”选项，然后单击页面中的“创建维护时段”按钮。

2）创建维护时段页面中的内容共分为 3 个部分，分别是：

①提供维护时段详细信息。在“名称”文本框中输入维护时段的名称“SSMAgentUpdate”。在“描述 – 可选”中输入“This is the SSMAgent update maintenance window”。“允许已注销目标”选项保持默认设置即可。“提供维护时段详细信息”界面如图 8–16 所示。

提供维护时段详细信息

名称
键入此维护时段的名称。
SSMAgentUpdate
它必须介于 3 至 128 个字符之间，以下为有效字符 a-z、A-Z、0-9 和 _-
描述 - *可选*
键入此维护时段的描述。
This is the SSMAgent update maintenance window
它必须介于 1 至 128 个字符之间。
已注销的目标
允许为此维护时段计划的维护任务在当前未注册到此维护时段的目标上运行。
☑ 允许已注销目标

图 8–16　“提供维护时段详细信息”界面

②计划。指定计划的方式有三种，分别是 Cron 计划生成器、Rate 计划生成器及 CRON/Rate 表达式。Cron 计划生成器是基于时间的设定方式。Rate 计划生成器是基于维护频率的设定方式。如果想设置得更为精确，则可以采用 CRON/Rate 表达式来设定维护的计划。本例中使用 Cron 计划生成器，时段开始设置为每星期一的 3：00 开始任务，将“持续时间”设置为 1h，将“停止启动任务”设置为 0，该设置说明在启动维护任务之前允许开启新的任务，“计划”界面如图 8–17 所示。注意，AWS 上默认使用的时区是国际标准时间 UTC。我国所在的时区是 GMT+8:00，在计划时区中应该选择 GMT+8:00 Asia/PRC 或 GMT+8:00 Asia/shanghai。时段开始日期、时段结束日期及计划偏移量都是可选选项，本例中保持默认设置。

计划

指定方式
Cron 计划生成器
Rate 计划生成器
CRON/Rate 表达式

默认 窗口每 30 分钟开始
小时 窗口以自定义小时费率开始
每日 窗口以自定义每日费率开始

每星期一　在　03:00

持续时间
维护时段持续时间
1 小时
值的范围为 1 到 24。

停止启动任务
键入系统应该在维护时段结束前几小时停止计划要执行的新任务。
0 时段结束前的时间 (以小时为单位)
值的范围为 0 到 23。

图 8–17　“计划”界面

③管理标签。可以为维护时间设定相应的标签。

完成上述设置内容后，单击页面中的“创建维护时段”按钮。

3）维护时段创建完成后可以在列表中看到所有维护时段，选择相应的维护时段，然后单击“详细信息”按钮，就可以查看到该维护时段中的具体内容。打开“操作”下拉列表，选择其中的“注册目标”选项，“维护时段”界面如图 8–18 所示。

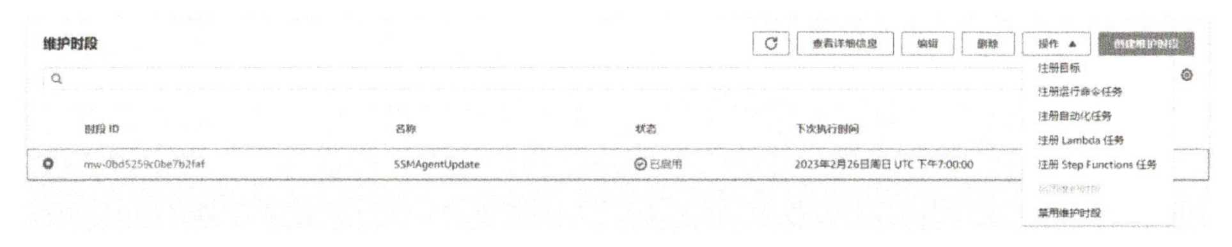

图 8–18　“维护时段”界面

首先输入名称 SSMAgentUdateTarget、说明及所有者信息，然后选择注册目标。注册目标的选择方法与运行命令目标的选择方法是一致的，本例中采用手动选择目标的方法。选择“手动选择实例”选项，然后在实例的列表中选取相应的目标，如图 8–19 所示。最后单击页面右下方的“注册目标”按钮。

4）完成注册目标后，还需要设定在维护时段中执行的维护操作。从图 8–18 中可以看到，维护时段执行的操作可以由四种方法来定义，它们分别是 SSM 中的运行命令任务、SSM 中的自动化任务、Lambda 任务以及 Step Functions 任务。本例中使用运行命令功能来定义维护操作。在图 8–18 中的界面中打开“操作”下拉列表，选择其中的“注册运行命令任务”选项。

图 8-19　手动注册目标

5）注册运行命令任务的设置方法基本和本项目任务二中运行命令设置的方法是一致的。输入运行命令任务的名称为“SSMAgentUdateTask”，选择“AWS-UpdateSSMAgent”作为命令文档。在“目标”界面（见图 8-20）中选择“选择已注册的目标组”选项，在下方的列表中选定“SSMAgentUdateTarget”为目标组。在速率控制设置中，设置并发数目为“5”、错误阈值为“1”，其余设置保持默认。设置完成后单击页面右下角的“注册命令运行任务”按钮。

图 8-20　选择已注册的目标组

经过了以上的步骤，小张完成了每周一凌晨 3：00 更新云上服务器中 SSM 代理的维护时段配置。

到了周二早上，小张登录到 AWS 控制台上，查看维护时段的执行情况。打开 SSM 服务界面，找到导航窗格中的“更改管理”模块，单击其中的“维护时段”选项。然后在列表中单击相应的维护时段，在“历史记录”选项卡中就可以看到维护时段的执行记录，如图 8-21 所示。

图 8-21　维护时段执行记录

在历史记录中可以看到维护时段执行成功，其中还记录了维护时段开始及结束的时间。系统记录的时间为世界标准时间。单击页面中的详细信息，还可以看到维护时段的目标及命令运行的具体信息。

任务四　使用 SSM 的补丁管理器功能

随着网络应用的增多，网络系统所面临的安全威胁也日益增加。对于服务器系统来说，更新系统补丁是防范网络安全威胁最有效的方法之一。更新系统补丁当然也是一项周期性的任务。当操作系统或应用软件的安全补丁更新时，服务器应当及时安装这些补丁包。小张管理着众多的云上服务器，每次逐台为这些服务器更新安全补丁都需要花大量的时间。SSM 服务的补丁管理功能可以为用户解决云上服务器系统安全补丁更新的问题。补丁管理功能除了可以立即为多台云上服务器更新安全补丁外，还可以联合维护时段的功能让系统定期地更新安全补丁。补丁管理功能默认情况下不会安装所有的系统补丁，而是根据用户选择的补丁基准来对系统进行补丁更新。补丁基准就是用户选择安装哪些类型的补丁以及补丁的严重性级别。AWS 提供了许多系统默认的补丁基准供用户选择，这些基准一般只安装专注于安全性的补丁。用户还可以根据自己的需求来自定义补丁基准。

小张管理的云上服务器有许多是 Windows Server 服务器，这些服务器需要定期地检查安全补丁。为了方便管理这些 Windows Server 服务器，都添加了标签“OS”，其值为“windows”。小张想检查这些 Windows Server 服务器的补丁是否合规，如果未更新补丁，那么就立刻更新。其操作过程如下：

1）打开 SSM 服务界面，找到导航窗格中的“节点管理”模块，单击其中的“补丁管理器”选项，然后在补丁管理器页面中单击“立即修补”按钮。

2）立即修补页面分为“基本配置”与“高级配置”两个部分。“基本配置”部分的设置如图 8–22 所示。

图 8–22　“基本配置”部分的设置

①“修补操作”选项中选择“扫描并安装”。

②重启操作系统会使得服务中断，并不是所有的系统补丁更新都要重启操作系统，因此在“重启选项”选项中选择“根据需要重启”。

③在“要修补的实例”配置中选择“仅修补指定的目标实例”，通过指定实例标签的方法来选择目标实例。在指定实例标签键文本框中输入“OS”，在标签值文本框中输入“windows”。然后单击“Add”按钮。

④在“修补日志存储”配置中选择可以被 SSM 代理访问的 S3 存储桶“ssmoutput-1”。

3）“高级配置”部分可以通过创建 SSM 文档实现复杂修补方案。本例中不需要配置。

4）单击“立即修补”按钮，页面将跳转到关联执行摘要页面。在该页面中可以看到修补的执行状态。

5）修补完成后回到补丁管理器页面，可以看到被 SSM 所管理的 EC2 实例的补丁合规性情况，如图 8-23 所示。

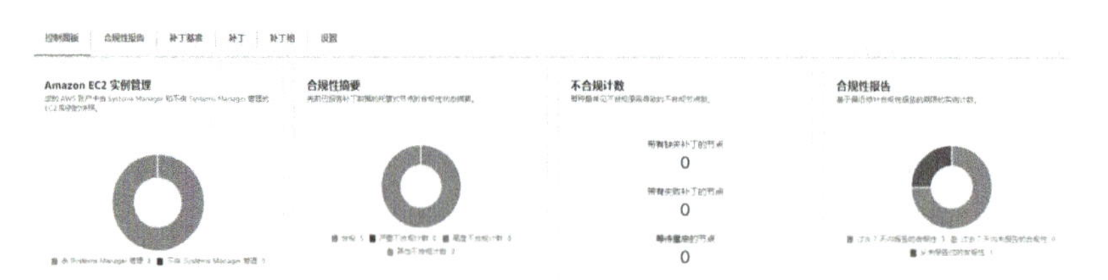

图 8-23　EC2 实例合规性情况

6）打开 S3 存储桶“ssmoutput-1”，可以看到补丁修补的日志，如图 8-24 所示。

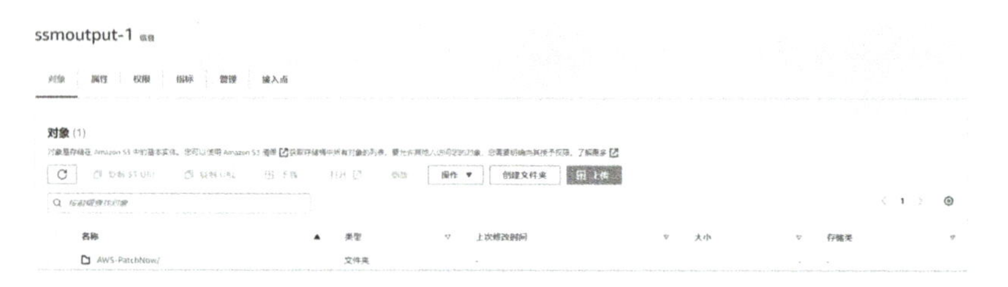

图 8-24　S3 存储桶中的补丁修补日志

小张公司的 Windows Server 服务器在每周三凌晨 3：00 的访问量最小，因此他决定在每周三凌晨 3：00 自动扫描服务器系统。若发现有新的安全补丁，则自动安装补丁。操作具体过程如下：

1）打开 SSM 服务界面，找到导航窗格中的“节点管理”模块，单击其中的“补丁管理器”选项。然后在补丁管理器页面中单击“创建补丁策略”按钮，此时浏览器中会弹出“AWS 快速设置”新页面。

2）在页面中的“选择使用区域”下拉列表中选择被管理的实例所在的区域，本例中选择区域为“us-east-1”，然后单击“开始使用”按钮，如图 8-25 所示。

3）创建补丁策略页面中的内容共分为 3 个部分，分别是：

①在“配置名称”文本框中输入补丁策略的名称“MyPatchPolicy”，如图 8-26 所示。

图 8-25　选择快速设置使用的区域　　　　图 8-26　输入补丁策略名称

②在“扫描和安装”配置选项组中选择“扫描并安装”选项。在“扫描计划”配置中选择“自定义扫描计划”选项，然后在“扫描频率”下拉列表中选择“自定义 CRON 表达式”

选项，在出现的文本框中输入“cron（0 19 ? * tue *）”，并勾选“等待扫描目标，直到第一个CRON 间隔”复选框，如图 8-27 所示。

图 8–27　配置扫描时间

CRON 表达式的格式为 cron（分钟 | 小时 | 日期 | 月份 | 星期 | 年）且使用的是国际标准时间。CRON 表达式支持的值见表 8–1。我国采用国际东八区的时间作为标准时间。小张想在北京时间每周三的 3：00 进行补丁维护，那么国际标准时间应该是每周二的 19:00。

表 8-1　CRON 表达式支持的值

字段	值	通配符
分钟	0~59	, - * /
小时	0~23	, - * /
日期	1~31	, - * ? / L W
月份	1~12 或 JAN~DEC	, - * /
星期	1~7 或 SUN~SAT	, - * ? / L
年	1970—2199	, - * /

在“安装计划”配置中选择“自定义安装计划”选项，然后在“安装频率”下拉列表中选择“自定义 CRON 表达式”选项，在出现的文本框中输入“cron（30 19 ? * tue *）”，让系统在扫描启动后的 30min 开始更新补丁，勾选“等待安装更新，直到第一个 CRON 间隔”复选框，用户可以根据实际情况勾选“如果需要，则重新启动”复选框，如图 8–28 所示。

图 8–28　配置安装时间

③在“补丁基准”配置中选择“使用推荐的默认值”，AWS 将会使用每个操作系统定义的默认补丁基准。

④ 在“修补日志存储”配置中勾选“将输出写入 S3 存储桶”复选框，单击“浏览 S3”按钮，在弹出的界面中选择“ssmoutput-1”存储桶，如图 8-29 所示。

图 8-29　配置日志存储

⑤在“目标”配置中选择“当前区域”选项。确定目标实例有四种方法，它们分别是所有被 SSM 管理的实例、通过资源组来选择实例、使用标签来选择实例、手动选择实例。本例中使用标签“OS”与值“windows”来选择要进行补丁维护的实例，如图 8-30 所示。

目标
在部署到当前区域或一组自定义区域之间进行选择。
当前区域
选择区域
All managed nodes
Deploy the patch policy to all managed nodes in the current account
Specify the resource group
Deploy the patch policy to the resource group in your current account
指定节点标签
手动
键
值 - 可选
OS
windows
删除

图 8-30　配置目标

⑥速率控制配置与实例配置文件选项配置保持默认设置，最后单击页面下方的“创建”按钮。此时，页面会显示补丁策略的部署状态，如图 8-31 所示。

图 8-31　补丁策略部署状态

任务五　使用 SSM 的参数仓库功能

小张管理着云上众多的服务器及数据库。出于安全性考虑，服务器及数据库的密码应该定期更新。实现众多密码的安全存储以及对服务器密码的批量自动更新是一件很重要且复杂的工作。另外，把服务器密码直接以明文写在自动化运维脚本中也非常不安全。通过对 SSM 功能的学习，小张发现 SSM 的参数仓库功能可以很好地完成服务器密码存储及更新的工作。

参数仓库提供了安全的存储，它可以存储安全级别要求比较高的信息，如密码、数据库字符串、Amazon Machine Image（AMI）ID 和许可证代码，在参数仓库中能以纯文本或者加密数据的方式来存放信息。在引用参数时，可使用格式 {{ssm:parameter-name}}。通过创建参数时指定的唯一名称，可以在脚本、命令、SSM 文档以及配置和自动化工作流中引用该参数，实现参数与代码分离。参数仓库通过 IAM 策略及指定用户或组可访问的标签对存储的参数提供了访问控制功能，确保信息的安全性。同时，参数仓库与众多的 AWS 云服务集成。在 Amazon EC2 Container Service、Amazon Lambda、Amazon CloudFormation、Amazon CodeBuild、Amazon CodeDeploy 等服务中都可以引用参数仓库里所存储的参数。

小张在云上要管理 3 台 Windows Server 服务器实例。现需要对这 3 台 Windows Server 中的 WebAdmin 用户的密码进行更新。小张使用参数仓库及运行命令功能来完成批量服务器实例密码更新的工作，其操作过程如下：

1）打开 SSM 服务界面，找到导航窗格中的“节点管理”模块，单击其中的“队列管理器”选项，查看需要更新密码的 3 台服务器实例是否都可以访问 SSM 服务。如图 8-32 所示，3 台服务器实例均可以访问 SSM 服务。如果托管实例列表中缺少某台实例，则说明该实例不能访问 SSM 服务，需要给予实例相应的 IAM 角色。

图 8-32　托管实例列表

2）找到导航窗格中的“应用程序管理”模块，单击其中的“参数仓库”选项，单击页面中的“创建参数”按钮，打开“参数详细信息”页面。

3）如图 8-33 所示，在“名称”文本框中输入参数的名称为“WinUser”，在“说明—Optional”文本框中输入“windows server's user”。选择“标准”层，选择参数的“类型”为“Sting”以及“数据类型”为“text”。然后在“值”文本框中输入用户名“webadmin”，该用户名为 EC2 实例中已经手动创建的网站管理员账号。要注意的是，标准参数值的最大长度为 4096 个字符。最后单击页面下方的“创建参数”按钮。

图 8-33　“参数详细信息”页面

4）在系统返回的“我的参数”页面中可以看到新创建的参数，如图 8–34 所示。

图 8–34　“我的参数”页面

5）单击“创建参数”按钮，在“名称”文本框中输入参数的名称为“WinPassWord”，在“说明—Optional”文本框中输入“windows server's password”。选择“标准”层，选择参数的“类型”为“SecureSting”，选择 KMS 密钥源为“我的当前账户”，选择 KMS 密钥 ID 为默认值。此时，参数仓库会用 KMS 服务中托管的密钥对该参数进行加密，确保它的安全性。Key Management Service（KMS）是亚马逊云中托管密钥的服务。然后在“值”文本框中输入密码“zxc#@!123”，系统不会显示参数的明文，如图 8–35 所示。最后单击页面下方的“创建参数”按钮。

图 8–35　创建密码参数

6）打开 SSM 服务界面，找到导航窗格中的“节点管理”模块，单击其中的“运行命令”选项，然后单击页面中的“运行命令”按钮来创建新的命令。

7）在 Windows 服务器上运行脚本需要使用 PowerShell，在搜索文本框中输入“RunPowershell”，然后按〈Enter〉键，选择搜索的结果“AWS-RunPowerShellScript”为命令文档，如图 8–36 所示。

图 8–36　选择命令文档

①在“命令参数”的 Commands 文本列表中输入需要运行的命令脚本。首先需要把参数仓库中加密过的密码取出来，经过解密后放入变量中，使用的语句为 $passwd =(Get-SSMParameterValue -Names WinPassWord -WithDecryption $True).Parameters[0].Value。在该语句中，$passwd 为变量名，使用 Get-SSMParameterValue 命令取出参数仓库中的参数值，其中，-Names 选项用于指定要取出的参数名称，-WithDecryption 选项的作用是对取出的参数进行解密的操作，取出变量的值并解密后存放在变量 passwd 中。然后使用 net user 命令修改指定用户的密码，使用的命令为 net user {{ssm:WinUser}} $passwd。该命令中的 {{ssm:WinUser}} 语句的作用是从参数仓库中取出名为 WinUser 的参数值。输入的命令内容如图 8-37 所示。

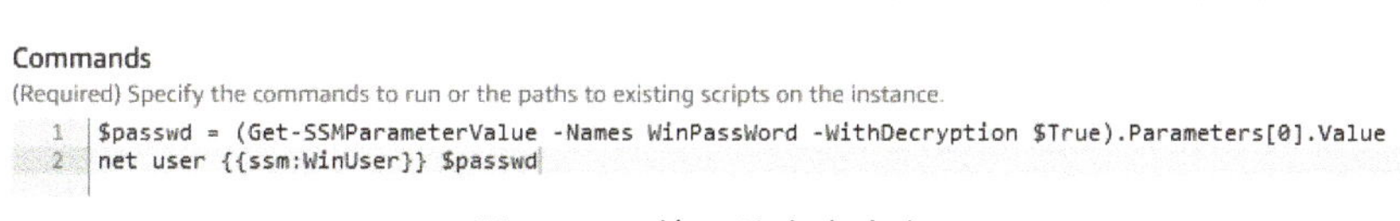

图 8-37　输入的命令内容

②通过指定实例标签的方式来确定执行命令的目标实例。在指定实例标签键文本框中输入“OS”，在标签值文本框中输入“windows”，然后单击“Add”按钮。要注意的是，小张之前已经在所有的 Windows 服务器实例上创建了该标签。选择目标实例如图 8-38 所示。

图 8-38　选择目标实例

③在“输出选项”中选择将命令执行的结果输出到 S3 存储桶“ssmoutput-1”中，如图 8-39 所示。

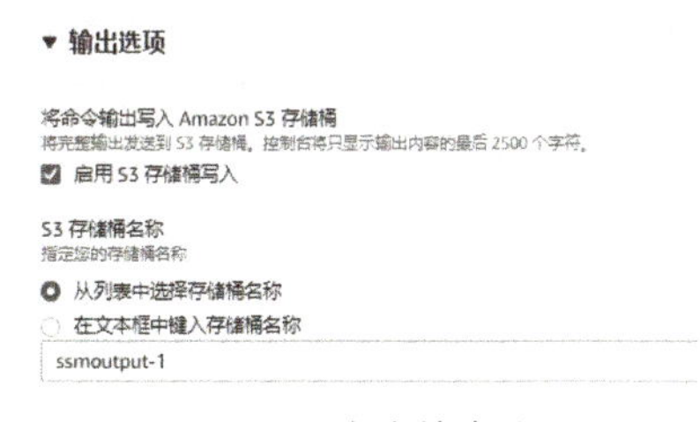

图 8-39　命令输出选项

④页面中的其他选项保持默认即可，最后单击页面左下角的“运行”按钮。此时会跳转到命令执行状态页面，可以看到命令正在执行中。静待一段时间后刷新命令状态，可以看到命令在所有的 Windows 服务器实例上运行成功，如图 8-40 所示。

图 8-40　命令执行结果

8）从 S3 存储桶中下载命令执行输出文件，可以看到命令正常执行完毕，如图 8–41 所示。

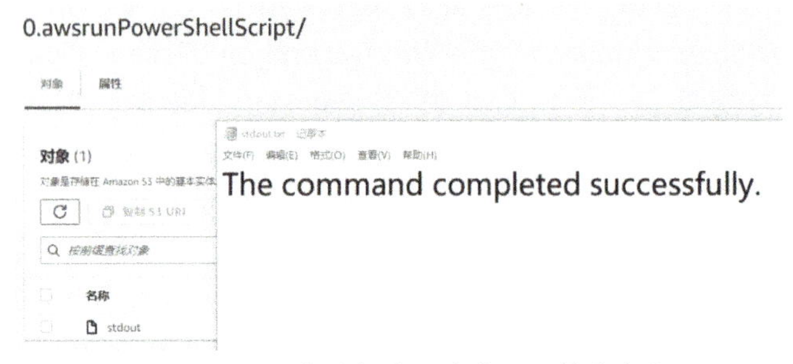

图 8–41　S3 存储桶中的命令执行输出文件

使用 Amazon Config 来监控 AWS 云上的配置

小张的公司业务量日益增加，需要管理的云上资源也非常多。技术部中的多人共同完成云上资源的部署与管理。但是随着云上业务资源与管理人员操作的增多，管理的工作变得有些混乱。对于云上的一个实例，会有多名管理员对其进行配置，这样很可能会出现一些配置上的冲突或者误操作。如何监察就会对云上的资源配置操作变得十分重要。经过研究学习，小张决定使用 Amazon Config 来解决对云上资源配置操作的监察问题。Amazon Config 提供了关于 Amazon 资源配置的详细信息。这些信息包括资源之间的关联方式以及资源以前的配置记录，让用户了解资源的配置和关系如何随着时间的推移而更改。在资源的配置发生更改时，Amazon Config 可以通过多种方式通知管理员。

任务一　获取 Amazon Config 的完全管理权限

要使用 Config 服务，首先需要有 Config 服务的访问权限。小张获取 Config 服务访问权限的步骤如下：

1）登录 AWS 管理控制台，然后选择 IAM 服务。

2）在导航窗格中单击“用户”选项，在用户列表中单击要赋予权限的账号。

3）单击页面中的“添加权限”按钮，然后选择“直接附加策略”。在搜索文本框中输入“config”，在搜索结果中可以看到“AWSConfigUserAccess”策略。此策略为用户提供使用 Amazon Config 的访问权限，包括按资源上的标签进行搜索，以及读取所有标签，单击“下一步”按钮，最后单击“添加权限”按钮。这样该用户就可以访问 Amazon Config 服务了。

小张想要获得 Amazon Config 服务的完全管理权限，就需要创建自定义权限，步骤如下：

1）登录 AWS 管理控制台，然后选择 IAM 服务。

2）在导航窗格中单击“策略”选项，单击页面中的“创建策略”按钮。

3）单击页面中的“JSON”选项卡，然后输入如下脚本，最后单击“下一步”按钮。

```
{
    "Version": "2012-10-17",
```

```
"Statement": [
      {
      "Effect": "Allow",
      "Action": [
      "sns:AddPermission",
      "sns:CreateTopic",
      "sns:DeleteTopic",
      "sns:GetTopicAttributes",
      "sns:ListPlatformApplications",
      "sns:ListTopics",
      "sns:SetTopicAttributes"
      ],
      "Resource": "*"
      },
      {
      "Effect": "Allow",
      "Action": [
      "s3:CreateBucket",
      "s3:GetBucketAcl",
      "s3:GetBucketLocation",
      "s3:GetBucketNotification",
      "s3:GetBucketPolicy",
          "s3:GetBucketRequestPayment",
          "s3:GetBucketVersioning",
      "s3:ListAllMyBuckets",
      "s3:ListBucket",
      "s3:ListBucketMultipartUploads",
      "s3:ListBucketVersions",
      "s3:PutBucketPolicy"
      ],
      "Resource": "*"
      },
      {
          "Effect": "Allow",
      "Action": [
      "iam:CreateRole",
      "iam:GetRole",
      "iam:GetRolePolicy",
"iam:ListRolePolicies",
      "iam:ListRoles",
      "iam:PassRole",
      "iam:PutRolePolicy",
      "iam:AttachRolePolicy",
      "iam:CreatePolicy",
      "iam:CreatePolicyVersion",
      "iam:DeletePolicyVersion",
      "iam:CreateServiceLinkedRole"
      ],
```

```
            "Resource": "*"
            },
            {
            "Effect": "Allow",
            "Action": [
            "cloudtrail:DescribeTrails",
            "cloudtrail:GetTrailStatus",
            "cloudtrail:LookupEvents"
            ],
            "Resource": "*"
            },
            {
            "Effect": "Allow",
            "Action": [
            "config:*",
            "tag:Get*"
            ],
            "Resource": "*"
            },
            {
            "Effect": "Allow",
            "Action": [
            "ssm:DescribeDocument",
            "ssm:GetDocument",
            "ssm:DescribeAutomationExecutions",
            "ssm:GetAutomationExecution",
            "ssm:ListDocuments",
            "ssm:StartAutomationExecution"
            ],
            "Resource": "*"
            }
        ]
}
```

4）给该策略添加一个标签（可选），单击“下一步”按钮。

5）在“名称”文本框中输入“AWSConfigFullAccess”，然后单击“创建策略”按钮。

6）将新创建的“AWSConfigFullAccess”策略附加给相应的用户，即可获得 Amazon Config 服务的完全管理权限。

任务二　使用 Config 检索 AWS 上的资源清单

小张所在公司的业务复杂，云上的资源非常多。公司里有许多的用户均可以在云上开启相应的资源，同时云中的弹性伸缩服务也可以自动开启资源，如何掌握云中确切的资源类型与数量成了一大难题。为了更好地管理公司的资源，小张想要查看现在 AWS 上开启的所有资源清单。此时，通过 Amazon Config 服务就可以轻松完成这项任务。在第一次使用 Amazon Config 服务时，需要对该服务做初始的配置。初始配置方法有两种，分别是“一键设置”及“手动设置”。

“一键设置”可减少手动选择的数量，从而帮助简化 AWS Config 主机客户的入门流程。操作过程如下：

1）登录 AWS 管理控制台，然后选择 Amazon Config 服务。

2）单击页面中的“一键设置”按钮。

3）设置页面包括 3 个步骤，但通过“一键设置”工作流程，系统会自动定向到步骤 3）。以下是该过程的具体步骤。

①设置：选择 AWS Config 控制台记录资源和角色的方式，并选择发送配置历史记录和配置快照文件的位置。

a. 在要记录的资源类型配置中选择“记录此区域支持的所有当前和未来资源”选项。当 AWS Config 添加对新区域性资源类型的支持时，它将自动开始记录该类型的资源。

b. 在传送方式配置中，默认会创建一个以 config-bucket-accountid（如 config-buckett-012345678901）格式命名的 S3 存储桶。如果已经存在该命名格式的存储桶，则会自动选择存储桶。

②规则：系统默认未选择任何规则。

③查看：验证设置的详细信息。

单击“确认”按钮，完成 AWS Config 初始设置。

手动设置可以对 AWS Config 做更加具体的初始配置，操作过程如下：

1）登录 AWS 管理控制台，然后选择 Amazon Config 服务。

2）单击页面中的“开始”按钮。

3）在导航窗格中选择“设置”，然后单击页面中的“编辑”按钮。

4）“编辑设置”页面有 4 个部分的配置内容，分别为：

①记录器配置。勾选“启用记录”选项即可。

②一般设置。在要记录的资源类型配置中，选择“Record all current and future resources supported in this region”（记录此区域支持的所有当前和未来资源）选项，也可以选择“记录特定资源类型”选项来手动选取需要记录的资源类型。“数据保留周期”默认选择“将 AWS Config 数据保留 7 年（2557 天）”。“AWS Config 角色”配置选择“使用现有 AWS Config 服务相关角色”，如图 8-42 所示。

图 8-42　AWS config 一般设置

③交付方式配置。由于小张是第一次使用，因此选择创建存储桶并指定存储桶的名称为“config-bucket-zhang”，不需要创建 Amazon SNS 主题，如图 8-43 所示。

图 8-43　AWS Config 交付方式配置

④ Amazon CloudWatch Events 规则配置。该配置需要跳转到 CloudWatch 服务中，本例中不需要配置。

最后单击“保存”按钮。Amazon Config 开始搜集云上资源的信息，等待一段时间后刷新页面。单击导航窗格中的“控制面板”，在页面中就可以看到所有资源的汇总信息。Config 资源清单如图 8-44 所示。

5）选择导航窗格中的“资源”选项，在页面中可以通过资源类型、资源的标签及合规性状态来查询云上的资源清单。小张想看当前云中有多少 S3 存储桶，他在“资源类型”下拉列表中选择“S3:Bucket”，选项如图 8-45 所示，然后单击“查询”选项，即可看到云中的所有存储桶的清单。

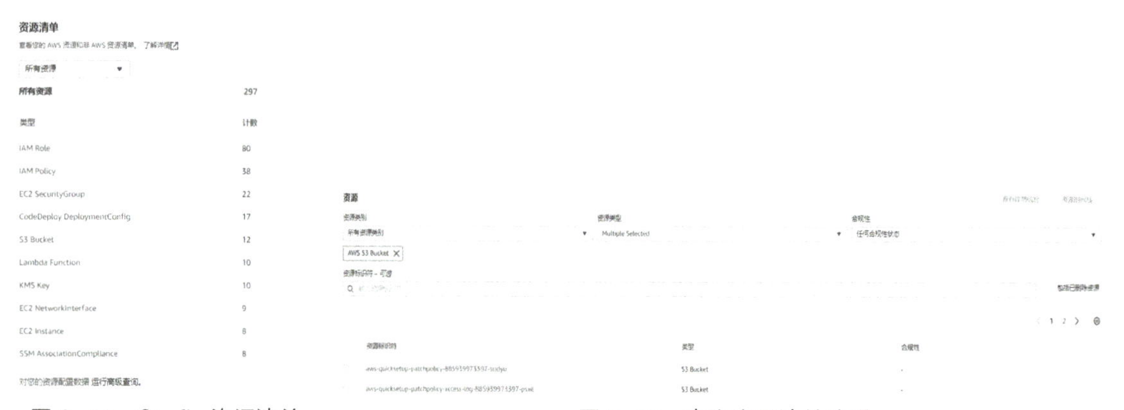

图 8-44　Config 资源清单　　　　图 8-45　查询资源清单选项

任务三　记录 AWS 资源的配置更改

在 AWS 云上通常会有多名管理员负责资源的管理，记录管理员对资源进行的配置过程对于日常的运维工作是十分重要的。记录资源的配置过程有助于找出系统配置上的错误，并加以纠正。小张准备使用 Amazon Config 来查看实例 ID 为“i-0c205050ec5d69bad”的实例配置更改记录，其操作过程如下：

1）登录 AWS 管理控制台，然后选择 Amazon Config 服务。

2）在导航窗格中单击“资源”选项，在资源标识符文本框中输入“i-0c205050ec5d69bad”，按〈Enter〉键进行搜索，搜索结果如图 8-46 所示。

3）选择对应的 EC2 实例对象，在页面中选择“资源时间线”，系统将会显示与实例相关的所有事件的时间线，在时间线上能看到每个事件发生的时间。在“代理类型”下拉列表中可以选择事件的类型。配置时间线如图 8-47 所示。

图 8–46　查询资源清单结果

图 8–47　配置时间线

4）单击事件标记前的“+”号将显示事件的详细信息，在展开的配置更改详细信息中可以看到配置更改的具体操作内容，在关系列表中可以看到当前的资源与系统中其他资源的关联情况，如图 8–48 所示。从图 8–48 中可以看到该实例与 5 个其他资源相关。

图 8–48　配置更改详情与其他资源关系

使用 Amazon Config 检查并解决配置的合规性问题

小张已经掌握了通过 Amazon Config 搜集云中资源的配置记录的方法，但是想要在大量的配置记录中找出不合规的配置十分困难。Amazon Config 还有一个非常强大的功能，就是可以通过创建 Amazon Config 规则进行评估。这些规则代表理想的设置。Amazon Config 提供可自定义的预定义规则（称作托管规则）来进行评估。Amazon Config 持续跟踪资源中出现的配置更改，它会检查这些更改是否违反了规则中的条件。如果某个资源违反了规则，则 Amazon Config 会将该资源和规则标记为不合规。在云中，管理员可以设置规则以检查记录的配置更改是否合规。

任务一　检查配置的合规性

为了让用户能方便地访问 EC2 服务器，通常会给 EC2 实例关联一个 EIP（弹性 IP 地址）。当实例被终止时，用户可能会忘记删除相关联的 EIP 地址。EIP 地址没有关联实例也是要计费的。小张想查看云中是否有未关联实例的 EIP 地址。Amazon Config 配置合规性检查可以完成这项任务。小张实施检查的步骤如下：

1）登录 AWS 管理控制台，然后选择 Amazon Config 服务。

2）在导航窗格中单击“规则”选项，单击“添加规则”按钮。

3）每一条规则都可以完成一项合规性检查任务。除了使用亚马逊云科技托管的规则之外，用户也可以通过自定义规则来完成自己所需要的特殊合规性检查。小张在页面中的搜索文本框中输入“EIP”，系统将筛选出与 EIP 相关的托管规则，如图 8-49 所示。

图 8-49　筛选规则

4）单击筛选出的规则，单击页面中的“下一步”按钮，在弹出的页面中可以配置规则的名称、规则触发器及环境模式等。这里，小张只需要找出未使用的 EIP 地址，所有选项按默认配置即可。单击页面中的“下一步”按钮，进入检查并创建页面，最后单击“添加规则”按钮。Amazon Config 服务会立即开始评估云上的配置。经过一段时间的评估，系统显示有一个不合规的配置，规则检查结果如图 8-50 所示。

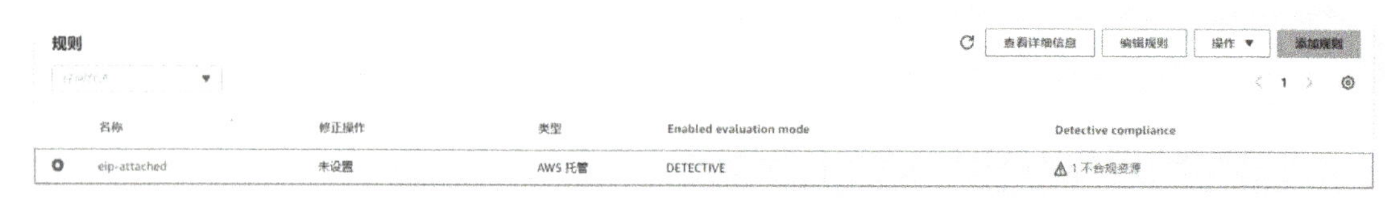

图 8-50　规则检查结果

5）单击规则名称可以看到不合规资源的清单情况，如图 8–51 所示。

图 8–51　不合规资源的清单

6）此时，在 Amazon Config 资源清单中选择资源类型为 AWS EC2EIP，可以看到云中所有 EIP 资源的合规性。EIP 资源清单如图 8–52 所示。

图 8–52　EIP 资源清单

7）单击不合规的 EIP 资源，然后单击页面中的“资源时间线”，系统将显示该资源的合规情况，EIP 合规性时间线如图 8–53 所示。

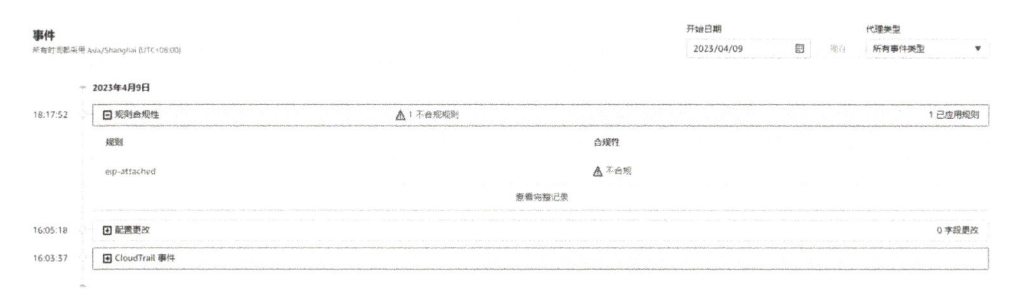

图 8–53　EIP 合规性时间线

通过 Amazon Config 合规性检查，可以很容易地发现云中闲置的 EIP。使用其他规则即可查出云中配置的不合规资源，极大地提高了管理员的工作效率。

任务二　解决配置的合规性问题

在上一个任务中，小张发现了不合规的 EIP 资源，他需要解决这个不合规的配置，把该 EIP 与 EC2 实例或网络接口相关联。如果不再需要该 EIP，则可以把它删除。

在资源清单页面选择需要配置的资源，单击页面中的“查看详细信息”按钮。单击详细信息页面中的“管理资源”按钮，即可跳转到资源相应的配置页面。小张决定把该 EIP 关联到某台 EC2 实例上。打开页面中的“操作”下拉列表，选择“关联弹性 IP 地址”。在“关联弹性 IP 地址”页面中选择要关联的 EC2 实例，再单击“关联”，即可完成操作。

过一段时间后再次查看事件时间线，发现配置合规性已变了颜色（软件中为绿色），如图 8–54 所示。在页面中还可以看到配置的详细内容。

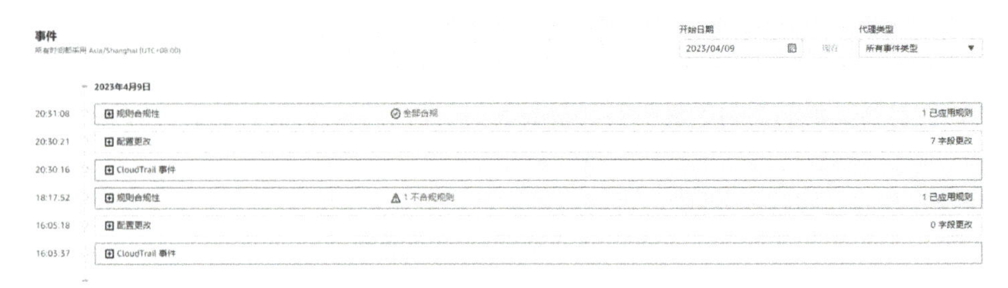

图 8-54　解决合规问题后的时间线

小张利用 Config 服务很好地解决了云中资源配置的监测问题，并且通过规则查出不合规的配置，最后纠正了相关配置不合规的问题。

习题

一、单选题

1.（　　）工具可以分析账户资源并提供随时间变化的详细清单。

A）AWS Config　　B）AWS CloudFormation

C）AWS CloudWatch　　D）AWS 服务目录

2. 要使用 Systems Manager 在运行 Amazon Linux 的 EC2 实例上执行日常管理任务并收集软件清单。已经有一个附加到这些实例的实例配置文件。应该执行以下（　　）操作才能使用 Systems Manager 执行这些任务。

A）将来自 Amazon EC2 Role for SSM 托管策略的权限添加到用户用于实例配置文件的角色

B）手动安装 Systems Manager 代理

C）使用 Session Manager 安装 Systems Manager 代理

D）修改实例安全组以允许从 Systems Manager 访问

3. 下列（　　）不是 Systems Manager 的功能。

A）运行命令　　B）维护时段

C）会话管理器　　D）密钥管理器

4. AWS Config 将日志存储在（　　）。

A）S3 存储桶　　B）CloudWatch 日志

C）CloudTrail 事件　　D）DynamoDB

5. 参数仓库不能与（　　）服务进行集成。

A）Amazon Lambda

B）Amazon CloudFormation

C）Amazon EC2 Container Service

D）Amazon ELB

二、简答题

1. 简述 Systems Manager 所具备的功能。

2. 简述使用 Amazon System Manager（SSM）前需要哪些预配置。

3. 简述 AWS Config 的功能。

单元九

系统的弹性与高可用

单元情景

不要相信自己的系统牢不可破、坚不可摧，这是一个无法达到的目标。AmazonWebServices 就是为了应对失效而设计的。在审查了 AWS 上的数千个客户架构后，AWS 开发了架构完善的框架。AWS 架构完善的框架旨在帮助人们构建安全、高性能、具有弹性和高效的基础设施，以满足云应用程序及其工作负载。它提供了一组基本问题和最佳实践，可帮助人们评估和实施云架构。

AWS 架构完善的框架分为六大支柱：卓越运营、安全性、可靠性、性能效率、成本优化和可持续性。卓越运营支柱重点关注运行和监控系统以交付商业价值，以及持续改善支持流程和程序。卓越运营支柱的关键主题包括管理和自动执行变更、响应事件。当受到重负载（更多的服务请求）、攻击或组件故障压力时，弹性工作负载可以在可接受的性能下降时间内从故障中恢复或转移到辅助资源。弹性意味着基础设施可随着容量需求的变化而扩展和收缩，可以在需要时获取资源，在不需要时释放资源。

小张公司的领导希望确保客户在访问其电子商务网站时获得出色的体验，而不会遇到任何问题，例如下单延迟。他们还希望网站能应对随公司业务扩大而带来的预期流量增长问题。为确保这种体验，网站必须响应迅速，能够通过动态扩展和缩减来满足波动的客户需求，即使发生某些故障，应用程序也可以保持运行。小张依据卓越运营支柱最佳实践领域下的基本问题来审查自己公司的架构：如何设计工作负载以便了解其状态？如何降低部署风险？如何知道自己已准备好支持工作负载？该架构必须跨多个应用程序服务器分发客户订单请求来应对需求的增加，而不是让单个服务器过载。为了在 AWS 中实现高可用性，还需考虑跨多个可用区运行服务。为此，小张将学习如何搭建具有弹性和高可用性的应用程序架构。

单元概要

本单元将介绍如何在多个可用区中启动资源，并创建用于跨多个 Amazon EC2 实例分配请求的应用程序负载均衡器（Application Load Balancer），还将创建可以在多个可用区中自动分配 Amazon EC2 实例的自动扩展组（Auto Scaling Group）。将 Elastic Load Balancing 与 Auto Scaling 结合使用，用户可以构建可用性高、容错性强的应用程序，这些应用程序可以根据需求的波动自动扩展或缩减容量。

学习目标

- 了解高可用性和弹性的含义。
- 学会使用 Elastic Load Balancing 分配传入流量。
- 学会使用 Amazon EC2 Auto Scaling 自动扩展 EC2 实例。
- 能将 Elastic Load Balancing 与 Auto Scaling 结合使用，构建高可用性的应用程序。

将访问请求负载均衡到 EC2 实例

高可用性（High Availablity）是指能够确保应用程序的停机时间尽可能短，无须人为干预。

在默认情况下，虚拟服务器没有为高可用性而做设置。例如，如果物理主机上的计算机硬件出现故障，那么所有运行在该主机上的 Amazon EC2 实例将会失效。如果用户在一台受故障影响的虚拟服务器上运行自己的应用程序，那么这个应用程序将无法正常运行，直到用户自己在另一台物理主机上启动一个新的虚拟服务器。为了避免这些情况，应当将关键业务系统部署为高度可用的应用程序。即使发生故障，应用程序也能够以较大的可能性继续提供服务。

要构建高度可用的应用程序，最佳实践是在多个可用区中启动资源。如果跨多个可用区运行应用程序，则可以在数据中心遇到故障时提供更高的可用性。由于应用程序在多个应用程序服务器上运行，因此需要使用负载均衡器在这些服务器之间分配流量。此负载均衡器还将对实例执行运行状况检查，并仅向运行良好的实例发送请求。如图 9-1 所示，两个 EC2 实例分别处于不同可用区，且每个实例上均运行着相同的一台 Web 服务器。这些实例被置于 Elastic Load Balancing 负载均衡器之后，由该负载均衡器在实例之间分配流量。如果一台服务器不可用，那么负载均衡器将配置为停止将流量分配到运行状况不佳的实例，并仅将流量路由到运行状况良好的实例。这样，如果其中一个可用区中的数据中心出现故障，则应用程序仍然可用。Elastic Load Balancing 是创建高度可用架构的关键组件。

负载均衡器可以面向外部也可以面向内部分配入站流量，如图 9-2 所示。公网流量是指来自互联网的 VPC 外部请求流量，私网流量是指 VPC 内部的流量。与刚才考虑的架构一样，

EC2 实例被置于负载均衡器之后，由该负载均衡器在实例之间分配入站公网流量。如果其中一台服务器不可用，那么负载均衡器将配置为停止向运行状况不佳的实例分配流量，然后开始将流量路由到运行状况良好的实例。可以在架构中加入第二个负载均衡器，将入站流量从公有子网中的实例路由到私有子网中的实例。为确保高可用性，最好在两个可用区中使用 NAT 网关，使私有子网中的实例可以通过 NAT 网关的 IP 地址连接 VPC 外的服务。

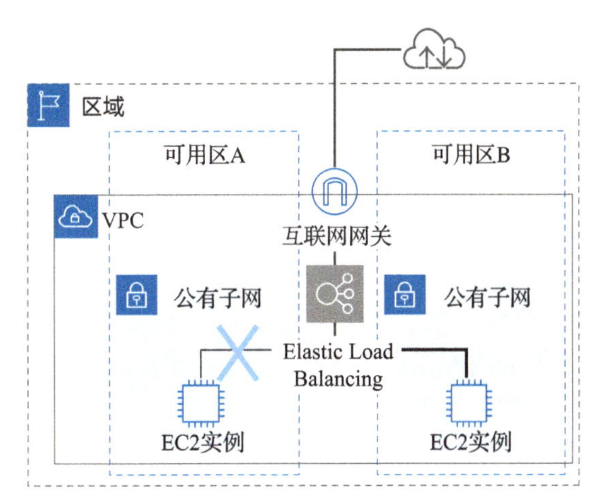

图 9-1　负载均衡器在实例之间分配流量

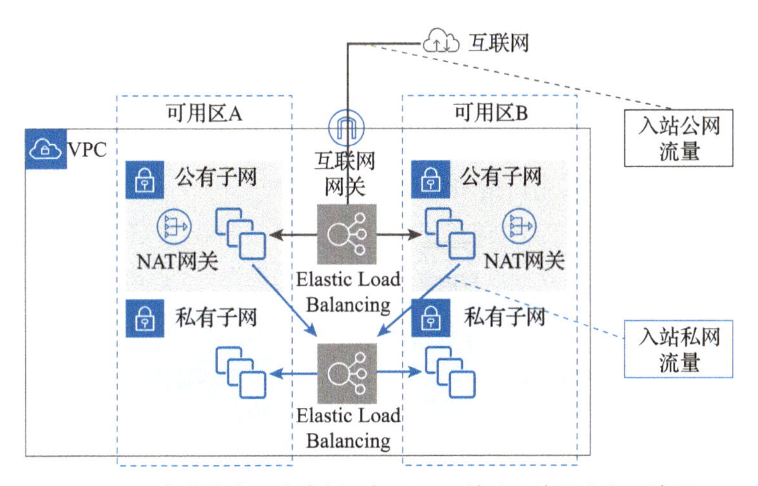

图 9-2　负载均衡器在实例之间分配入站公网流量和私网流量

任务一　了解 Elastic Load Balancing 的工作原理

Elastic Load Balancing（ELB）在一个或多个可用区中的多个目标（如 EC2 实例、容器和 IP 地址）之间自动分配传入的流量。它会监控已注册目标的运行状况，并仅将流量传输到运行状况良好的目标，还可以根据需求变化在负载均衡器中添加和删除目标，而不会中断应用程序的整体请求流。ELB 根据传输到应用程序的流量随时间的变化对负载均衡器进行扩展。ELB 能够自动扩展来处理绝大部分工作负载。

图 9-3 所示为 ELB 的工作原理。负载均衡器接收来自客户端的传入流量并将请求路由到一个或多个可用区中的已注册目标（例如 EC2 实例）。可通过指定一个或多个侦听器将负载

均衡器配置为接收传入流量。侦听器是用于检查连接请求的进程。它配置了从客户端连接到负载均衡器的协议和端口号。同样，它还配置了从负载均衡器连接到目标的协议和端口号。还可以配置负载均衡器以执行运行状况检查，这些检查可用来监控已注册目标的运行状况，以便负载均衡器仅将请求发送到运行情况良好的实例。当负载均衡器检测到运行状况不佳的目标时，它会停止将流量路由到该目标。然后，当它检测到目标运行状况再次正常时，会继续将流量路由到该目标。

ELB 提供四种类型的负载均衡器：应用程序负载均衡器（Application Load Balancer，ALB）、网络负载均衡器（Network Load Balancer，NLB）、网关负载均衡器（Gateway Load Balancer，GLB）和经典负载均衡器（Classic Load Balancer，CLB）。

ALB：路由和负载均衡在应用程序层（HTTP/HTTPS 第 7 层）进行，并支持基于路径的路由。ALB 可以将请求路由到一个或多个注册目标上的端口，例如 VPC 中的 EC2 实例。

NLB：路由和负载均衡在传输层（TCP/UDP 第 4 层）进行，依据是从 TCP 数据包标头中而非从数据包内容中提取的地址信息。网络负载均衡器可以处理突发流量，保留客户端的源 IP，并在负载均衡器的使用寿命内使用固定 IP。

GLB：将流量分配到设备实例队列。为第三方虚拟设备（如防火墙、入侵检测和防御系统以及其他设备）提供可扩展性、可用性和简单性。网关负载均衡器与支持 GENEVE 协议的虚拟设备配合使用时需要额外的技术集成，因此请务必在选择网关负载均衡器之前参考用户指南。

CLB：路由和负载均衡在传输层（TCP/SSL）或应用程序层（HTTP/HTTPS）进行。CLB 支持 EC2-Classic 或 VPC。

负载均衡器类型的配置方式具有一个关键区别。通过 ALB、NLB 和 GLB，用户可以使用目标组将实例注册为目标，并将流量路由到目标组。通过 CLB，用户可以使用负载均衡器直接注册实例。用户可以选择最适合自己需求的负载均衡器类型。本章讨论 ALB，有关其他负载均衡器的更多信息，请参考其用户指南。

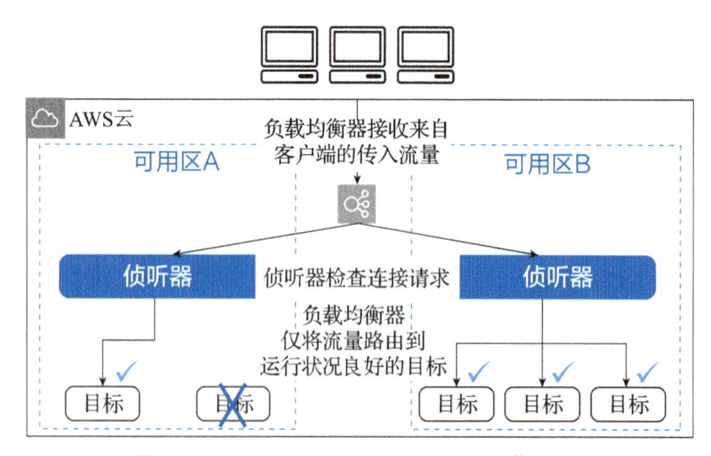

图 9-3　Elastic Load Balancing 的工作原理

ALB 在应用程序层正常工作，该层是开放系统互连（OSI）模型的第 7 层。负载均衡器收到请求后，将按照优先级顺序评估侦听器规则以确定应用哪个规则，然后从目标组中选择规则操作目标。可以配置侦听器规则，以根据应用程序流量的内容将请求路由至不同的目标组。

ELB 可以在单个可用区或跨多个可用区中处理不同的应用程序流量负载。 对于 ALB，要求至少启用两个或更多的可用区。如果一个可用区变得不可用或没有正常目标，则负载均衡器会将流量路由到其他可用区中的正常目标。当确保每个启用的可用区均具有至少一个已注册目标时，负载均衡器将具有最高效率。

ELB 可与以下服务一起使用，以提高应用程序的可用性和可扩展性。

- Amazon EC2：可以将负载均衡器配置为将流量路由到部署应用程序的 EC2 实例。
- Amazon EC2 Auto Scaling：确保运行所需数量的实例，可根据实例需求的变化自动增加或减少实例数。如果使用 ELB 关联 Auto Scaling，则 Auto Scaling 启动的实例将自动向负载均衡器注册，并且 Auto Scaling 终止的实例将自动从负载均衡器注销。
- Amazon CloudWatch：让用户能够监控负载均衡器并执行所需操作。
- Amazon ECS：可以将负载均衡器配置为将流量路由到容器，让用户能够在 EC2 实例集群上运行、停止和管理 Docker 容器。
- Route 53：能够将域名（例如 www.example.com）转换为计算机相互连接所用的数字 IP 地址（例如 192.0.2.1），以一种可靠且经济的方式将访问者路由至网站。AmazonWebServices 可以向负载均衡器分配 URL。如果希望使用方便用户记忆的 URL，则可以将域名映射到负载均衡器。

任务二　准备网络环境和应用程序

ALB 要求至少启用两个可用区中的启动资源。如图 9-4 所示，在每个可用区中配置至少带有一个公有子网的 VPC。这些公有子网用于配置负载均衡器。在每个可用区中至少启动一个 EC2 实例，这些实例将作为用户的应用程序服务器。应确保在每个 EC2 实例上安装 Web 服务器（例如 Apache），并确保这些实例的安全组允许端口 80 上的 HTTP 访问。

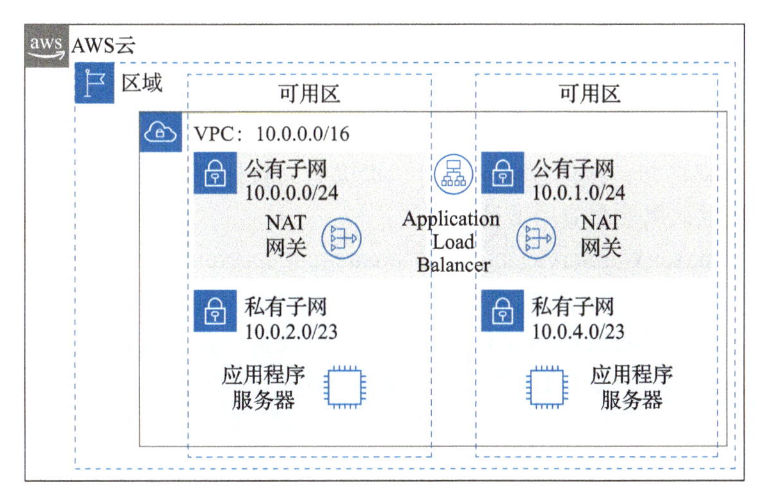

图 9-4　应用负载均衡器所处的网络环境

任务三　创建目标组，并将 EC2 实例注册到目标组

在创建第一个 ALB 之前，需要创建一个要在请求路由中使用的目标组。目标组定义将进入负载均衡器的流量发送到哪里。ALB 可以根据传入请求的 URL 向多个目标组发送流量。例如，将来自移动应用程序的请求发送到与其他类型请求不同的另一组服务器。Web 应用程序

将只会使用一个目标组。侦听器的默认规则将请求路由到此目标组中的已注册目标，负载均衡器使用为目标组定义的运行状况检查设置来检查此目标组中目标的运行状况。

打开 Amazon EC2 控制台，在导航窗格中的“负载均衡”下选择“目标组”，单击“创建目标组”按钮，进入创建目标组页面，进行以下配置。

1. 基本配置部分

- 对于目标类型，选择“实例”，支持将负载均衡到特定 VPC 中的实例，即应用程序服务器。目标类型将确定在向此目标组注册目标时指定目标的类型。创建目标组后，将无法更改其目标类型。可选择按实例 ID 注册目标，可选择按 IP 地址注册目标，也可选择将 Lambda 函数注册为目标。
- 对于目标组名称，应按要求输入新目标组的名称。
- 保留默认协议（HTTP）和端口（80）。默认情况下，负载均衡器会使用在创建目标组时指定的协议和端口号将请求路由到其目标。目标组支持 HTTP、HTTPS 协议。
- 选择包含应用程序服务器实例的特定 VPC。
- 将协议版本保留为 HTTP1。默认情况下，Application Load Balancer 使用 HTTP/1.1 向目标发送请求，还可以选择使用 HTTP/2 或 gRPC 向目标发送请求。
- 对于运行状况检查，保留默认设置。间隔表示每隔多久执行一次运行状况检查，单位为秒；正常阈值表示运行状况良好的实例连续正确响应的次数。Application Load Balancer 会自动在全部实例上执行运行状况检查，以确保它们对请求做出响应。
- 单击“下一步”按钮，进入注册目标页面。

2. 注册目标部分

这是创建负载均衡器的可选步骤。目标是响应来自负载均衡器的请求的各个实例。对于可用实例，可选择“一个或多个实例”，保持默认端口 80，然后选择“包括为以下待注册的形式添加”选项。如果目前没有任何 Web 应用程序实例，则可以跳过此步骤，单击“创建目标组”按钮。

由上述配置过程可知，在创建目标组时，可以对与目标组有关的多个参数进行设置。在创建过程中，一些默认属性会应用于目标组。

也可以使用 AmazonWebServices CLI 的 create-target-group 命令创建目标组。下面的创建目标组示例为应用程序负载平衡器创建了一个目标组，目标类型为实例。此目标组使用 HTTP、端口 80 和 HTTP 目标组的默认运行状况检查设置。如果在执行下面的命令时获取的错误消息指示 elbv2 不是有效选择，那么应更新 AmazonWebServices CLI。

```
aws elbv2 create-target-group \
    --name my-targets \
    --protocol HTTP \
    --port 80 \
    --target-type instance \
    --vpc-id vpc-3ac0fb5f
Output:
{
"TargetGroups": [
        {
```

```
    "TargetGroupName": "my-targets",
    "Protocol": "HTTP",
    "Port": 80,
    "VpcId": "vpc-3ac0fb5f",
    "TargetType": "instance",
    "HealthCheckEnabled": true,
    "UnhealthyThresholdCount": 2,
    "HealthyThresholdCount": 5,
    "HealthCheckPath": "/",
    "Matcher": {
    "HttpCode": "200"
                },
    "HealthCheckProtocol": "HTTP",
    "HealthCheckPort": "traffic-port",
    "HealthCheckIntervalSeconds": 30,
    "HealthCheckTimeoutSeconds": 5,
    "TargetGroupArn": "arn:aws:elasticloadbalancing:us-west-2:123456789012:targetgroup/
my-targets/73e2d6bc24d8a067"
            }
        ]}
```

任务四 创建应用负载均衡器

要创建应用负载均衡器（Application Load Balancer），必须首先提供负载均衡器的基本配置信息，例如名称、方案和 IP 地址类型。然后，提供有关网络以及一个或多个侦听器的信息。侦听器是用于检查连接请求的进程。它配置了用于从客户端连接到负载均衡器的协议和端口。

打开 Amazon EC2 控制台，在导航窗格中的“负载均衡”下单击“负载均衡器”，然后单击“创建负载均衡器”按钮，在创建负载均衡器页面选择 ALB，单击“创建”按钮，进行以下配置。

- 对于负载均衡器名称，应按要求输入负载均衡器的名称。
- 对于模式，保留默认值。面向互联网的负载均衡器会通过互联网将来自客户端的请求路由到目标，即应用程序服务器实例。
- 对于 IP 地址类型，应保留默认值，即子网选择的 IP 地址类型为 IPv4。
- 对于网络映射，可选择用于 EC2 实例的 VPC，并选择至少两个可用区以及每个区中的一个子网。对于用于启动 EC2 实例的每个可用区，可选择公有子网。
- 对于安全组，可选择为负载均衡器创建的安全组，它包含允许其通过侦听器端口和运行状况检查端口与已注册目标进行通信的规则，如一个接收所有入站 HTTP 和 HTTPS 流量的安全组。
- 对于侦听器和路由，保留默认值。侦听器默认负责接收端口为 80 以上的 HTTP 流量。本书中将不创建 HTTPS 侦听器。对于默认操作，可选择在任务二中创建和注册的目标组。
- 可添加标签以对负载均衡器进行分类。
- 查看配置，然后单击“创建负载均衡器”按钮。在创建过程中，一些默认属性会应用于负载均衡器，创建负载均衡器后，可以查看和编辑它们。

在收到已成功创建负载均衡器的通知后，单击“关闭”按钮。在导航窗格中的“负载均衡”下选择“目标组”。选择任务二中创建的目标组，验证实例是否已就绪。如果实例状态是initial，则很可能是因为实例仍在注册过程中，或者未通过正常运行所需的运行状况检查最小数量。在实例的状态为healthy后，便可测试负载均衡器。

在导航窗格中的“负载均衡”下单击“负载均衡器”，选中新创建的负载均衡器，在“描述”选项卡下复制负载均衡器的DNS名称（如my-load-balancer-1234567890EXAMPLE.elb.us-east-2.amazonaws.com），将该DNS名称粘贴到浏览器的地址栏中。如果一切正常，则浏览器会显示应用程序服务器的默认页面。

也可以使用CLI创建Application Load Balancer。

1）使用create-load-balancer命令创建负载均衡器，必须指定来自不同可用区的两个子网。

```
aws elbv2 create-load-balancer \
    --name my-load-balancer \
    --subnets subnet-0e3f5cac72EXAMPLE subnet-081ec835f3EXAMPLE \
    --security-groups sg-07e8ffd50fEXAMPLE
```

输出包含负载均衡器的ARN，格式如下：

```
arn:aws:elasticloadbalancing:us-east-2:123456789012:loadbalancer/app/my-load-
balancer/1234567890123456
```

2）使用register-targets命令将实例注册到目标组：

```
aws elbv2 register-targets \
    --target-group-arn targetgroup-arn \
    --targets Id=i-0abcdef1234567890 Id=i-1234567890abcdef0
```

3）使用create-listener命令为负载均衡器创建侦听器，该侦听器带有将请求转发到目标组的默认规则：

```
aws elbv2 create-listener \
    --load-balancer-arn loadbalancer-arn \
    --protocol HTTP --port 80 \
    --default-actions Type=forward,TargetGroupArn=targetgroup-arn
```

输出包含侦听器的ARN，格式如下：

```
arn:aws:elasticloadbalancing:us-east-2:123456789012:listener/app/my-load-balanc
er/1234567890123456/1234567890123456
```

4）使用describe-target-health命令验证目标组的已注册目标的运行状况：

```
aws elbv2 describe-target-health --target-group-arn targetgroup-arn
```

使用Auto Scaling组实现弹性缩放

在AmazonWebServices上运行应用程序时，需要确保架构能够扩展以处理不断变化的需求。弹性意味着基础设施可随着容量需求的变化而扩展和缩减（简称扩缩）。可以在需要时获取资源，在不需要时释放资源。

扩缩是一种用于实现弹性的技术。扩缩是指增加或减少应用程序计算容量的能力。扩缩有以下两种类型：

- 横向扩缩是指添加或删除资源。例如，用户可能需要向存储阵列添加更多硬盘驱动器，或添加更多服务器来支持应用程序。添加资源称为扩展，而终止资源称为缩减。横向扩缩是构建利用云计算弹性的互联网级应用程序的有效方式。
- 纵向扩缩是指增大或减小单个资源的规格。例如，用户可以升级服务器，使其具有更大的硬盘驱动器或更快的 CPU。借助 Amazon EC2，用户可以停止实例并将其大小调整为具有更多 RAM、CPU、I/O 或联网功能的实例类型。纵向扩缩最终可能达到极限，而且有时不是一种具有成本效益或高度可用的方法。但它很容易实施，对于许多使用案例来说可能已经足够，尤其是在短期内。

在云中，可以采取更灵活的方法自动处理扩缩。Amazon EC2 Auto Scaling 是一项 AmazonWebServices 服务，它提供了多种扩展调整方式来满足应用程序的需求，有助于保持应用程序的可用性。Amazon EC2 Auto Scaling 允许根据自定义的策略、计划和运行状况自动添加或删除 EC2 实例。如果指定了扩缩策略，那么 Amazon EC2 Auto Scaling 可以在应用程序需求增加或降低时启动或终止实例。

任务一　了解 Amazon EC2 Auto Scaling 的工作原理

Amazon EC2 Auto Scaling 可确保用户拥有适量的 Amazon EC2 实例来处理应用程序负载。可以创建称为 Auto Scaling 组的 Amazon EC2 实例集合，并指定每个 Auto Scaling 组内的最小容量，而 Amazon EC2 Auto Scaling 会确保组内实例数量始终不低于此数量。还可以指定每个 Auto Scaling 组内的最大容量，而 Amazon EC2 Auto Scaling 会确保组内实例数量始终不高于此数量。如果在创建组时或创建之后指定所需容量，则 Amazon EC2 Auto Scaling 会确保组内实例始终保持此数量。应注意，所需容量是基于触发器的设置，可能会随着诸如违反阈值之类的事件而波动。它反映了当时正在运行的实例数量，并且永远不能低于最小容量或高于最大容量。

例如，图 9-5 所示的 Auto Scaling 组的最小容量为 1，最大容量为 4 ，所需容量为 2。制定的扩缩策略是按照用户指定的条件在最大容量和最小容量范围内调整实例的数量。使用 Amazon EC2 Auto Scaling 时，启动实例称为扩展，终止实例称为缩减。

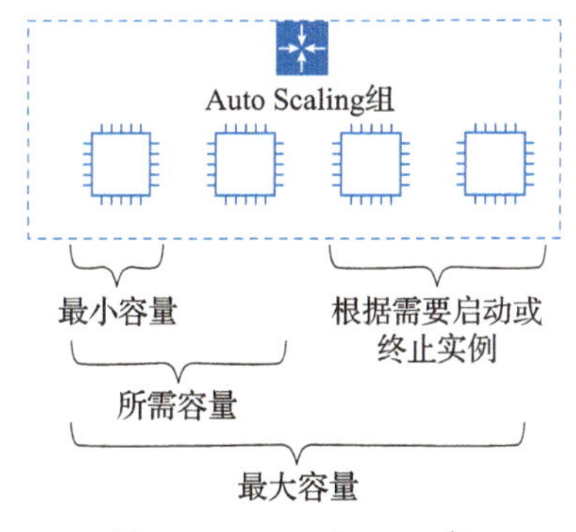

图 9-5　Auto Scaling 组

要使用 Amazon EC2 Auto Scaling 确保拥有适量的 Amazon EC2 实例来处理应用程序负载，需要指定图 9-6 所示的 Amazon EC2 Auto Scaling 的三个基本要素：

1）指定要扩缩的内容。为了启动 EC2 实例，Auto Scaling 组使用启动配置，即实例配置模板。可以将启动配置视为要扩展的内容。创建启动配置时需要指定实例信息，包括 AMI ID、实例类型、IAM 角色、额外的存储、一个或多个安全组以及任何 Amazon EBS 卷。启动配置定义了要启动什么资源。

2）指定要扩缩的位置。定义 Auto Scaling 组的最大容量和最小容量以及所需容量，然后将其启动到 VPC 内的子网中。使用 Amazon EC2 Auto Scaling 与 Elastic Load Balancing 集成，让用户能够将一个或多个负载均衡器附加到现有的 Auto Scaling 组。在连接负载均衡器后，它会自动在组中注册实例，并在各实例之间分配传入流量。Auto Scaling 组定义了在哪里启动资源。

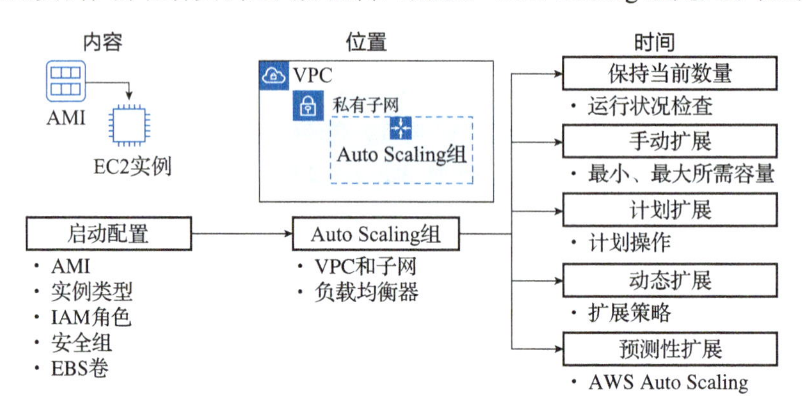

图 9-6　Auto Scaling 的工作原理

3）指定扩缩事件发生的时间。Amazon EC2 Auto Scaling 提供了多个扩缩选项以满足应用程序需求。

- 保持固定数量的实例。为了保持固定数量的实例，Amazon EC2 Auto Scaling 将对 Auto Scaling 组内运行的实例执行定期运行状况检查。如果发现实例运行状况不佳，那么它将终止该实例，并启动新实例。
- 手动扩缩。只需指定 Auto Scaling 组的最大容量、最小容量或所需容量的变化即可。
- 计划扩缩。当确切地知道应在何时增加或减少组中的实例数量时，可以使用计划扩缩。例如，假设每周的 Web 应用程序流量在星期三开始增加，星期四仍然保持较高水平，然后在星期五开始减少。可以根据 Web 应用程序的可预测流量模式来进行计划扩缩操作。扩缩操作将按照日期和时间的函数自动执行。
- 动态按需扩缩。此方法允许定义用于控制扩缩过程的参数。例如，有一个当前在两个实例上运行的 Web 应用程序，并希望在应用程序负载变化时将 Auto Scaling 组的 CPU 使用率保持在 50% 左右。在根据条件变化进行扩展但却不知道条件何时改变时，可以使用这种方法。动态扩缩意味着调整应用程序的容量以满足不断变化的需求，从而优化可用性、性能和成本。扩缩策略类型决定了如何执行扩缩操作。
- 预测性扩缩。预测性扩缩使用从 EC2 的实际使用情况中收集的数据，然后使用机器学习模型来预测预期流量和 EC2 使用情况。该模型至少需要 1 天的历史数据才能开始进行预测。每 24h 重新评估一次，以创建接下来 48h 的预测。预测过程中会产生可以驱动一组或多组自动扩展的 EC2 实例的扩缩计划。

Amazon EC2 Auto Scaling 还可以与 Elastic Load Balancing 集成，如图 9-7 所示，它会自动向负载均衡器注册新实例，以便在实例之间分配传入的流量。

Amazon EC2 Auto Scaling 允许用户在一个区域中构建跨多个可用区的高可用性架构，如图 9-8 所示。如果一个可用区的运行状况不佳或无法使用，那么 Amazon EC2 Auto Scaling 会在未受影响的可用区中启动新实例。当运行状况不佳的可用区恢复到正常运行状态时，Amazon EC2 Auto Scaling 会自动将这些应用程序实例重新平均分配到所有指定的可用区中。

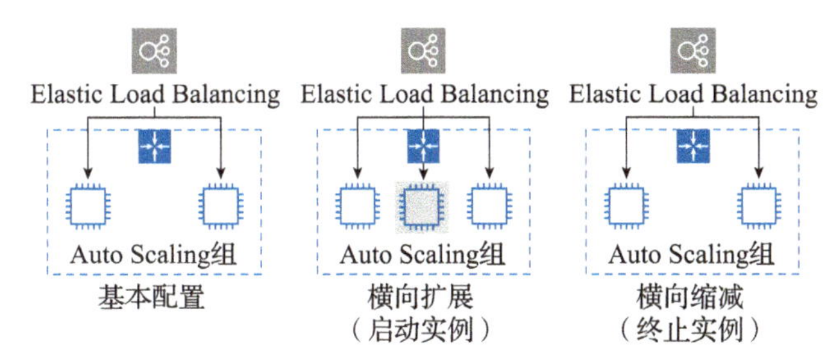

图 9-7 Amazon EC2 Auto Scaling 与 Elastic Load Balancing 集成

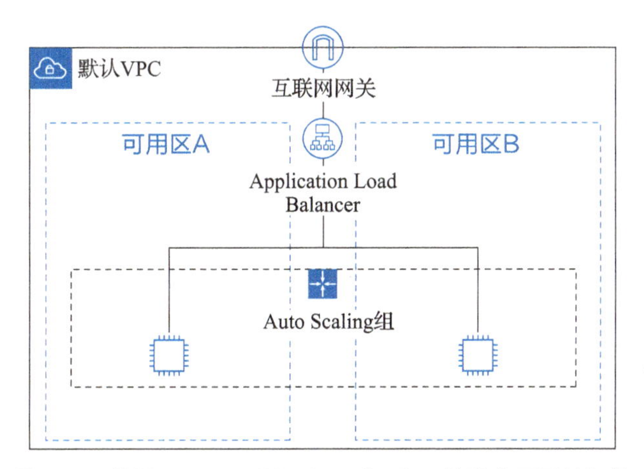

图 9-8 使用 Amazon EC2 Auto Scaling 构建高可用性架构

任务二 创建启动配置模板

根据 Amazon EC2 Auto Scaling 的工作原理，只要创建 Auto Scaling 组，就必须指定启动配置、启动模板或 EC2 实例。当使用 EC2 实例创建 Auto Scaling 组时，Amazon EC2 Auto Scaling 将自动创建启动配置并将其与 Auto Scaling 组关联。

启动配置是 Auto Scaling 组用于启动 EC2 实例的配置模板。在创建启动配置时，需要指定实例的信息，包括 Amazon Machine Image（AMI）的 ID、实例类型、密钥对、一个或多个安全组以及块存储设备映射。如果之前已启动过 EC2 实例，则可以指定相同的信息来启动实例。可以为多个 Auto Scaling 组指定启动配置，但是一次只能为一个 Auto Scaling 组指定一个启动配置，而且启动配置在创建后不能修改。要更改 Auto Scaling 组的启动配置，首先必须创建启动配置，然后用该配置更新 Auto Scaling 组。

也可以指定启动模板而非启动配置或 EC2 实例。启动模板类似于启动配置，也用于指定实例配置信息，但启动模板可以有多个版本。例如，可以创建一个启动模板，用于定义无 AMI 或用户数据脚本的基本配置。创建启动模板后，可以创建新版本并添加具有最新版本的应用程序的 AMI 和用户数据进行测试。这将生成两个版本的启动模板。通过创建启动模板，可以创建保存的实例配置，便于以后重用、共享和启动。

建议使用启动模板而非启动配置，以确保可以访问最新功能和进行改进。创建启动模板时，所有参数都是可选的。但是如果启动模板未指定 AMI，则无法在创建 Auto Scaling 组时添加 AMI。如果指定了 AMI 但没有实例类型，则可以在创建 Auto Scaling 组时添加一个或多个实例类型。以下过程演示了如何创建启动模板。

打开 Amazon EC2 控制台，在导航窗格中的“实例”下选择“启动模板”，单击“创建启动模板”按钮，进入创建启动模板页面，为启动模板的初始版本输入名称并提供描述。在 Auto Scaling 指导下，选中“让 Amazon EC2 提供指导”复选框，以帮助创建要与 Amazon EC2 Auto Scaling 结合使用的模板。在“启动模板内容”下，填写每个必填字段以及用作实例启动规范的所有可选字段。

AMI：选择要在其上启动实例的 AMI 的 ID，可以搜索所有可用的 AMI，也可以从 Quick Start（快速启动）列表中选择列表中常用的 AMI 之一。

实例类型：选择实例类型。

密钥对（登录）：选择已有密钥对，或创建一个新的密钥对并将其选中，确保将密钥对下载到本地计算机。

在网络设置：选择一个或多个安全组。如果未在启动模板中指定任何安全组，则 Amazon EC2 将使用默认安全组。预设情况下，此安全组不允许来自外部网络的入站流量。

对于存储（卷），除了 AMI 所指定的卷以外，还可以指定要附加到实例的卷。要添加新卷，可单击“添加新卷”按钮。

还可以通过高级详细设置定义 Auto Scaling 实例所需的其他功能。例如，可以选择一个 IAM 角色，以供应用程序在访问其他 AmazonWebServices 资源或指定实例启动后可用于执行常见自动配置任务的实例用户数据。完成高级详细设置之后，单击“创建启动模板”按钮创建启动模板。要创建 Auto Scaling 组，可从确认页面上选择创建 Auto Scaling 组。下个任务中将创建 Auto Scaling 组。

也可以使用 CLI 创建启动模板。下面的示例将公有地址分配给在非默认 VPC 中启动的实例，指定网络接口时，为 Groups 指定对应于 Auto Scaling 组将实例启动到其中的 VPC 的安全组。下面的示例还会在启动时标记实例的多个标签、指定要传递到实例的 IAM 角色、配置实例的用户数据脚本。应注意，此处需要 Base64 编码的用户数据。

```
aws ec2 create-launch-template \
    --launch-template-name TemplateForAutoScaling \
    --version-description AutoScalingVersion1 \
    --launch-template-data '{"NetworkInterfaces":[{"NetworkInterfaces":[{"DeviceIndex"
:0,"AssociatePublicIpAddress":true,"Groups":["sg-7c227019,sg-903004f8"]}],"ImageId":"ami-
b42209de","InstanceType":"m4.large","KeyName":"webserver""TagSpecifications":[{"ResourceTyp
e":"instance","Tags":[{"Key":"environment","Value":"production"},{"Key":"purpose","Value":
"webserver"}]}],"IamInstanceProfile":{"Name":"my-instance-profile"},"UserData":"IyEvYmluL2J
hc..."}' \
    --region us-east-1
Output:
{
"LaunchTemplate": {
"LatestVersionNumber": 1,
"LaunchTemplateId": "lt-0123c79c33a54e0abc",
"LaunchTemplateName": "TemplateForAutoScaling",
"DefaultVersionNumber": 1,
"CreatedBy": "arn:aws:iam::123456789012:user/Bob",
"CreateTime": "2019-04-30T18:16:06.000Z"
    }}
```

创建启动模板后，可以创建新版本并添加具有最新版本的应用程序的 AMI 和用户数据进行测试。以下 create-launch-template-version 命令将根据启动模板的版本 1 创建新的启动模板版本并指定其他 AMI ID。

```
aws ec2 create-launch-template-version \
    --launch-template-id lt-0123c79c33a54e0abc \
    --version-description version2 \
    --source-version 1 \
    --launch-template-data "ImageId=ami-c998b6b2example"
```

任务三　创建 Auto Scaling 组

如果是首次使用 Auto Scaling 组，则应先创建启动模板或启动配置，然后使用它创建 Auto Scaling 组，其中的所有实例都具有相同的实例属性。Auto Scaling 组指定 Amazon EC2 启动实例所需的容量和其他信息，如可用区和 VPC 子网。用户可以将容量设置为固定的实例数量，或者可以利用自动扩展以根据实际需求调整容量。以下过程演示如何使用启动模板创建 Auto Scaling 组。

打开 Amazon EC2 控制台，在导航窗格中的“Auto Scaling”下选择“Auto Scaling 组”。在屏幕顶部的导航栏上选择在创建启动模板时使用的同一区域。单击“创建 Auto Scaling 组”按钮，进入创建 Auto Scaling 组页面。

选择启动模板或配置：

在 Auto Scaling 组名称中输入 Auto Scaling 组的名称。

对于启动模板，选择在本项目任务二中创建的现有启动模板。

对于启动模板版本，选择 Auto Scaling 组在扩展时使用启动模板的默认版本、最新版本还是特定版本。

验证启动模板是否支持用户计划使用的所有选项，然后单击“下一步”按钮。

选择实例启动选项：

在网络下的 VPC 中为用户在启动模板中指定的安全组选择 VPC。

对于子网，选择指定 VPC 中的一个或多个子网，可以在多个可用区中使用子网以提供高可用性。

单击“下一步”按钮。或者，如果可接受其余默认值，则单击“跳至检查”选项。

配置高级选项：

可选择现有负载均衡器，或创建新负载均衡器，以在各实例中分配应用程序的传入流量，从而使其更可靠且易于扩展。在此任务中，可使用默认的“无负载均衡器”，将在下一个任务中附加负载均衡器。

对于运行状况检查，也可先保持默认设置，然后单击“下一步”按钮。

配置组大小和扩展策略：

对于所需容量，可输入要启动的实例的初始数量，如 2。如果需要固定数量的实例，则可以为最小容量、最大容量和所需容量设置的相同值。如果设置最大容量和最小容量都为 2，则表示将始终维护两个实例，以确保高可用性。

如果应用程序预计接收不同的流量负载，那么还可以创建扩展策略来定义何时启动或终止实例。在此任务中，用户无须为应用程序创建扩展策略。

单击“下一步”按钮。或者，如果可接收其余默认值，那么单击“跳至检查”选项，然后在检查页面上单击“创建 Auto Scaling 组”。

要确认是否正确创建了 Auto Scaling 组，可转到 Amazon EC2 控制台。如果要按照上面的组大小设置，那么应该有两个实例，两个实例的名称都是在上一个任务中配置为资源标签的名称。

也可以使用 CLI 创建 Auto Scaling 组。下面的示例在多个可用性区域的子网中创建 Auto Scaling 组，实例将使用指定启动模板的默认版本启动。

```
aws autoscaling create-auto-scaling-group \
    --auto-scaling-group-name my-asg \
    --launch-template LaunchTemplateId=lt-1234567890abcde12 \
    --min-size 1 \
    --max-size 5 \
    --vpc-zone-identifier "subnet-5ea0c127,subnet-6194ea3b,subnet-c934b782"
```

使用启动模板，可以将 Auto Scaling 组配置为在扩展事件发生时动态选择启动模板的默认版本或最新版本（Version='$Latest'），也可以选择组在启动 EC2 实例时使用的启动模板的特定版本（Version='1'）。

任务四　附加负载均衡器

Amazon EC2 Auto Scaling 可以与 Elastic Load Balancing 集成，它会自动向负载均衡器注册新实例，以便在实例之间分配传入的流量。当附加 ALB、NLB 或 GLB 时，将附加目标组。Amazon EC2 Auto Scaling 在实例启动时将其添加到附加的目标组，可以附加一个或多个目标组，并配置每个目标组的运行状况检查。

创建或更新组时，可以将现有负载均衡器附加到 Auto Scaling 组。本任务介绍如何将负载均衡器附加到现有的 Auto Scaling 组。

打开 Amazon EC2 控制台，选择导航窗格中的“Auto Scaling”，选中“现有组”复选框，将在 Auto Scaling 组页面底部打开一个拆分窗格，其中显示有关所选组的信息。

在“详细信息”选项卡上，选择“负载均衡”“编辑”选项。

在负载均衡下，对于 ALB、NLB 或 GLB 目标组，选中其复选框，然后选择一个目标组。

选择 Update。

为了确保 Auto Scaling 组可以根据其他负载均衡器测试确定实例运行状况，可将 Auto Scaling 组配置为使用 Elastic Load Balancing 运行状况检查。负载均衡器会定期发送 ping、尝试进行连接或者发送请求来测试 EC2 实例并确定实例运行状况是否不佳。如果将 Auto Scaling 组配置为使用 Elastic Load Balancing 运行状况检查，而它未能通过 EC2 状态或 Elastic Load Balancing 运行状况检查，则它会认为该实例运行状况不佳。使用以下步骤可将 Elastic Load Balancing 运行状况检查添加到 Auto Scaling 组。

打开 Amazon EC2 控制台，选择导航窗格中的“Auto Scaling”，选中“现有组”复选框，将在 Auto Scaling 组页面底部打开一个拆分窗格，其中显示有关所选组的信息。

在“详细信息”选项卡上，选择“运行状况检查”“编辑”选项。

对于运行状况检查类型，选择启用 ELB 运行状况检查。

对于运行状况检查宽限期，输入 Amazon EC2 Auto Scaling 在检查实例运行状况之前需要等待的时间（以秒为单位）。新实例通常需要时间进行短暂的热身，然后才能通过运行状况检查。要提供足够的预热时间，可将该组的运行状况检查宽限期设置为与应用程序的预期启动时间相匹配。

选择 Update。

在“实例管理”选项卡上的实例下，用户可以查看实例的运行状况。运行状况列显示新添加的运行状况检查的结果。

也可以使用 CLI 附加负载均衡器、添加 Elastic Load Balancing 运行状况检查。

以下 attach-load-balancer-target-groups 命令将目标组附加到现有 Auto Scaling 组。

```
aws autoscaling attach-load-balancer-target-groups \
    --auto-scaling-group-name my-asg \
    --target-group-arns "arn:aws:elasticloadbalancing:region:123456789012:targetgro
up/my-targets/1234567890123456"
```

要将 Elastic Load Balancing 运行状况检查添加到 Auto Scaling 组，可使用 update-auto-scaling-group 命令，并指定 ELB 作为 --health-check-type 选项的值。要更新运行状况检查宽限期，可使用 --health-check-grace-period 选项。新实例通常需要时间进行短暂的热身，然后才能通过运行状况检查。如果宽限期没有提供足够的预热时间，则实例可能未准备好提供流量，Amazon EC2 Auto Scaling 可能会将这些实例视为运行状况不佳并替换它们。以下命令将添加 Elastic Load Balancing 运行状况检查，并指定 300s 的宽限期。

```
aws autoscaling update-auto-scaling-group \
    --auto-scaling-group-name my-lb-asg \
    --health-check-type ELB \
    --health-check-grace-period 300
```

任务五　创建自动扩缩策略

Auto Scaling 组将首先启动所需容量指定的实例数。组的所需容量可以在最小容量和最大容量限制之间进行调整，所需容量必须大于或等于组的最小容量，小于或等于组的最大容量。如果选择开启 Auto Scaling，那么最大容量限制允许 Amazon EC2 Auto Scaling 根据需要扩大实例数以满足增长需求。最小容量限制有助于确保始终运行一定数量的实例。如果没有附上 Auto Scaling 组的扩缩策略或计划操作，那么 Amazon EC2 Auto Scaling 将维护所需的实例数量，并对组中的实例执行定期运行状况检查。运行状况不佳的实例将终止并使用新实例替换。

如果需要固定数量的实例，则可以为最小容量、最大容量和所需容量设置相同值。创建 Auto Scaling 组后，组先启动足够的 EC2 实例以满足其最小容量。如果 Auto Scaling 组没有附加其他扩缩条件，那么该组将保持这一最小数量的运行实例，即使实例运行状况不佳时也是如此。

通过更新 Auto Scaling 组的所需容量，或更新附加到 Auto Scaling 组的实例，用户可以随时手动更改现有 Auto Scaling 组的大小。当需要将容量保持为固定数量的实例或不需要自动扩缩时，手动扩缩组非常有用。

当配置动态扩缩时，必须定义如何根据不断变化的需求扩缩 Auto Scaling 组的容量。假设有一个当前在两个实例上运行的 Web 应用程序，并希望在应用程序负载变化时将 Auto Scaling 组的 CPU 使用率保持在 50% 左右，那么可以通过将 Auto Scaling 组配置为动态扩缩以满足此需求，这将提供额外容量以处理流量高峰，而无须维护过多的空闲资源。

Amazon EC2 Auto Scaling 支持以下类型的动态扩缩策略。

- 目标跟踪扩缩：根据特定指标的目标值增加或减少组的当前容量。这与恒温器保持家里温度的方式类似，用户可以选择一个温度，恒温器将完成所有其他工作。
- 分步扩缩：根据一组可扩展性调整增加或减小组的当前容量，这些调整称为分步调整，将根据警报严重程度发生变化。
- 简单扩缩：根据单个扩缩调整增加或减少组的当前容量。

如果要对一个按 Auto Scaling 组中的实例数成比例增减的使用率指标进行扩缩，那么建议使用目标跟踪扩缩策略，否则建议使用步进扩缩策略。本任务介绍如何使用目标跟踪扩缩策略。

在使用目标跟踪扩缩策略时，可以选择一个指标并设置一个目标值。Amazon EC2 Auto Scaling 创建和管理触发扩缩策略的 CloudWatch 警报，并根据指标和目标值计算扩缩调整。扩缩策略根据需要增加或减少容量，将指标保持为指定的目标值或接近指定的目标值。除了将指标保持在目标值附近以外，目标跟踪扩缩策略还会对由于负载模式变化而造成的指标变化进行调整。

例如，可以使用目标跟踪扩缩进行以下操作：

- 使 Auto Scaling 组的平均聚合 CPU 利用率保持在 40%。
- 使 Application Load Balancer 目标组的每个目标请求数保持在 1000。

可以在创建 Auto Scaling 组时或在创建 Auto Scaling 组之后对其配置目标跟踪扩缩策略。下面将为现有 Auto Scaling 组创建目标跟踪扩缩策略。

打开 Amazon EC2 控制台，选择导航窗格中的“Auto Scaling”，选中“现有组”复选框，将在 Auto Scaling 组页面底部打开一个拆分窗格，其中显示有关所选组的信息。

验证是否正确设置了最小容量和最大容量。例如，如果组已经是最大容量，则指定一个新的最大值才能进行扩展。Amazon EC2 Auto Scaling 不会超出最小容量或最大容量范围。要更新组，可在“详细信息”选项卡上更改最小容量和最大容量的当前设置。

在“自动扩展”选项卡的扩展策略中选择创建动态扩展策略。

要定义策略，可执行以下操作：

对于策略类型，保留默认的目标跟踪扩展，指定策略的名称。

对于指标类型，选择一个指标。例如，指标类型：平均 CPU 利用率；目标值：40；实例需要：300。又例如，指标类型：每个目标的 Application Load Balancer 请求计数；目标值：1000；实例需要：300。实例需要指定实例预热值，这样就可以控制新启动的实例在什么时间开始作用于 CloudWatch 指标。只能选择一种指标类型。要使用多个指标，可创建多个策略。

可选择禁用缩减以创建仅扩展策略。这样，可以根据需要创建独立的其他类型的缩减策略。

单击“创建”按钮。

还可以使用 CLI 为 Auto Scaling 组配置目标跟踪扩缩策略。在创建 Auto Scaling 组后，可以创建目标跟踪扩缩策略，指示 Amazon EC2 Auto Scaling 在应用程序负载变化时动态地增加或减少组中正在运行的 EC2 实例数量。

以下是将 CPU 平均使用率保持在 40% 的示例目标跟踪配置，将此配置保存在名为 config.json 的文件中。

```
{
"TargetValue": 40.0,
"PredefinedMetricSpecification":
    {
```

```
"PredefinedMetricType": "ASGAverageCPUUtilization"
    }
}
```

使用 put-scaling-policy 命令及上面的 config.json 文件创建一个名为 cpu40-target-tracking-scaling-policy 的扩缩策略，用于将 Auto Scaling 组的 CPU 平均使用率保持在 40%：

```
aws autoscaling put-scaling-policy \
--policy-name cpu40-target-tracking-scaling-policy \
--auto-scaling-group-name my-asg \
--policy-type TargetTrackingScaling \
--target-tracking-configuration file://config.json
```

如果成功，那么此命令将返回两个 CloudWatch 警报的 ARN 和名称。

```
{
"PolicyARN": "arn:aws:autoscaling:region:account-id:scalingPolicy:228f02c2-c665-4bfd-aaac-8b04080bea3c:autoScalingGroupName/my-asg:policyName/cpu40-target-tracking-scaling-policy",
"Alarms": [
      {
"AlarmARN": "arn:aws:cloudwatch:region:account-id:alarm:TargetTracking-my-asg-AlarmHigh-fc0e4183-23ac-497e-9992-691c9980c38e",
"AlarmName": "TargetTracking-my-asg-AlarmHigh-fc0e4183-23ac-497e-9992-691c9980c38e"
 },
 {
"AlarmARN": "arn:aws:cloudwatch:region:account-id:alarm:TargetTracking-my-asg-AlarmLow-61a39305-ed0c-47af-bd9e-471a352ee1a2",
"AlarmName": "TargetTracking-my-asg-AlarmLow-61a39305-ed0c-47af-bd9e-471a352ee1a2"
 }
]
 }
```

案例

使应用程序可扩展并高度可用

小张公司的领导希望客户在访问公司的电子商务网站时获得出色的体验，而不会遇到任何问题，例如下单延迟。为确保这种体验，网站必须响应迅速，能够通过扩展和缩减来满足波动的客户需求，并且具有高可用性。

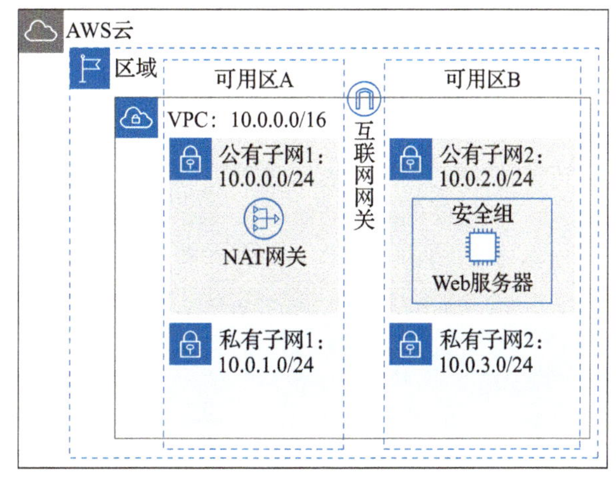

图 9-9　案例已有基础设施

经过前面内容的学习，小张已经会搭建高可用的网络环境。如图 9-9 所示，小张创建了跨两个可用区的 Lab VPC、两个公有子网和两个私有子网。接下来，小张将使用 Elastic Load Balancing 和 Amazon EC2 Auto Scaling 来实现负载均衡并扩展当前的基础设施。小张先在可用区 B 的公有子网中部署 Web 服务器，并为 Web 服务器创建安全组 Web Security Group 以便公共访问。为了实现快速扩展，小张决定从已有实例创建 AMI 供 Auto Scaling 组使用。为了提高安全性，他将配置自动在私有子网中扩展新实例。

在本案例中，小张以一个简单的测试网站来替代其公司的电子商务网站以检验其学习成果。小张在可用区 B 的公有子网中启动了用于部署测试网站的 EC2 实例 Web Server。启动实例 Web Server 时，小张设置了如下用户数据，以便在启动实例时安装并启动 Web 服务器。小张在启动实例时创建的密钥对为 vockey，并下载了私钥文件 labsuser.pem 或 labsuser.ppk 供后续使用。

```
#!/bin/bash -ex
# Updated to use Amazon Linux 2
yum -y update
yum -y install httpd php mysql php-mysql
/usr/bin/systemctl enable httpd
/usr/bin/systemctl start httpd
```

小张先确认新的实例已通过其运行状况检查，然后查看实例 Web Server 的详细信息，如图 9-10 所示，安全信息如图 9-11 所示。

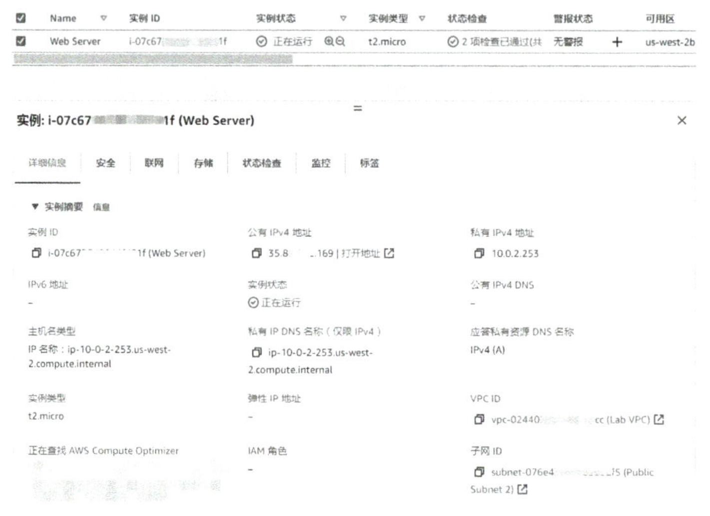

图 9-10　实例 Web Server 的详细信息

图 9-11　实例 Web Server 的安全信息

然后，小张使用 SSH 连接 Web Server 实例，并将文件 index.php 和 load.php 放入 /var/www/html/ 路径下。以下为用于进行压力测试的测试页面 index.php 和 load.php 的具体代码。

```
index.html:
<html>
<h1>Hello From Your Web Application Server!</h1>
<body>
<div>
<?php
  # 执行一个简单的 vmstat 并获取当前的 CPU 空闲时间
   $idleCpu = exec('vmstat 1 2 | awk \'{ for (i=1; i<=NF; i++) if ($i== "id") { getline; getline; print $i }}\'');
  # 打印空闲时间，从 100 中减去，得到当前的 CPU 利用率
  echo "<br /><p>Current CPU Load: <b>";
  echo 100-$idleCpu;
  echo "%</b></p>";
?>
</div>
</body>
</html>
load.php:
<html>
<h1>Load Test</h1>
<body>
<div>
<?php
  # 启动 PHP 会话以跟踪是否生成加载
  session_start();
  echo "<meta http-equiv=\"refresh\" content=\"5,URL=/load.php\" />";
   $idleCpu = exec('vmstat 1 2 | awk \'{ for (i=1; i<=NF; i++) if ($i=="id") { getline; getline; print $i }}\'');
  if ($idleCpu > 50) {
    echo exec('dd if=/dev/zero bs=100M count=500 | gzip | gzip -d  > /dev/null &');
    echo "Generating CPU Load! (auto refresh in 5 seconds)";
  }
  else {
    echo "Under High CPU Load! (auto refresh in 5 seconds)";
  }
  echo "<hr/>";
  echo "<br /><p>Current CPU Load: <b>";
  echo 100-$idleCpu;
  echo "%</b></p>";
?>
</div>
</body>
</html>
```

小张复制该实例的公有 IP 地址，如 http://35.8*.***.169，在浏览器中打开的效果如图 9-12 所示，然后将 /load.php 添加到 URL，页面效果如图 9-13 所示。

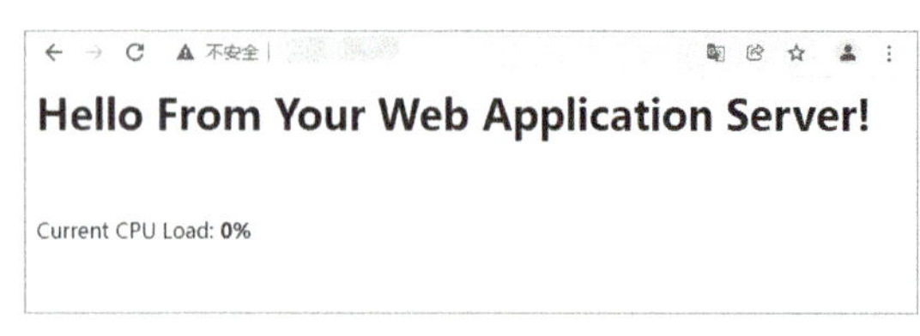

图 9-12　实例 Web Server 上部署的测试网站首页

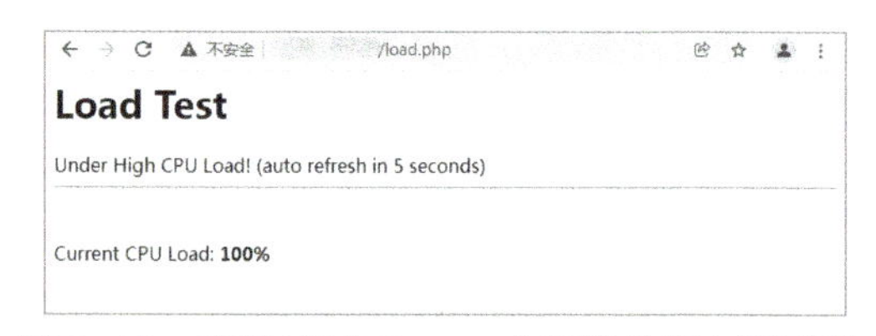

图 9-13　实例 Web Server 上部署的压力测试页

接下来，小张将从已有的基础设施入手，使用 Elastic Load Balancing 和 Amazon EC2 Auto Scaling 来实现负载均衡并扩展当前的基础设施。案例实施后的基础架构如图 9-14 所示。

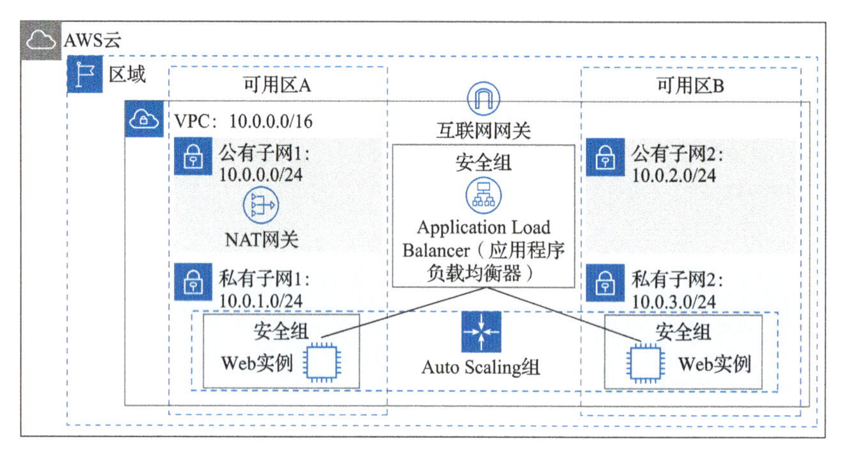

图 9-14　案例实施后的基础架构

案例实施步骤：

（1）为 Auto Scaling 创建 AMI

在此任务中，小张将从现有 Web Server 实例创建 AMI，稍后在实验中启动 Auto Scaling 组时将使用此 AMI。

打开 Amazon EC2 控制台，在左侧导航窗格中单击“实例”选项，在实例列表页面选中 Web Server 实例，在右上角的“操作”菜单中选择“映像和模板”>“创建映像”选项，然后进行以下配置：

映像名称：Web Server AMI。

映像描述：Lab AMI for Web Server。

其他属性保持默认设置。

单击页面右下角的“创建映像”按钮，确认屏幕显示新 AMI 的 AMI ID，单击“关闭”按钮。

现在，小张可以终止 Web Server 实例了。此实例用于创建供 Auto Scaling 组使用的 AMI，但现在不需要了。选择 Web Server，并确保它是唯一选中的实例。在右上角的“操作”菜单中选择“实例状态”>“终止实例”选项，在弹出框中选择“终止”。

（2）创建负载均衡器

在此任务中，小张将创建一个负载均衡器，用于平衡多个 EC2 实例和多个可用区之间的流量。

打开 Amazon EC2 控制台，单击左侧导航窗格中“负载均衡”下的“负载均衡器”，单击“创建负载均衡器”，系统会显示多个不同类型的负载均衡器。小张将使用应用程序负载均衡器（Application Load Balancer）。在 Application Load Balancer 上单击“创建”按钮并进行以下配置：

名称：LabELB。

VPC：选择 Lab VPC。

可用区：选择公有子网 1（Public Subnet 1）和公有子网 2（Public Subnet 2），以查看可用子网。

安全组：选择 Web Security Group 安全组并取消默认选择。

侦听器和路由：单击“创建目标组”，将打开创建目标组的网页。小张将在此创建一个目标组，供 Auto Scaling 使用。在创建目标组页面进行以下配置：

步骤 1：指定组详细信息。输入名称为 LabGroup，其他属性保持默认设置，单击页面右下角的“下一步”按钮。

步骤 2：注册目标。保持默认设置，Auto Scaling 稍后会在实验中自动将实例注册为目标。单击页面右下角的“创建目标组”按钮。确认屏幕显示成功创建目标组，单击“关闭”按钮。稍后将使用此目标组。

回到创建 Application Load Balancer 的页面，单击默认的 HTTP:80 侦听器右侧的刷新按钮，则默认选择刚才创建的目标组 LabGroup，HTTP：80 侦听器如图 9-15 所示。

图 9-15　HTTP:80 侦听器

其他属性保持默认设置，单击页面右下角的“创建负载均衡器”按钮，确认屏幕显示成功创建负载均衡器。然后单击“查看负载均衡器”，则负载均衡器将显示状态“正在预置”，无须等到就绪状态，可继续执行下一任务。

（3）创建启动模板和 Auto Scaling 组

在此任务中，小张将为 Auto Scaling 组创建启动模板。启动模板是指 Auto Scaling 组用于启动 EC2 实例的模板。创建启动配置时需指定实例的信息，例如 AMI、实例类型、一个密钥对、安全组和磁盘。

打开 Amazon EC2 控制台，在导航窗格中的“实例”下选择“启动模板”，单击“创建启动模板”按钮，进入创建启动模板页面。在创建启动模板页面进行以下配置：

启动模板名称：LabTemplate。

Auto Scaling 指导：选中复选框“提供指导，帮助我设置可与 EC2 Auto Scaling 配合使用的模板”。

AMI：选择 Web Server AMI。

实例类型：选择 t2.micro。

密钥对（登录）：选择创建 Web Server 实例时的密钥对 vockey。

安全组：选择 Web Security Group。

其他属性保持默认设置。单击页面右下角的“创建启动模板”按钮，确认屏幕显示成功创建启动模板，可单击“查看启动模板”打开启动模板列表页面。

接下来，小张将创建一个使用此启动模板的 Auto Scaling 组。

在启动模板列表页面选中 LabTemplate，从右上角的“操作”菜单中选择“创建 Auto Scaling 组”，进入创建 Auto Scaling 组页面。在创建 Auto Scaling 组页面时进行以下配置：

步骤 1：选择启动模板或配置。

设置 Auto Scaling 组名称为 Lab Auto Scaling Group，单击“下一步”按钮。

步骤 2：选择实例启动选项。

VPC：选择 Lab VPC。

可用区和子网：选择私有子网 1（Private Subnet 1）和私有子网 2（Private Subnet 2），此操作将在两个可用区的私有子网中启动 EC2 实例。

单击“下一步”按钮。

步骤 3：配置高级选项。

负载均衡：选择附加到现有负载均衡。

选择现有的负载均衡器目标组：LabGroup。

其他设置：选择复选框“在 CloudWatch 中启用组指标收集”。

单击“下一步”按钮。

步骤 4：配置组大小和扩展策略。

所需容量：2。

最小容量：2。

最大容量：6。

扩展策略：选中“目标跟踪扩展策略”并配置以下内容：

扩展策略名称：LabScalingPolicy。

指标类型：平均 CPU 使用率。

目标值：60。

单击“下一步”按钮。

步骤 5：添加通知。

使用默认设置。

单击“下一步”按钮。

步骤 6：添加标签。

键：Name。

值：Lab Instance。

单击“下一步”按钮。

查看 Auto Scaling 组的详细信息，然后单击页面右下角的“创建 Auto Scaling 组”按钮，确认屏幕显示成功创建 Auto Scaling 组。创建成功的 Auto Scaling 组 Lab Auto Scaling Group 最初显示的实例数量为 0，但很快系统将启动新实例以达到所需容量 2。

（4）自动在私有子网中扩展新实例

在此任务中，小张将验证负载均衡是否正常运行。

在左侧导航窗格中单击“实例”选项，小张看到两个名为 Lab Instance 的新实例。这些实例由 Auto Scaling 启动。首先，小张需要确认新的实例已通过其运行状况检查。然后，在左侧导航窗格中，单击“负载均衡”部分中的“目标组”，勾选“LabGroup”复选框，打开“目标”选项卡。此目标组应该列出两个名称为 Lab Instance 的目标。如图 9–16 所示，等到这两个实例的运行状态均转变为 healthy，healthy 表示实例已通过负载均衡器的运行状况检查。

图 9–16　已注册目标

现在，小张可以通过负载均衡器访问 Auto Scaling 组。

在左侧导航窗格中单击“负载均衡器”选项，在下方窗格中复制负载均衡器的 DNS 名称，它应类似于 LabELB-123456789012.us-west-2.elb.amazonaws.com。打开“新的 Web 浏览器”选项卡，粘贴刚刚复制的 DNS 名称，然后按〈Enter〉键。如图 9–17 所示，测试网站首页应显示在浏览器中。这表示负载均衡器收到了请求、将请求发送到其中一个 EC2 实例，然后返回结果。

图 9–17　测试网站首页

（5）测试负载下的自动扩展

小张已经创建了一个 Auto Scaling 组，该组包含至少 2 个实例，最多 6 个实例。目前有 2 个实例正在运行，因为最小容量为 2，且当前没有任何负载。现在，小张将增加负载以引发 Auto Scaling 添加更多实例。

返回 AmazonWebServices 管理控制台，但不要关闭浏览器中的测试网站。

在 AmazonWebServices 管理控制台的“服务”菜单上单击 CloudWatch，在左侧导航窗格中单击“警报”，此时将显示两个警报。这些警报由 Auto Scaling 组自动创建。它们将自动保持平均 CPU 负载接近 60%，同时保持不超过 2~6 个实例的限制。

观察名称中包含 AlarmHigh 的警报，如图 9–18 所示，“确定”表示警报尚未被触发。它是针对 CPU 使用率超过 60% 的警报，当平均 CPU 高时，系统会添加实例。

现在，小张可以通知应用程序执行压力测试以提高 CPU 水平了。在浏览器中打开 load.php 页面，类似于 LabELB-123456789012.us-west-2.elb.amazonaws.com/load.php。这将导致应用程序生成高负载，如图 9–19 所示。浏览器页面将自动刷新，以便 Auto Scaling 组中的所有实例均将生成负载，请勿关闭 load.php 页面。

返回显示 CloudWatch 控制台的“浏览器”选项卡。在 5min 内，AlarmLow 警报应更改为“确定”，AlarmHigh 警报状态应更改为“警报中”，可以每 60s 单击一次刷新按钮以更新显示内容，等到 AlarmHigh 警报进入警报中状态，如图 9–20 所示。

图 9–18　Auto Scaling 组自动创建的两个警报

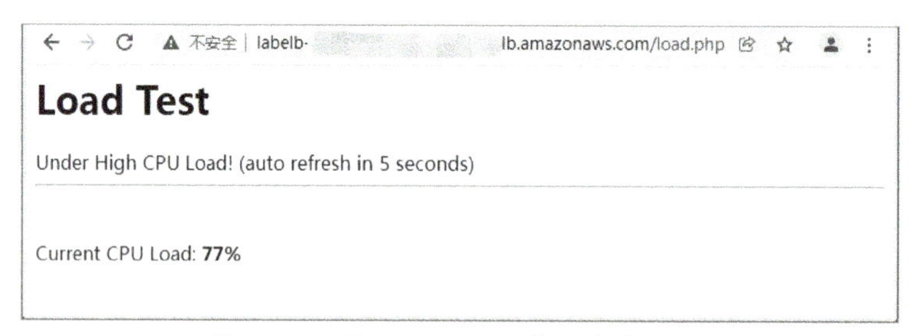

图 9–19　页面显示 CPU 使用率为 77%

图 9–20　警报状态改变

应该可以看到，AlarmHigh 图表显示 CPU 使用率正在提高。一旦超过 60% 的限制的时间超过 3min，便将触发 Auto Scaling 添加更多实例。如图 9–21 所示，现在应该有 3 个标记为 Lab Instance 的实例正在运行，Auto Scaling 为响应警报创建了新实例。

已注册目标 (3)　　取消注册　　注册目标

按属性或值筛选资源

实例 ID	名称	端口	区	运行状况
i-	Lab Instance	80	us-west-2a	healthy
i-	Lab Instance	80	us-west-2b	healthy
i-	Lab Instance	80	us-west-2a	healthy

图 9–21　注册目标中已有 3 个运行的实例

返回显示 Web 应用程序的“浏览器”选项卡，此时的 CPU 使用率居高不下，如图 9-22 所示。这将触发 Auto Scaling 添加更多的实例，但不会超过 6 个实例的限制，如图 9-23 所示。

关闭 load.php 页面，已注册目标将逐渐恢复到 2 个实例。

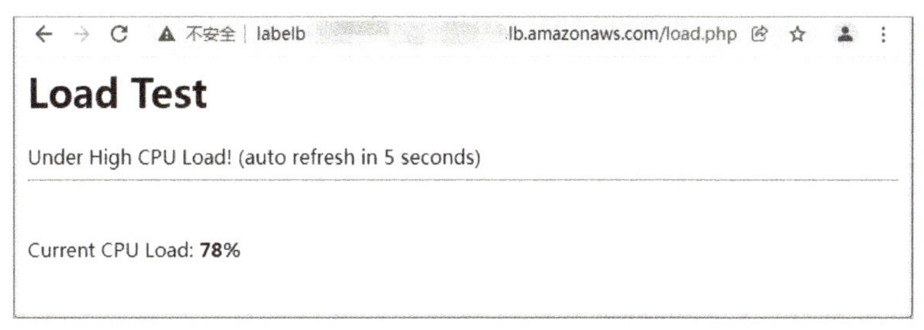

图 9-22　页面显示 CPU 使用率为 78%

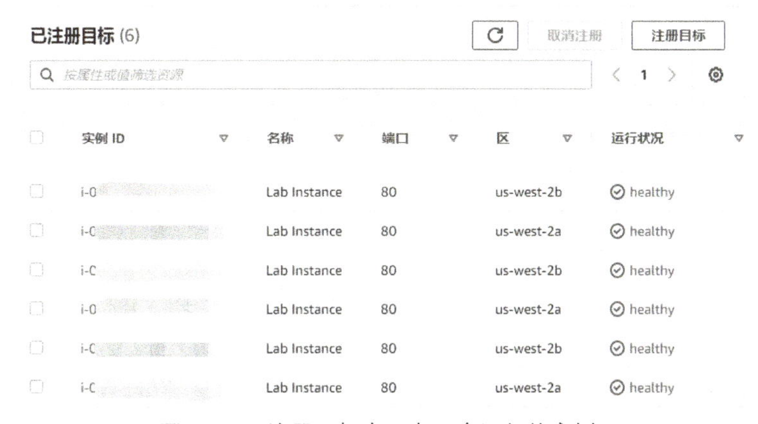

图 9-23　注册目标中已有 6 个运行的实例

习题

一、单选题

1. 以下（　　）是设计基于云的系统时的原则。

A）构建紧密耦合的组件　　B）执行不经常的、大批量的更改

C）假设一切都会失败　　D）使用尽可能多的服务

2. 在 Elastic Load Balancing 中，当负载均衡器检测到运行不正常的目标时，下面（　　）是不正确的。

A）停止将流量路由到该目标

B）触发警报

C）当检测到目标运行状况再次正常时，恢复流量的路由

D）将流量路由到运行状况正常的目标

3. Amazon Elastic Compute Cloud（Amazon EC2）实例队列在负载均衡器（Elastic Load Balancing）后面的 Auto Scaling 组中启动。EC2 实例必须保持 50% 的平均 CPU 利用率。（　　）类型的扩展提供了实现此要求的最简单方法。

A）步进扩展　　B）简单扩展

C）目标跟踪扩展　　D）手动扩展

二、多选题

1. 以下（　　）是 Amazon EC2 Auto Scaling 具备的特征。

A）仅支持动态扩展

B）通过添加或终止实例来响应不断变化的条件

C）从指定的 Amazon 系统映像（AMI）启动实例

D）对运行中的 Amazon EC2 实例强制实施最小数量要求

2. 以下（　　）元素用于创建 Amazon EC2 Auto Scaling 启动配置。

A）Amazon 系统映像（AMI）　B）负载均衡器

C）实例类型　D）Amazon Elastic Block Store（Amazon EBS）卷

3. 以下（　　）属于 Auto Scaling 组的元素。

A）最小容量　B）运行状况检查

C）所需容量　D）最大容量

4. 以下（　　）AWS 工具能帮助应用程序根据需求扩展或缩减。

A）可用区　B）Amazon EC2 Auto Scaling

C）AWS CloudFormation　D）Elastic Load Balancing

三、判断题

1. 可扩展性是指系统可以承受一定程度的降级、可确保最短的停机时间且需要最少的人工干预。（　　）

2. 具有弹性和可扩展性意味着资源可动态调整以增加或减少容量需求。（　　）

3. Amazon EC2 Auto Scaling 可以在多个可用区中启动 Amazon EC2 实例。（　　）

4. 检测到在 Auto Scaling 组中对 Amazon EC2 实例队列的需求每天都会增加一定数量，计划扩展类型最适合这种情况。（　　）

四、场景题

如图 9–24 所示，如何提高该环境的可用性？

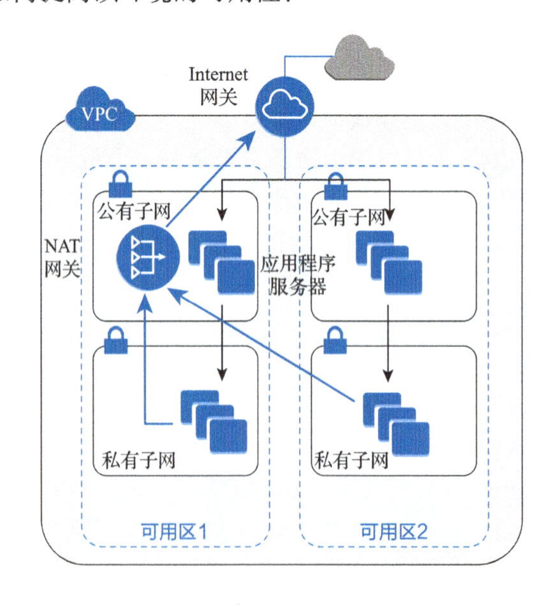

图 9–24　场景题图

单元十

内容分发网络

单元情景

小张所在的公司业务非常广泛，其客户分布在全世界多个地方。这天小张收到客服的反馈说国外客户反映打开公司网站时加载图片非常缓慢，影响到了客户的服务体验。客户在国外访问国内云中部署的资源速度肯定是比较慢的，小张想到了内容分发网络技术。内容分发网络在各地部署节点服务器，将用户访问的资源缓存至各节点服务器中。当用户需要访问资源时，内容分发网络系统根据用户的地理位置、网络负载情况和响应时间等综合因素，实时地把用户的访问引导到性能最佳的节点服务器上。在亚马逊云上使用 CloudFront 服务来实现内容分发网络。小张决定使用 CloudFront 服务来提升远程用户的访问资源体验。

单元概要

本单元将要介绍使用 Amazon CloudFront 加速网站资源的访问。

学习目标

- 了解 Amazon CloudFront 服务。
- 掌握创建、更新及删除 Amazon CloudFront 分配。
- 掌握查看控制台中的 CloudFront 报告的方法。

使用 Amazon CloudFront 加速网站资源的访问

Amazon CloudFront 可以加快用户访问静态和动态的 Web 内容。在使用 CloudFront 的场景中，当用户请求 Web 网站内容时，请求将被路由到提供最低时间延迟的边缘站点，从而以尽可能好的性能传送内容。亚马逊云在全球拥有数以千计的电信运营商，与所有主要接入网络连接良好，可实现最佳性能，并具有数百 TB 的部署容量。CloudFront 边缘站点通过 AWS 网络主干网与 AWS 区域连接。 到 2023 年 3 月为止，CloudFront 使用了一个包含超过 450 个接入点和 13 个区域边缘缓存的全球网络，该网络覆盖了 48 个国家 / 地区的 90 余座城市。

用户访问延迟最小的边缘站点时，如果该站点已经存在用户所需要的内容，那么 CloudFront 将直接提供这些内容。如果站点上没有用户所需要的内容，那么 CloudFront 从已确定为内容最终版本的来源的 AmazonS3 存储桶、Web 服务器或 MediaPackage 通道来缓存内容，然后提供给用户。

任务一　配置 CloudFront 内容源站

要实现 CloudFront 服务，首先需要配置内容源站，应配置源服务器，并把资源文件上传至源服务器。资源文件也称为对象，是通过 HTTP 提供的任何内容，通常包括网页、图片和媒体文件。源服务器用于存储对象的原始最终版本。如果通过 HTTP 提供内容，那么源服务器将为 Amazon S3 存储桶或 HTTP 服务器。HTTP 服务器可以在 Amazon EC2 实例上运行，也可在用户本地的服务器上运行。这些服务器也可以称为自定义源。

在国内运营的亚马逊云 S3 服务与 Cloudfront 服务均需要备案。小张决定先在亚马逊云国际区的 S3 服务中使用一张图片来模拟网页中的静态元素以及在 EC2 实例上配置一个动态网站，以此试用 CloudFront 的功能。在 S3 存储桶中存储图片的配置步骤如下。

1）登录 AWS 管理控制台，然后选择 S3 服务，单击页面中的“创建存储桶”按钮。

2）在创建存储桶页面中输入存储桶的名称为“cloudfront-test-xiaozhang”，选择 AWS 区域为“亚太地区（香港）ap-east-1”。在此存储桶的“阻止公有访问”设置中取消选择“阻止所有公开访问”的设置，并在警告区域中勾选“我了解，当前设置可能会导致此存储桶及其中的对象被公开”复选框，其余选项保持默认即可，然后单击“创建存储桶”按钮。

3）在存储桶列表中单击新创建的存储桶，单击页面中的“创建文件夹”按钮，创建名称为“images”的文件夹。

4）在存储桶对象页面单击 images 文件夹，进入文件夹后单击页面中的“上传”按钮，将准备好的图片文件上传到 S3 中。

5）在存储桶的对象列表页面中单击“权限”选项，在存储桶策略配置项中单击“编辑”按钮。在存储桶策略中输入如下策略，然后单击“保存更改”按钮，使得所有用户均可以从公网获取 S3 存储桶中的文件。

```
{
    "Version": "2012-10-17",
    "Statement": [
```

```
        {
            "Sid": "Statement1",
            "Principal": "*",
            "Effect": "Allow",
            "Action": "S3:GetObject",
            "Resource": "arn:aws:s3:::cloudfront-test-xiaozhang/*"
        }
    ]
}
```

6）在存储桶的对象列表页面选择上传的图片，单击页面中的“复制 URL”按钮，然后在浏览器的地址栏中粘贴复制的 URL 并访问该地址。此时可以看到，图片正常显示在页面中，如图 10-1 所示。

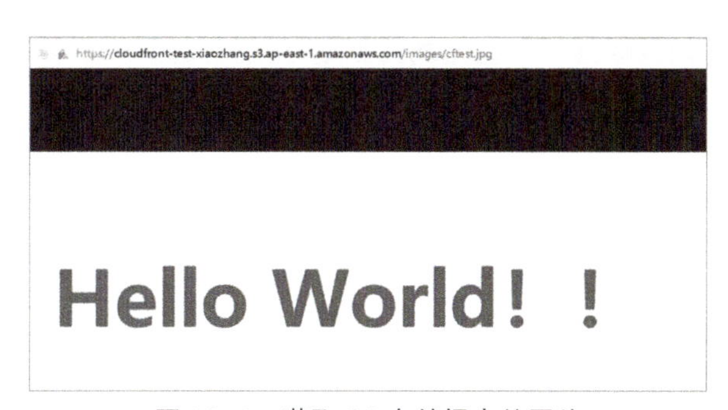

图 10-1　获取 S3 存储桶中的图片

EC2 实例中动态网站的配置步骤如下：

1）登录 AWS 管理控制台，然后选择 EC2 服务。单击页面左边导航栏中的“实例”，然后单击“启动新实例”按钮。

2）在名称和标签文本框中填入“CloudFrontTest”。

3）在应用程序和操作系统映像（Amazon Machine Image）配置中选择 Amazon Linux 2 AMI（HVM）。

4）在实例类型中选择 t3.micro。

5）在密钥对（登录）配置中选择用于登录 EC2 实例的密钥对。

6）在网络设置中单击“编辑”按钮，将自动分配公有 IP 选项设置为“启用”，选择现有允许 SSH 协议及 HTTP 的安全组，或者新建允许 SSH 协议及 HTTP 的安全组。

7）存储配置保持默认。

8）在高级详细信息配置中的用户数据中输入如下内容，其余选项使用默认配置即可。

```
#!/bin/bash
yum update -y
yum install -y httpd mariadb mariadb-server php php-mysql
systemctl start httpd
chkconfig httpd on
```

9）单击页面中的“启动实例”按钮。

10）EC2 实例启动后获取实例的 IP 地址，然后使用 PuTTY 工具连接实例，使用 ec2-user 用户登录到 EC2 实例上，然后依次运行以下命令：

```
sudo usermod -a -G apache ec2-user
sudo chgrp apache /var/www/html
sudo chmod g+w /var/www/html
```

11）使用 exit 命令关闭当前 PuTTY 终端，然后使用 PuTTY 重新连接服务器，使得 ec2-user 的权限生效。

12）使用 vim 命令在目录 /var/www/html 中创建 index.php 文件，文件的内容如下：

```
<?php
    phpinfo();
?>
```

13）在浏览器中使用 EC2 实例的 IP 地址来测试该 PHP 站点，返回的页面如图 10–2 所示。

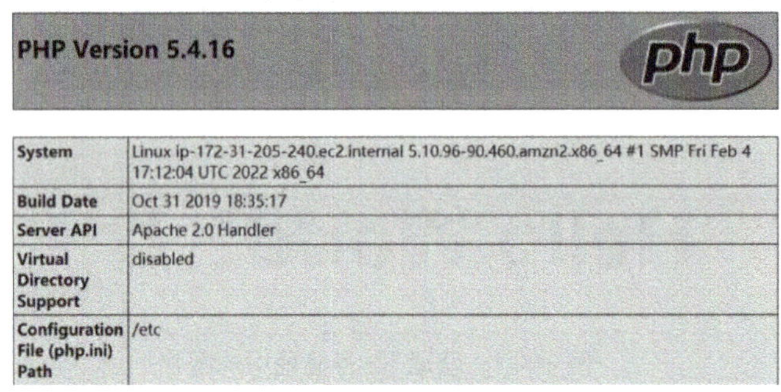

图 10–2　EC2 实例动态站点测试页面

要想通过 Cloudfront 服务缓存 EC2 实例中的动态站点还需要配置 ELB 服务，其配置步骤如下。

1）登录 AWS 管理控制台，然后选择 EC2 服务，单击页面左边导航栏中“负载平衡”下的“目标群组”，然后单击“创建目标组”按钮。

2）在指定组详细信息配置中选择目标类型为“实例”，输入目标组的名称为“cloudfront-test-tg”，选择 EC2 实例所在的 VPC 作为目标组所属的 VPC，其他配置保持默认设置即可，单击“下一步”按钮。

3）在注册目标配置页面中选择刚创建的 EC2 实例，然后单击“在下面以待注册的形式添加”按钮，将实例注册到目标组中，最后单击页面中的“创建目标组”按钮。

4）返回 EC2 服务配置界面。单击页面左边导航栏中“负载平衡”下的“负载均衡器”，然后单击“创建负载均衡器”按钮。

5）选择负载均衡器类型为“应用负载均衡器”，然后单击“创建”按钮。

6）在基本配置中输入负载均衡器的名称为“cloudfront-test-elb”。在网络映射配置中选择 EC2 所在的 VPC 作为负载均衡器所属的 VPC 并勾选至少两个可用区，负载平衡器只将流量路由到选定可用区中的目标。在安全组选择允许 HTTP 及 SSH 协议的安全组，在监听器和路由配置中选择“cloudfront-test-tg”作为目标组，最后单击页面中的“创建负载均衡器”按钮。

7）等待负载均衡器部署完成后，使用负载均衡器的 DNS 域名来测试负载均衡器是否创建成功，测试结果如图 10–3 所示。

http://cloudfront-test-elb-355969448.us-east-1.elb.amazonaws.com/

PHP Version 5.4.16

System	Linux ip-172-31-205-240.ec2.internal 5.10.96-90.460.amzn2.x86_64 #1 SMP Fri Feb 4 17:12:04 UTC 2022 x86_64
Build Date	Oct 31 2019 18:35:17
Server API	Apache 2.0 Handler
Virtual Directory Support	disabled
Configuration File (php.ini) Path	/etc

图 10-3　负载均衡器测试结果

任务二　创建 CloudFront 分配

准备好内容源站后，小张需要创建 CloudFront 分配。该分配将在用户请求访问资源文件时告诉 CloudFront 从哪些源服务器获取资源文件，以及配置 CloudFront 的各项属性。CloudFront 将用户的分配配置自动发送到其所有边缘站点或节点 。创建分配后，CloudFront 为新分配指定一个域名，用户可以添加自定义域名为备用域名。其步骤如下。

1）登录 AWS 管理控制台，然后选择 CloudFront 服务，单击页面中的“创建分配”按钮。

2）在创建分配页面“源”选项组中源域的文本框内选择本项目任务一所创建的负载均衡器“cloudfront-test-elb”。在配置好源域后，系统会自动生成分配的名称，用户也可以自定义该名称。源路径用于指定资源文件在网站中的具体路径，在本例中不需要设置。协议选项用于指定 CloudFront 在访问源的时候所使用的协议，在此保持默认选项“仅 HTTP”。来源访问标识（Origin Access ID OAI）用于限制对 Amazon S3 内容的访问。用户只能通过 CloudFront 访问文件，而无法直接从 S3 存储桶访问文件。在“启用源护盾”配置中选“否”。源护盾是一个附加缓存层，可以帮助减少源的负载并帮助保护其可用性。页面中的其他设置主要完成 CouldFront 连接源站的特性，包括连接尝试次数、连接超时、响应超时及保持连接超时，本例保持默认选项即可，如图 10-4 所示。

图 10-4　创建分配页面的“源”选项组

3）创建分配页面的“默认缓存行为”选项组包含了许多配置选项。“路径模式”用于设定哪些请求的 URI 路径应用于此缓存行为。例如，http://www.example.com/images/* 用于访问 S3 存储桶中的图片，而 http://www.example.com/* 用于访问负载均衡器所提供的动态站点。URL 中的 image/* 与 * 为不同的路径模式。很显然，访问图片和访问动态站点可以设定不同的缓存行为。在创建新的分配时，默认缓存行为的路径模式的值将设置为 *（所有文件）且无法更改。“自动压缩对象”

选项用于设定是否压缩信息源对象。“查看器协议策略”用于设定访问的方式是 HTTP 还是 HTTPS。“允许的 HTTP 方法”用于设定 HTTP 的访问方法。“限制查看器访问”配置可以令查看器必须使用 CloudFront 签署的 URL 或签署的 Cookie 才能访问对象内容。“缓存键和源请求”设置用于配置缓存策略与源请求策略。在“缓存策略”中选择“CachingOptimized”即可。此策略通过最大限度地减少 CloudFront 在缓存键中包含的值来提高缓存效率。创建分配页面的“默认缓存行为”选项组如图 10-5 所示。

4）创建分配页面的“函数关联”选项组配置与此缓存行为关联的 Edge 函数，以及调用此函数的 CloudFront 事件。在本例中不需要配置。

5）创建分配页面的“设置”选项组中也包含了许多的配置选项。“价格级别”配置 CloudFront 边缘节点的覆盖范围，本例中选择“使用北美洲、欧洲、亚洲、中东和非洲”选项。“AWS WAF Web ACL- 可选”用于配置在 AWS WAF 中选择要与此分配关联的 Web ACL。“备用域名（CNAME）- 可选”用于添加此分配所使用的自定义域名。“自定义 SSL 证书 - 可选”用于关联来自 AWS Certificate Manager 的证书。“支持的 HTTP 版本”用于添加对其他 HTTP 版本的支持。默认情况下，支持 HTTP/1.0 和 HTTP/1.1。“默认根对象 - 可选”用于指定当查看器请求根 URL（/）而不是特定对象时返回的对象（文件名）。“标准日志记录”用于打开日志记录。“IPv6”用于打开 IPv6 支持。创建分配页面的“设置”选项组如图 10-6 所示。

图 10-5　创建分配页面的“默认缓存行为”选项组　　图 10-6　创建分配页面的“设置”选项组

6）单击页面下方的“创建分配”按钮来执行创建的操作。创建完成后可以在页面的详细信息中看到分配的域名。使用该域名就可以通过 CloudFront 来访问 ELB 关联的动态网站，如图 10-7 所示。

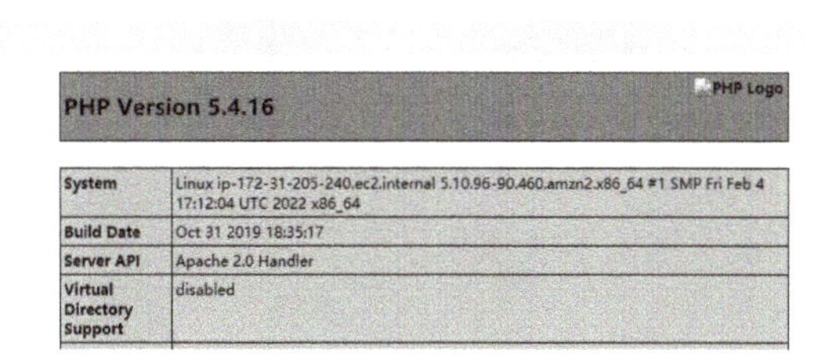

图 10-7　通过 CloudFront 访问动态网站

任务三　编辑与删除 CloudFront 分配

在上一个任务中，小张已经完成了负载均衡器作为源的配置，接下来要把 S3 存储桶配置为 CloudFront 的第二个源。此时需要对分配的配置进行编辑，可以通过如下步骤完成。

1）登录 AWS 管理控制台，然后选择 CloudFront 服务，在左边的导航栏中选择“分配”，此时右边的页面中就会显示所有已创建分配的列表。在列表中可以看到分配的基本状态信息。

2）在分配列表中勾选相应的分配可以启动、禁用与删除分配。

3）在分配列表中单击相应的分配，则进入该分配的详细配置页面。在页面中可以看到“常规”“源”“行为”“错误页面”“地理限制”“失效”及“标签”配置组，如图 10-8 所示。

图 10-8　分配详细配置页面

选择相应的配置组即可对分配进行详细的配置。编辑配置的内容与创建分配时的配置类似。

①“常规”配置组的选项与任务一中第 5）步的配置项相同。

②在“源”配置组中可以创建多个源，从中可编辑源的配置以及删除源。在本例中，小张需要增加 S3 存储桶作为源站。单击页面中的“创建源”按钮，在源域的文本框内选择本项目任务一所创建的 S3 存储桶“cloudfront-test-xiaozhang”。在配置好源域后，系统会自动生成分配的名称。源路径用于指定资源文件在存储桶中的具体路径，本例中不需要设置。在 S3 存储桶访问配置中选择“公开”。其他的设置与本项目任务二中的第 2）步相同，如图 10-9 所示。

③在“行为”配置组中可以针对不同的访问 URL 路径配置相应的缓存行为。在创建分配时已经生成了对负载均衡器进行访问的缓存行为。小张需要配置一个对 S3 存储桶进行访问的缓存行为。在页面中单击“创建行为”按钮，在路径模式中输入 /images/*, 然后在源和源组选项中选择 S3 存储桶“cloudfront-test-xiaozhang”，如图 10-10 所示。其余配置选项与任务二中第 3）、4）步的配置项相同。

④在“错误页面”配置组中可以自定义当资源访问请求出错时返回给用户的页面。

⑤“地理限制”配置组用于限制用户访问 CloudFront 的地理位置。单击页面中的“编辑”按钮，即可通过“允许列表”或“阻止列表”来限制用户访问 CloudFront 的地理位置，如图 10-11 所示。在本例中无须配置。

创建源

设置

源域
选择 AWS 源，或者输入源的域名。
cloudfront-test-xiaozhang.s3.ap-east-1.amazonaws.com

源路径 - 可选 信息
输入要附加到源请求的源域名的 URL 路径。
输入源路径

名称
输入此源的名称。
cloudfront-test-xiaozhang.s3.ap-east-1.amazonaws.com

来源访问 信息
公开
存储桶必须允许公开访问。
来源访问控制设置(推荐)
存储桶可以限制只访问 CloudFront。
Legacy access identities
使用 CloudFront 来源访问身份(OAI)访问 S3 存储桶。

添加自定义标头 - 可选
CloudFront 在发送到源的所有请求中都包含此标头。
添加标头

启用源护盾 信息
源护盾是一个附加缓存层，可以帮助减少源的负载并帮助保护其可用性。
否
是

其他设置

取消 创建源

图 10–9 “创建源”页面

图 10–10 “创建行为”页面

图 10–11 “编辑地理限制”页面

⑥“失效”配置组可以实现在文件过期前从 CloudFront 边缘缓存中删除文件。查看器下次请求文件时，CloudFront 将返回源以获取文件的最新版本。单击页面中的“创建失效”按钮，在文本框中输入需要设置为失效文件的路径，可以指定单独文件的路径或以 * 通配符结尾的路径，后者可能会应用一个或多个文件。“创建失效”页面如图 10–12 所示。在本例中无须配置。

图 10–12　“创建失效”页面

⑦“标签”配置组可以为分配添加标签以便分辨与引用该分配。

完成对分配的配置之后，复制分配的 DNS 地址，然后加上路径模式 /images 与图片的文件名，即可访问 S3 存储桶中的图片，如图 10–13 所示。

Hello World！！

图 10–13　通过 CloudFront 访问 S3 存储桶中的图片

要删除 CloudFront，分配前需要将分配禁用。在分配列表中勾选相应的分配，单击页面中的“禁用”按钮，等待一段时间后，该分配的状态将变成“已禁用”。此时再单击页面中的“删除”按钮，即可将分配删除。

任务四　更新 CloudFront 分配的内容与配置 CloudFront 缓存生存时间

当用户更新了源站的内容文件后，CloudFront 内的缓存文件也需要进行更新。在更新内容时，建议在文件名或文件夹名称中使用版本标识符，这样可以更好地控制对 CloudFront 提供的内容的管理。如果使用具有相同名称的较新版本更新源中的现有文件，那么边缘站点不会从源中获取新版本，除非缓存中文件的旧版本过期或者在此边缘站点有用户请求该文件。在替换文件时使用相同的名称，则无法控制 CloudFront 开始提供新文件的时间。

在为文件内容取名时，可以使用 file_1.txt 作为文件名。当更新文件时，可以将新文件命名为 file_2.txt，并且更新 Web 应用程序或网站中的链接以指向 file_1.txt。在多个文件的场景中可以使用带有版本标识符的文件夹作为存储的路径，如 file_v1，当更新多个文件时创建新的文件夹 file_v2，并且更新指向该目录的链接。

默认情况下，CloudFront 在边缘站点将文件缓存 24h。小张想把文件的缓存时间改为 12h，则可以通过缓存策略来实现，其步骤如下。

1）登录 AWS 管理控制台，然后选择 CloudFront 服务，在左边的导航栏中选择“策略”，然后单击“创建缓存策略”按钮。

2）在“名称”文本框中输入“MyCloudFrontPolicy”，然后在“默认 TTL”文本框中输入“43200”，如图 10-14 所示。“默认 TTL”用于指定对象在 CloudFront 缓存中保留的默认时间（以秒为单位），在此时间之后，CloudFront 会向用户的源转发另一个请求以确定此对象是否已更新。“最短 TTL”与“最长 TTL”仅用于在源向对象添加 HTTP 标头（例如 Cache-Control max-age、Cache-Control s-maxage 或 Expires）的时候指定对象在 CloudFront 缓存中保留的最短与最长时间。页面中的其他配置保持默认即可，最后单击“创建”按钮。

3）选择左边导航栏中的“分配”，在分配列表中单击相应的分配，则进入该分配的详细配置页面，单击页面中的“行为”选项组，选择需要修改的缓存行为，然后单击“编辑”按钮。

4）在编辑行为页面中选择“MyCloudFrontPolicy”作为缓存策略，如图 10-15 所示。最后单击页面中的“保存更改”按钮。

图 10-14　通过缓存策略设置对象默认 TTL

图 10-15　在缓存行为中配置缓存策略

任务五　监控 CloudFront 分配与查看相关报告

小张想查看 CloudFront 的使用情况与用户的访问统计，通过这些数据可以更好地对公司的服务进行改进。CloudFront 服务提供了许多使用监控和使用报告功能，以便用户了解 CloudFront 分配的使用率和活动，包括缓存统计信息、热门内容和常用引用站点。此外，用户可以直接在 CloudFront 控制台中监控和跟踪 CloudFront，也可以使用 CloudTrail 和 CloudWatch 等工具。

要监控 CloudFront 的使用情况，可以通过如下步骤实现。

1）登录 AWS 管理控制台，然后选择 CloudFront 服务，在左边的导航栏中选择“监控”。

2）在分配列表里选择想要监控的分配，然后单击“查看分配指标”按钮，即可看到该分配的使用情况，如图 10-16 所示。

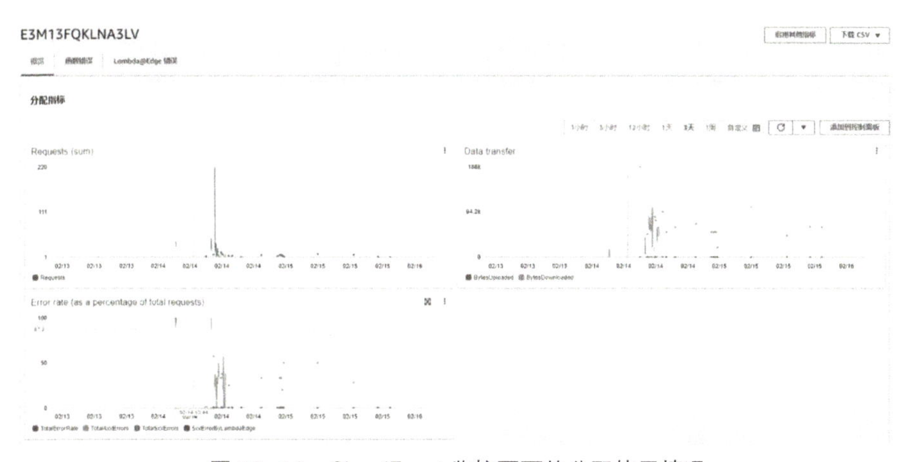

图 10-16　CloudFront 监控页面的分配使用情况

3）单击“管理其他指标”按钮，可以打开 CloudWatch 提供的其他管理指标，如图 10-17 所示。

图 10-17　其他管理指标

4）在页面中可以选择监控图的时间粒度，在每张图的左上角可以选择“放大”选项，将图表放大，对图表中的显示信息做进一步的编辑，放大后的监控图如图 10-18 所示。

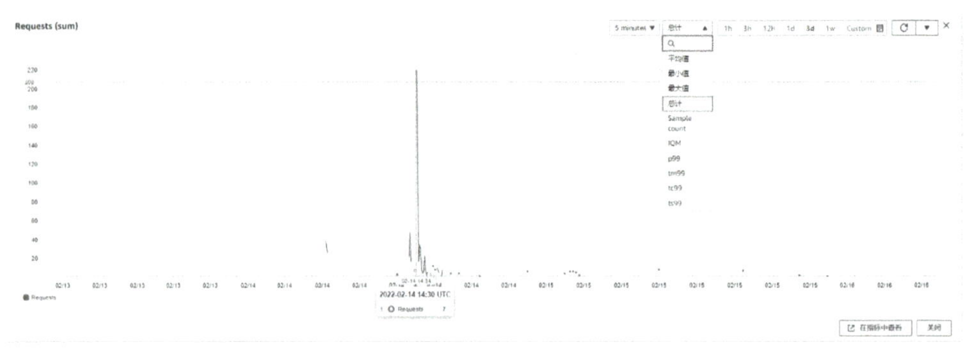

图 10-18　放大后的监控图

在 CloudFront 报告与分析中可以查看缓存统计数据、常用对象、常用引用站点、使用情况以及查看器。在 CloudFront 服务左边的导航栏中选择相应的查看内容即可。

CloudFront 缓存统计信息报告如图 10-19 所示。

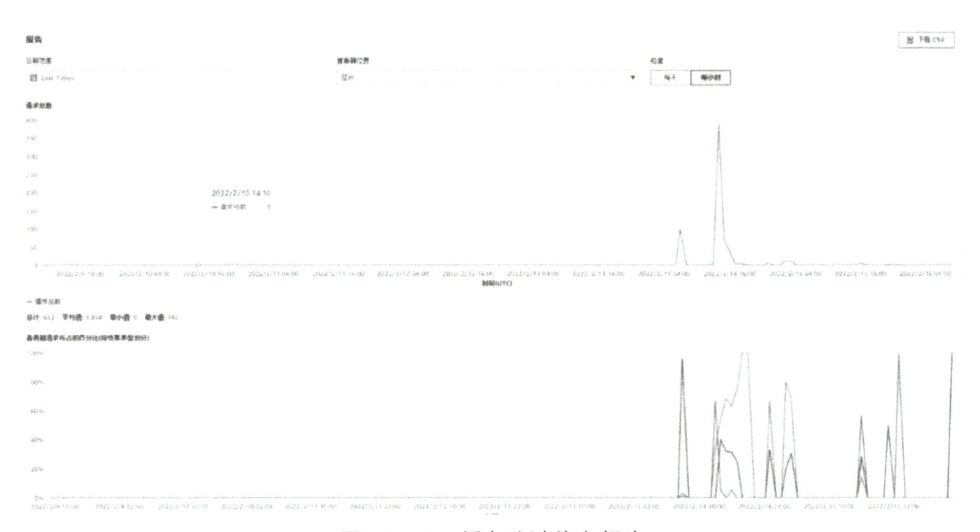

图 10-19　缓存统计信息报告

1）请求总数：显示所有 HTTP 状态代码以及所有方法的请求总数。

2）查看器请求所占的百分比（按结果类型划分）：显示选定的 CloudFront 分配的命中数、未命中数和错误数占查看器总请求数的百分比。

3）传输到查看器的字节数：显示总字节数和未命中的字节数。

4）HTTP 状态代码：显示按 HTTP 状态代码划分的查看器请求。

5）未完成下载的 GET 请求所占的百分比：显示未完成下载请求对象的查看器 GET 请求数占总请求数的百分比。

CloudFront 常用对象报告列出了 50 个最常见的对象及此类对象的相关统计信息，包括对象的请求数、命中数和未命中数、命中率、向未命中提供的字节数、提供的总字节数、未完成下载的数量和按 HTTP 状态代码（2xx、3xx、4xx 和 5xx）划分的请求数。

CloudFront 常用引用站点报告包括常用引用站点、某个引用站点的请求数，以及在指定时间段内某个引用站点的请求数占总请求数的百分比。

CloudFront 使用情况报告包括以下信息。

1）请求数图表显示在指定的 CloudFront 分配的每个时间间隔内，CloudFront 响应来自选定区域中的边缘站点的请求总数。

2）按协议划分的已传输数据和按目的地划分的已传输数据：显示在指定的 CloudFront 分配的每个时间间隔内，从选定区域中的 CloudFront 边缘站点传输的数据总量。

CloudFront 查看器报告包括以下信息。

1）设备图表显示用户用于访问内容的设备类型（如桌面设备或移动设备）。

2）浏览器图表显示用户在访问内容时最常使用的浏览器名称（或名称和版本），如 Chrome 或 Firefox。

3）操作系统图表显示在访问内容时最常在上面运行查看器的操作系统名称（或名称和版本），如 Linux、Mac OS X 或 Windows。

4）位置图表显示最常访问内容的查看器所在的位置（按国家 / 地区或美国各州 / 领土划分）。

习题

一、单选题

1. 边缘站点在亚马逊云中指的是（　　）。
   A）边缘站点是指在区域或区域内配置的网络
   B）边缘站点是 AWS 区域
   C）边缘站点是 Amazon CloudFront 的数据中心
   D）边缘站点是 AWS 区域内的区域
2. 使网站开发人员能够部署静态 Web 内容，而无须管理服务器基础架构，必须使用自定义域名通过 HTTPS 访问所有 Web 内容。随着公司的不断发展，解决方案应该具有可扩展性。以下（　　）将提供最具成本效益的解决方案。
   A）使用 Amazon EBS 的 Amazon EC2 实例
   B）使用 Amazon API Gateway 的 AWS Lambda 功能
   C）带有 Amazon S3 存储桶源的 Amazon CloudFront
   D）带有静态网站的 Amazon S3
3. 公司希望通过在 Amazon CloudFront 分配所面向的公共 Amazon S3 存储桶中的托管图像来改善延迟。该公司希望限制对 S3 存储桶的访问以仅包含 CloudFront 分配，同时还允许 CloudFront 继续正常运行，此时应该（　　）。
   A）创建 CloudFront 原始访问标识，并创建允许从 CloudFront 访问的安全组
   B）创建 CloudFront 原始访问标识，并更新存储桶策略以授予对其的访问权限
   C）创建限制对存储桶的所有访问的存储桶策略，以仅包括 CloudFront IP
   D）启用 CloudFront 选项以限制查看器访问权限，并更新存储桶策略以允许分发

4. 公司运行在本地托管的在线媒体站点。一名员工发布了包含视频和图片的产品信息。服务器需要处理网站视频和图片数据流量飙升的情况。（　　）行动可以立即提供解决方案。

A）重新设计网站以使用 Amazon API Gateway，并使用 AWS Lambda 提供内容

B）使用 Amazon EC2 添加服务器实例，并使用 Amazon Route 53 和故障转移路由策略

C）通过使用新创建的 Amazon CloudFront 分配服务来提供图像和视频

D）使用 Amazon ElasticCache for Redis 进行缓存并减少来自源的加载请求

5. 公司有一个应用程序，它使用 Amazon CloudFront 缓存托管在 Amazon S3 存储桶中的内容。意外刷新后，用户仍然能看到旧内容，应采取（　　）来确保显示新内容。

A）在为内容提供服务的 CloudFront 分配上执行缓存刷新

B）删除内容的 CloudFront 分配

C）使用更新的内容创建新的缓存行为路径

D）更改用于删除旧对象的 TTL 值

二、简答题

1. 什么是内容分发网络？它有什么作用？

2. 简述 CloudFront 的工作原理。

单元十一

成本管理

单元情景

使用亚马逊云科技最大的优势是什么？节省成本肯定不是唯一的优势，但绝对是最吸引人们的优势之一。云技术将固定资本支出（如自由的数据中心和本地服务器）转变为可变支出，并且只需按实际用量付费。而且，根据亚马逊云科技的规模经济，可变支出远低于自己管理需支付的费用。一旦开始使用云或者开始云迁移之旅，运维人员就需要对资源的使用进行成本管理，了解各团队使用的资源和花费情况，并对资源的使用进行优化，以节约成本。亚马逊云科技提供了一整套解决方案来帮助人们管理和优化支出。

成本优化是指能够避免或消除不需要的成本或次优资源的能力。相比本地解决方案，将各项业务迁移到亚马逊云科技上后，小张所在公司的成本已实现了优化。但是，随着应用程序和环境的不断迁移和完善，期望进一步降低成本。这也是小张所在公司的老板最希望员工持续关注的事。小张需要确保亚马逊云科技上所使用资源的多少适合项目，以便这些资源经济高效且与供求匹配。此外，小张还要关注费用支出，并确保随时间优化资源。

单元概要

使用云，人们可以更轻松地准确识别系统的使用量和成本，从而允许将 IT 成本透明地归属于各个业务所有者。这有助于衡量投资回报率 (ROI)，并为系统拥有者提供优化其资源并降低成本的机会。

本单元主要介绍如何分析成本，以及如何使用云上的资源标签通过对资源的标记来进行成本管理。利用详细的可分配成本数据提高对云支出的认识和责任，使服务分配大小符合实际工作负载需求，并了解最新的资源部署和成本优化机会。

学习目标

- 了解亚马逊云科技定价模型。
- 会使用 Amazon Cost Explorer（Amazon 成本管理）查看和分析成本。
- 会使用亚马逊云科技成本分配标签标记资源。
- 会根据标记查询资源。

亚马逊云科技有三个基本的成本驱动因素：计算、存储和出站数据传输。这些特性有所不同，具体取决于选择的亚马逊云科技产品和定价模型。出站数据传输费用采用分级方式收取，会跨服务汇总，然后按出站数据传输费率收取。此项费用在每月的账单中显示为亚马逊云科技数据传出费用。

在大多数情况下，不必为入站数据传输或与同一亚马逊云科技区域中其他亚马逊云科技服务之间的数据传输付费。但存在一些例外的情况，因此务必在开始使用亚马逊云科技服务前确认数据传输费率。

亚马逊云科技的三个基本的成本驱动因素是亚马逊云科技定价的基础。在每个月月底，按实际使用量付费即可。可以随时开始或停止使用产品，无须签署长期合同。这种按使用付费的定价模式包括以下内容。

- 按实际使用量付费。借助亚马逊云科技，只需为使用的服务付费，前期无须投入大量资金。这可以降低可变成本，因此无须再将有价值的资源用于构建昂贵的基础设施，包括购买服务器、软件许可或租赁设施。
- 预留实例，付费更少。对于某些服务（如 Amazon EC2 和 Amazon RDS），可以投资预留实例。与使用等量按需型实例相比，使用预留实例可节省高达 75% 的费用。购买预留实例时，支付的预付款越多，获得的折扣就越大，这让企业可以腾出资金用于其他项目。
- 使用越多，付费越低。使用亚马逊云科技，可以享受基于使用量的折扣，且使用量越大，节省的资金越多。多种存储服务可根据需要降低存储成本，如 Amazon S3 等服务采取分级定价，这意味着使用量越大，每 GB 支付的费用越少。为优化成本，可以选择正确的存储解决方案组合，在降低成本的同时保持良好的性能、安全性和持久性。随着亚马逊云科技使用需求的增加，可以从规模经济中不断受益，并将成本控制在预算范围内。
- 亚马逊云科技规模越大，价格越低。亚马逊云科技始终专注于降低数据中心硬件成本、提高运营效率、降低能耗和减少业务的总体运营成本。这些优化举措和亚马逊云科技不断增长的规模经济，最终会将节省的成本以更低的定价回馈给客户。

为帮助客户进行持续的成本优化，亚马逊云科技提供了多个服务和工具来支持成本管理和成本优化。如我的账单控制面板（My Billing Dashboard）用于支付亚马逊云科技账单、监控使用量和编制成本预算，它使企业能够预测和更好地了解未来的成本和使用情况，以便提前规划。通过账单控制面板，可以访问其他几个成本管理工具，使用这些工具可估算和计划亚马逊云科技成本。这些工具包括亚马逊云科技账单、Amazon Cost Explorer、Amazon Budgets 以及亚马逊云科技成本和使用情况报告。

Amazon Cost Explorer 具有可用于预算和预测成本的功能，以及可以优化定价以降低整体 Amazon 账单的支出。Amazon Cost Explorer 与账单控制面板紧密集成。同时使用两者，可以更全面地管理成本。可以使用 Amazon Cost Explorer 和账单控制面板分别执行表 11–1 所示的任务。

表 11-1　Amazon Cost Explorer 和账单控制面板的功能分配

使用案例	描述	成本管理控制台功能名称	账单控制台功能名称
组织	使用自己的标签策略定义成本分配和治理基础	—	成本分类 （Amazon Cost Allocation） 成本分配标签 （Amazon Cost Allocation Tags）
报告	利用详细的可归因成本数据，提高云支出意识和责任	成本管理（Amazon Cost Explorer）	成本和使用率报告 （Amazon Cost and Usage Reports）
访问	在整合视图中跟踪整个组织的账单信息	—	整合账单 （Amazon Consolidated Billing） 采购订单管理 （Amazon Purchase Order Management） 信用管理（Amazon Credits）
预测	使用创建的预测控制面板估计资源利用率和支出	成本管理（Amazon Cost Explorer） 预算（Amazon Budgets）	—
预算	利用自定义预算阈值和自动提醒通知来确保不会超支	预算（Amazon Budgets） 预算操作（Amazon Budgets Actions）	—
购买	根据工作负载模式和需求，使用免费试用和基于不同方案的折扣	节省计划（Savings Plans） 预留实例（Amazon Reserved Instance）	免费套餐（Amazon Free Tier）
规格适配	根据实际工作负载需求调整服务分配大小	规格适配建议 （Rightsizing Recommendations）	—
检查	了解资源部署和成本优化机会的最新信息	成本管理（Amazon Cost Explorer）	—

本单元主要介绍如何使用 Amazon Cost Explorer 查看和分析成本，以及如何使用资源标签标记资源来进行成本管理。

分析成本

亚马逊云科技账单控制面板以卡片的形式显示了亚马逊云科技摘要、最高成本、前五大服务的成本趋势、账户成本趋势等与该特定账户关联的费用信息。单击账单控制面板右上角的齿轮图标，将弹出“控制面板首选项”对话框，如图 11–1 所示。在该对话框中，可以重命名控制面板或自定义控制面板视图，还可以通过关闭或打开开关来重新排列卡片。

图 11–2 所示的摘要卡片概述了跨所有账户、区域、服务提供商和服务的成本以及其他 KPI（Key Performance Indicator）。“前一个月同期”显示最近结束月份的总成本。可以通过单击卡片上的齿轮图标来选择要显示的 KPI 的集合。

图 11–1 “控制面板首选项”对话框

图 11–2 控制面板的摘要卡片

图 11–3 所示的最高成本卡片，基于当前月初至今（MTD）的费用显示金额最高的服务、账户或区域支出。使用下拉菜单或单击右上角的齿轮图标可以选择想显示的控制面板视图。

图 11–3 亚马逊云科技账单控制面板 – 最高成本卡片

借助亚马逊云科技账单控制面板，可以查看当月至今的亚马逊云科技支出状况，找出在整体支出中占比例最高的服务，并总体了解成本的变化趋势。如果想深入了解此账户关联的费用，通过账单控制面板的左侧导航栏访问 Cost Explorer 即可。

Amazon Cost Explorer（成本管理）是一个免费工具，用于以图形形式查看和分析亚马逊云科技成本数据。借助 Cost Explorer，可以查看、了解和管理一段时间内的亚马逊云科技成本和使用情况。最多可以查看过去 12 个月的数据，并预测在接下来 12 个月内可能产生的费用，同时获得关于应购买哪些预留实例的建议。还可以使用 Cost Explorer 来确定需要使用的服务，通过指标进一步查看可用于了解成本的趋势，例如哪些可用区的流量最多、哪些关联的亚马逊云科技账户使用得最多。

可以免费使用 Cost Explorer 用户界面查看成本和使用情况。还可以使用 Cost Explorer

API 以编程方式访问数据。

任务一　启用成本管理

登录亚马逊云科技管理控制台，打开控制台主页，使用“我的账户”下拉菜单访问账单控制面板，如图 11-4 所示。要打开账单控制面板，应确保账户管理员提供允许访问账单信息的权限，否则将无权访问账单控制面板，提醒如图 11-5 所示。

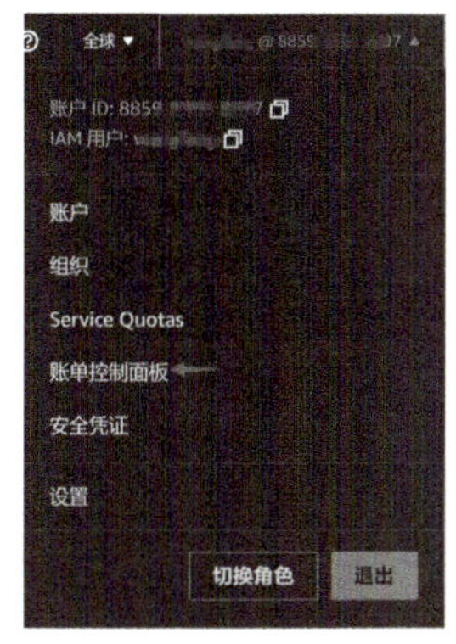

图 11-4　“我的账户”下拉菜单

默认情况下，IAM 用户无权访问亚马逊云科技账单控制面板，因为仅账户拥有者（Amazon Web Services 账户根用户）才能查看和管理账单信息。在账户拥有者激活 IAM 访问权限并附加向用户或角色提供账单操作的策略之前，IAM 用户无法访问账单数据。账户管理员可以通过激活 IAM 用户对亚马逊云科技账单控制面板的访问权限及将 IAM 策略附加到用户来完成此操作。

亚马逊云科技账户的根用户可以使用“激活 IAM 访问权限”设置来允许 IAM 用户和角色访问账单控制面板。

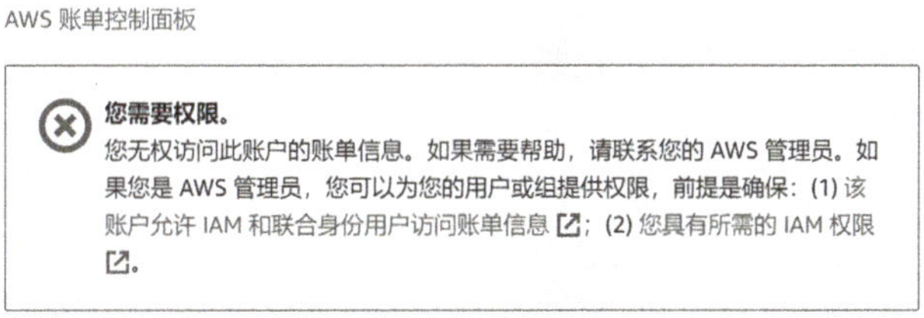

AWS 账单控制面板

您需要权限。
您无权访问此账户的账单信息。如果需要帮助，请联系您的 AWS 管理员。如果您是 AWS 管理员，您可以为您的用户或组提供权限，前提是确保：(1) 该账户允许 IAM 和联合身份用户访问账单信息；(2) 您具有所需的 IAM 权限。

图 11-5　无权访问亚马逊云科技账单控制面板的提醒

账户管理员必须使用根账户凭证（用于创建 AmazonWebServices 账户的电子邮件地址和密码）登录亚马逊云科技管理控制台。

1）在导航栏上打开“我的账户”下拉菜单，选择“账户”，打开账户页面 。

2）选择 IAM 用户和角色访问账单信息的权限旁边的编辑。

3）选中“激活 IAM 访问权限”复选框以激活对账单控制面板（Billing and Cost Management）的访问权限。

4）选择“更新”（Update）。

激活 IAM 访问权限后，还必须将所需的 IAM 策略附加到 IAM 用户或角色。IAM 策略可授予或拒绝对特定账户功能的访问权限。

打开账单控制面板后，在账单控制面板的左侧导航中单击 Cost Explorer。Cost Explorer 可提供预配置视图，如图 11-6 所示。这些视图显示了有关成本趋势的基本信息，还可以自定义满足自身需求的视图。

单击图 11-6 右上角的“启动 Cost Explorer”按钮，将打开 Amazon Cost Explorer 主页。在启动 Cost Explorer 后，亚马逊云科技会提供当月成本数据和过去 12 个月的成本数据（如果有这么多数据的话），然后计算接下来 12 个月的预测成本。当月的数据大约在 24h 后可供查看，其余的数据需要多等几天才能查看。Cost Explorer 每 24h 至少更新成本数据一次。

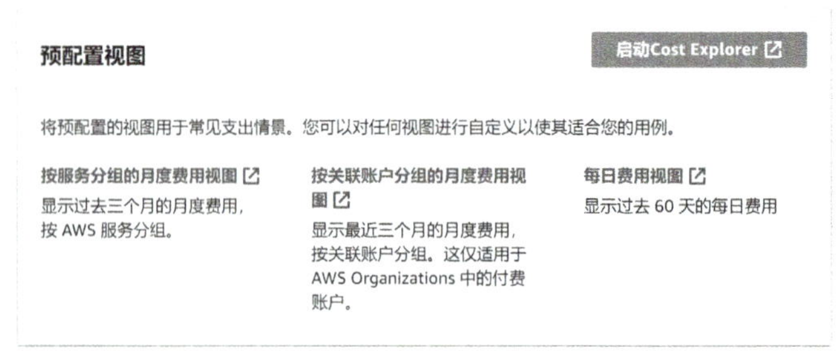

图 11-6　Cost Explorer 预配置视图

任务二　成本查看和分析

登录亚马逊云科技管理控制台，选择 Amazon Cost Explorer 服务，将打开成本管理主页。在成本管理主页，以卡片形式显示了成本摘要、每日未混合成本图、最近访问的报告列表。所有成本均反映了登录账户直到前一天的使用情况。例如，假设今天是 5 月 5 日，则数据包括 5 月 4 日以及之前的使用情况。

图 11-7 是成本管理主页显示的成本摘要卡片，包括本月成本和预测的月末成本。本月成本显示本月到目前为止此账户估计已经产生了多少费用，并将其与上个月的这个时间进行比较。预测的月末成本显示此账户在月末应付的估算成本，并将估算成本与上个月的实际成本进行比较。本月成本和预测的月末成本下方都显示了这个月与上个月对比的费用递减幅度。本月成本和预测的月末成本都不包括退款和积分。

图 11-7　成本管理主页 - 成本摘要卡片

成本摘要卡片下方是每日未混合成本卡片，显示了当月和上个月的每日未混合成本图表，如图 11-8 所示。把光标放置在条形图上，将显示某日成本具体数据。单击右上角的“在 Cost Explorer 中查看”按钮，将会打开 Cost Explorer 中心页面，可通过修改筛选条件和参数来查看成本。每日未混合成本不包括退款和积分。

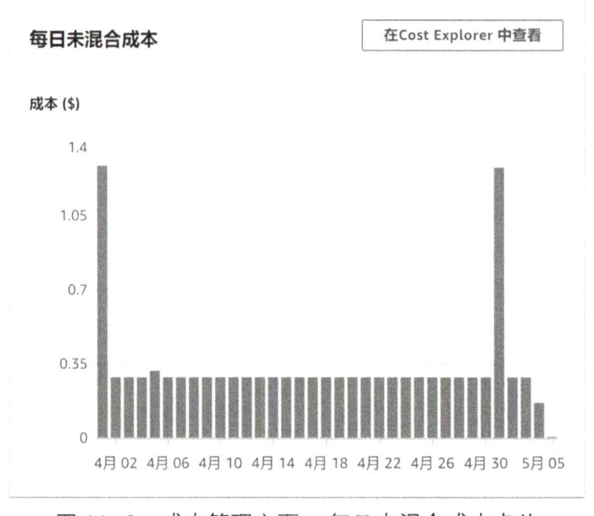

图 11-8　成本管理主页 - 每日未混合成本卡片

成本管理主页的底部是最近访问的报告卡片。可以通过单击右上角的“查看所有报告”按钮来访问 Cost Explorer 报告页面。

1. Cost Explorer 图表

为了深入了解此账户关联的费用，单击图 11-8 右上角的“在 Cost Explorer 中查看”按钮来访问 Cost Explorer 中心页面，该页面显示了默认的 Cost Explorer 中心页图表，如图 11-9 所示。可以通过修改用于创建图表的参数来深入探究费用，还可选择以月或日粒度级别查看成本数据，以及可以指定数据的时间范围，使用日期控件自定义开始和结束日期或选择预配置的时间范围。另外，还可以在图表上方选择分组依据分类数据，在图表右侧选择筛选条件筛选数据，以及使用图表右上角的视图下拉列表设置样式。在 Cost Explorer 中心页面，可以将数据作为 CSV 文件下载以及将特定参数保存为报告。

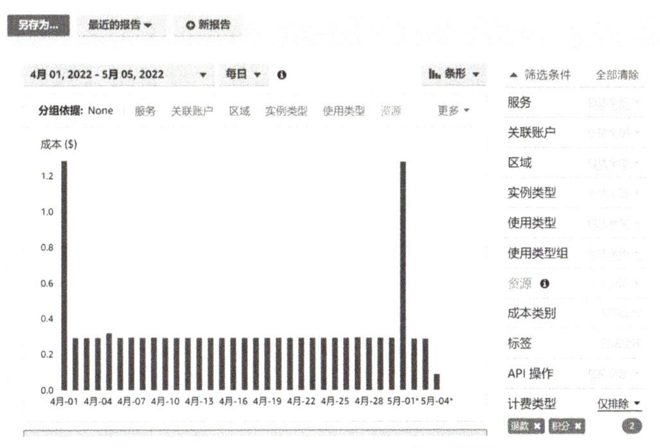

图 11-9　Cost Explorer 中心页图表

选择分组依据分类数据，可以按区域查看费用。在图表上方选择分组依据“区域”，如图 11-10 所示，这里显示了美国西部（俄勒冈）区域的费用最高。还可以按“实例类型”查看费用，比如在 m4.large 账户内产生的费用最高，在 t2.micro 账户内产生的费用则没那么高。另外，还可以选择“服务”，以便按服务查看费用情况。

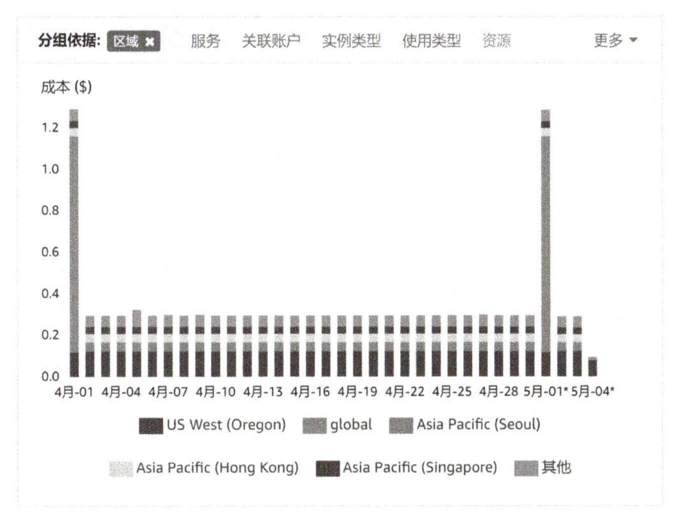

图 11-10　Cost Explorer 图表 – 按区域查看费用

2. 报告

一天，小张的部门经理问小张："你能不能给我做一份报告来说明我们年初至今的费用情况？"

在这个账户中，小张可以单击图 11-9 上方的"新报告"按钮，进入创建新报告页面，建议生成的报告类型是成本和使用情况报告，还可以选择 Savings Plan 报告或预留报告。在创建新报告页面，单击底部的"创建报告"按钮，将显示图 11-11 所示的图表。图表默认显示过去三个月的数据，粒度为每月。

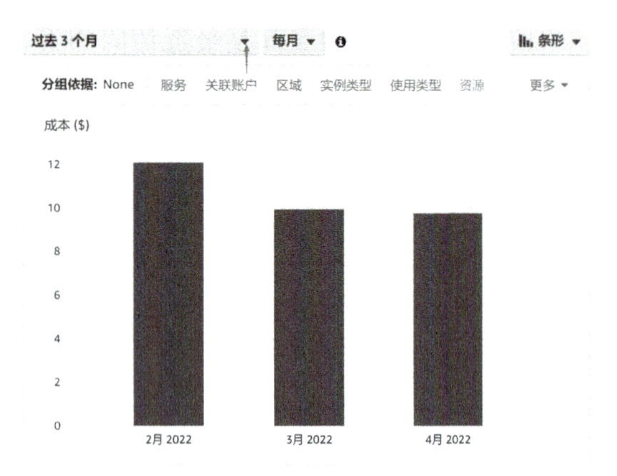

图 11-11　创建新报告时的默认 Cost Explorer 图表

单击图 11-11 中"过去 3 个月"的倒三角按钮，弹出的下拉菜单提供了"六个月""一年""年初至今""本月至今"等选项，还可以使用日期控件自定义报告的开始和结束日期，如图 11-12 所示。这里小张选择"年初至今"，然后单击"应用"按钮，图表会显示年初至今每个月的费用，如图 11-13 所示。年初至今，2 月份产生的费用较高。

图 11-12　Cost Explorer 图表的时间控件

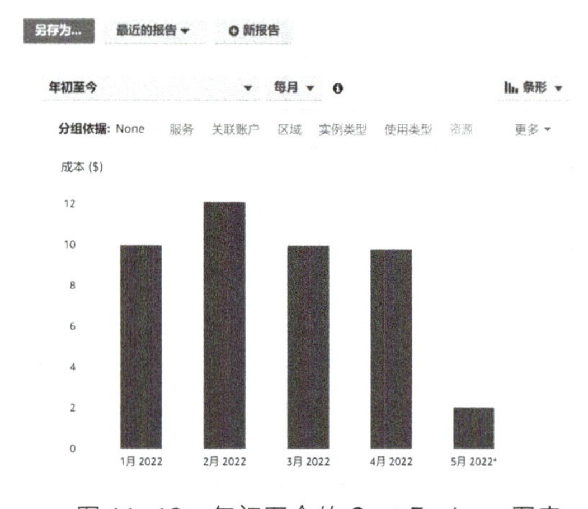

图 11-13　年初至今的 Cost Explorer 图表

单击图 11-13 中左上角的"另存为"按钮，小张将该报告命名为"YTD costs by xz"，单击"保存报告"按钮，这样报告就保存好了。继续单击当前页面左侧导航栏中的"报告"，小张会在报告列表中看到他刚才保存的报告，另外，里面还有许多其他的报告。单击刚才保存的报告，可看到与小张先前看到的视图相同。

3. 预算

预算功能允许从费用角度或使用量角度设定预算，并在超出预算时触发警报。单击 Amazon Cost Explorer 页面左侧导航栏中的"预算（Budgets）"，将进入预算页面，如图 11-14 所示。在账单控制面板左侧导航栏中也可以找到该菜单。

在本例中，有一个名称为 bugget1 的月度预算，显示预算为 15 美元，如图 11-15 所示。它与费用关联，提供了当前费用与预算的比较，还提供了当前预测与预算的比较。单击这个预算，会显示预算的使用情况、详细信息、提醒、预算历史记录等，提醒中包含警报，如图 11-16 所示。

图 11-14　预算页面

图 11-15　预算的详细信息

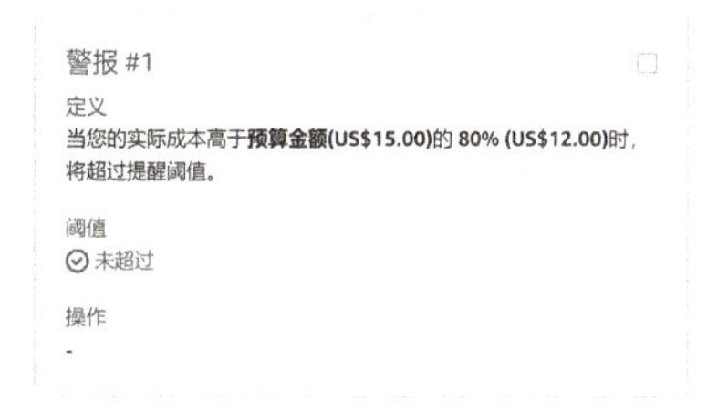

图 11-16　预算的警报

在创建此预算时，设置的警报是实际费用高于预算金额的 80% 时触发警报。本例中，预算费用为 15 美元，当实际费用高于 12 美元时，系统会通知这个特定的亚马逊云科技账户。收到通知后，就可以了解到发生了一些情况，然后介入处理。它不会关闭或停止任何服务，只是发出警报。

还可以按使用量查看，预算历史记录如图 11-17 所示，可以到 AWS Cost Explorer 中查看该账户下不同服务的使用情况，这里有许多粒度可供选择，以便确保不超出预算。

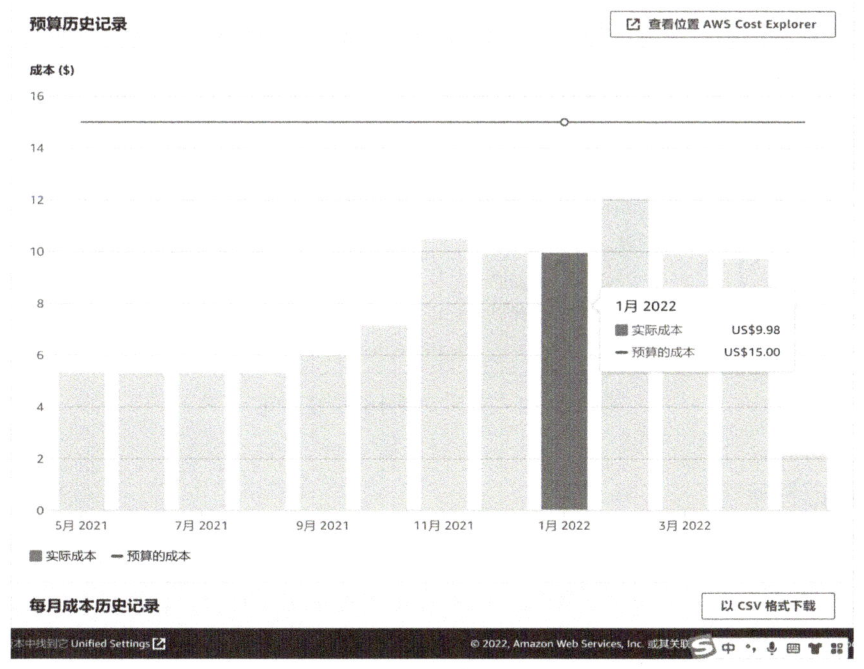

图 11-17　预算历史记录

可能会有一段时间对资源的使用情况与之前截然不同，需要更多的资源，这显然需要更改预算，否则会不断收到警报。因此，使用预算功能可以深入查看并实际跟踪预算的使用情况，更好地了解在亚马逊云科技账户中产生的费用。

项目二 使用资源标签

标签是为亚马逊云科技资源分配的标记，每个标签都包含用户定义的一个键（Key）和一个可选值（Value）。标签可让用户按各种标准（如用途、所有者或环境）对亚马逊云科技资源进行分类。

例如，当创建 EC2 实例的时候，每个 EC2 都有一个唯一的 ID，但 ID 号是随机生成的，没有规律且很难被记住，不利于对实例进行方便有效的管理（如对实例进行识别和分类）。如果在一个开发环境中有两个 EC2 实例，那么此时可以使用一个 Name 键为这两个实例分配一个标记，然后为每个键分配一个值，比如第一个实例的值为 CommandHost，第二个实例的值为 DatabaseServer。这些标记可以让用户轻松地识别每个实例及其用途。

为每个资源分配的标签可以不止一个（不超过 50 个），以便满足用户更精细的管理需求。在刚才的例子中，假如还存在一个测试环境，里面也配置了两个实例，用途与开发环境的两个实例一致，则可以在给实例分配标签的时候再分配一个 Environment 键，然后将开发环境下实例的值设置为 Development，而将测试环境下实例的值设置为 Test，如图 11-18 所示。

图 11-18　EC2 实例分配标签示例

任务一　标记资源

标签不会自动分配至亚马逊云科技资源上，但很多资源在通过控制台或 CLI 命令创建的过程中都有为其分配标签这一项。比如，假如在 CLI 里使用 run-instances 命令创建实例，就可以通过配置 tag-specifications 属性来为其分配标签，该属性采用如下格式：ResourceType=string,Tags=[{Key=string,Value=string},{Key=string,Value=string}] ...。具体命令如下：

```
% aws ec2 run-instances --image-id <AMI_ID> \
    --instance-type t2.micro \
     --tag-specifications 'ResourceType=instance,Tags=[{Key=Name,Value=CommandHost},
{Key=Environment,Value=Development}]'
```

如果在资源创建期间没有为其分配标签，后期仍希望给资源加上标签，则可以使用 create-tags 命令，格式如下：

```
% aws ec2 create-tags
    --resources <value>
    --tags <value>
    [--cli-input-json <value>]
    [--generate-cli-skeleton <value>]
```

其中，resources 属性表示需要加标签的资源，此处需填入该资源的 ID，而 tags 属性配置其标签的内容。在上面的例子中，如果在创建实例时未分配标签，后面需要补加标签，则可以运行如下命令：

```
% aws ec2 create-tags \
    --resources <Instance_ID> \
    --tags  Key=Name,Value=CommandHost   Key=Environment,Value=Development
```

该命令也可以实现同时为多个资源添加标签，只需要把需要打标签的资源按顺序列出，同时把标签属性按顺序列出，例如如下命令：

```
% aws ec2 create-tags \
    --resources <Instance_ID1><Instance_ID1>\
    --tags  Key=Name,Value=CommandHost   Key=Name,Value=DatabaseServ
```

该命令会依次把 tags 属性中的键值按顺序分配给 resources 中的资源，也就是说，第一个实例获得“Key=Name,Value=CommandHost”的标签，而另一个得到“Key=Name,Value=DatabaseServ”的标签。

任务二　使用标签控制对亚马逊云科技资源的访问

默认情况下，资源是没有用户属性的。对于一个账号下的资源，只要用户有这种资源的操作权限，那么无论是谁创建的，用户均有操作权限。EC2 是最常用的资源，公司往往在云上部署了多个 EC2 实例。很多时候，希望把用户的权限限定在只能对某些 EC2 资源进行操作，这该如何实现呢？答案就是使用标签来控制访问，在创建向 IAM 用户授予使用 EC2 资源权限的 IAM 策略时，可以在该策略的 Condition 元素中包含标签信息，以根据标签控制访问权限。这称为基于属性的访问控制（Attribute Based Access Control，ABAC）。ABAC 可以更好地控制用户修改、使用或删除哪些 EC2 资源。

Condition 元素通常用来指定策略生效的条件，格式如下：

```
"Condition" : { "{condition-operator}" : { "{condition-key}" : "{condition-value}" }}
```

其中，condition-operator 称为条件运算符。在 Condition 元素中，使用条件运算符来将策略中的条件键和值与请求上下文中的值进行匹配。

aws:ResourceTag 条件键可以基于附加到资源的标签来允许（或拒绝）对特定资源的访问。例如，以下策略若附加到某个用户上，则允许该用户对标签的 Key 为“Owner”且 Value 与该用户名称一致的实例执行启动或停止的操作。

```
{
"Version": "2012-10-17",
```

```
"Statement": [
          {
"Effect": "Allow",
"Action": [
"ec2:StartInstances",
"ec2:StopInstances"
               ],
"Resource": "arn:aws:ec2:*:*:instance/*",
"Condition": {
"StringEquals": {"aws:ResourceTag/Owner": "${aws:username}"}
               }
          }
     ]
}
```

任务三　成本分配标签

标签除了可以用来整理资源，还可以用来细致地跟踪亚马逊云科技成本，这种标签称为成本分配标签。用户可以使用成本分配标签来整理用户的资源分配报告中的资源成本，以方便用户对亚马逊云科技成本进行分类和跟踪。亚马逊云科技提供了两种类型的成本分配标签：亚马逊云科技生成的标签和用户定义的标签。不管采用哪一种类型，成本分配标签都必须先激活，然后才能显示在 Cost Explorer 中或成本分配报告上。

激活成本分配标签的方式如下。

1）登录亚马逊云科技 Management Console，打开账单控制台。

2）在导航窗格中选择“成本分配标签”。

3）此处可以选择是激活用户定义的成本分配标签还是亚马逊云科技生成的成本分配标签。如果选择亚马逊云科技生成的成本分配标签，则可以进一步选择 createdBy 标签，并单击右上角的“激活”按钮来激活标签，如图 11-19 所示；如果选择的是用户定义的成本分配标签，则选中需要激活的标签键（若列表中未显示，则可以在搜索栏中输入标签键的名称，如图 11-20 所示），并单击右上角的“激活”按钮来激活标签。

图 11-19　亚马逊云科技生成的成本分配标签激活界面

图 11-20　用户定义的成本分配标签激活界面

亚马逊云科技生成的标签 createdBy 是亚马逊云科技出于成本分配目的而定义并应用于受支持的亚马逊云科技资源的标签。当管理账户所有者激活一个标签时，将同时为所有成员账户激活该标签。标签激活后，会在亚马逊云科技生成的标签激活后，将标签应用于创建的资源。亚马逊云科技生成的标签仅在 Billing and Cost Management 控制台和报告中可用，不会出现在亚马逊云科技控制台中的任何其他地方。

createdBy 标签使用以下键值定义：

```
key = aws:createdBy
value = account-type:(account-ID or access-key):(user-name or role session name)
```

value 部分用两个冒号隔开三段。第一段是 account-type，其类型有 Root（根用户）、IAMUser（IAM 用户）、AssumedRole（IAM 角色）和 FederatedUser（联合身份用户）四种。中间段为 ID 或访问密钥，如果标签有一个 ID（例如 Root 类型），则通常显示其 account-ID（账户 ID）；若标签具有一个访问密钥（如 IAMUser 或 AssumedRole 或 FederatedUser），则通常显示为其 access-key（访问密钥）。第三段为 user-name（用户名）或 role session name（会话角色名），该段可以有，也可以没有。

以下是标签值的一些示例：

```
Root:1234567890
IAMUser: AIDACKCEVSQ6C2EXAMPLE :exampleUser
AssumedRole: AKIAIOSFODNN7EXAMPLE :exampleRole
```

用户定义的成本分配标签针对用户定义的应用于资源的标签。当被激活后，可以进行成本分配跟踪（注意，在成本分配标签创建之前创建的资源，是不会进行成本分配跟踪的）。激活成本分配标签后，这些标签才能显示在 Cost Explorer 中或成本分配报告上。

例如，假设用户创建了图 11-21 所示的两个实例，两个实例的 Key 都是 Name，Value 分别是 CommandHost 和 DatabaseServ。

实例 (2) 信息

搜索

Name	实例 ID	实例状态	实例类型
CommandHost	i-065d408f5ebbec4e9	正在运行	t2.micro
DatabaseServ	i-02639e0b0bf8bcfea	正在运行	t2.small

图 11-21　具有相同 Key 不同 Value 的两个实例

激活了标签键为 Name 的成本分配标签后，在 Cost Explorer 中，把分组依据设为标签 Name，一段时间后，即可以查看相关资源的使用情况，如图 11–22 所示。

图 11–22　资源使用情况统计图

习题

一、单选题

1. 以下（　　）不是 AWS 的成本驱动因素。
   A）计算　　B）存储
   C）出站数据传输　　D）入站数据传输
2. 客户在（　　）能详细了解 3 个月前发生的 Amazon EC2 账单活动。
   A）Amazon EC2 控制面板　　B）AWS Cost Explorer
   C）AWS Trusted Advisor 控制面板　　D）Amazon S3 中的 AWS CloudTrail 日志
3. 随着 AWS 的发展，经营成本降低，节省的成本通过降价的形式回馈给客户，这种优化称为（　　）。
   A）支出意识　　B）规模效益
   C）供需平衡　　D）EC2 合理调整规模
4. AWS 提供了多个服务和工具来支持成本管理和成本优化。以下（　　）不是成本管理 / 优化的服务和工具。
   A）AWS 账单　　B）AWS Cost Explorer
   C）AWS Trusted Advisor　　D）AWS 预算

二、判断题

1. AWS 免费套餐允许 AWS 新客户从 AWS 注册日期开始起的 12 个月内无限制地使用服务。（　　）
2. AWS 对入站数据传输（有些例外情况）和同一 AWS 区域内各种服务之间的数据传输不收取任何费用。（　　）
3. AWS Cost Explorer 用于以图形形式查看和分析 AWS 成本数据，它是一项免费服务。（　　）
4. 标签是为 AWS 资源分配的标记，每个标签都包含用户定义的一个键（Key）和一个可选值（Value）。对于每个资源，每个标签键都必须是唯一的，每个标签键只能有一个值。（　　）

参考文献

[1] 威蒂格 A，威蒂格 M. AWS云计算实战［M］. 费良宏，张波，黄涛，译. 北京：人民邮电出版社，2018.

[2] 佩洛特，麦克劳林. AWS系统管理员学习指南［M］. 姚力，译. 2版. 北京：清华大学出版社，2021.

[3] 胡玲，韦永军. AWS云计算基础与实践［M］. 北京：中国铁道出版社，2021.

[4] 王毅. 亚马逊AWS云基础与实战［M］. 北京：清华大学出版社，2017.